# 220kV智能变电站继电保护装置调试手册

组　编　国网湖北省电力有限公司技术培训中心技术技能培训部
主　编　刘勤　齐磊
副主编　孟夏　杨云云　陈泽华



中国电力出版社
CHINA ELECTRIC POWER PRESS

## 内 容 提 要

本书以 Q/GDW 13372.12—2015 《国家电网公司技能人员岗位能力培训规范 第 12 部分：继电保护及自控装置运维（220kV 及以下）》和 Q/GDW 11056.2—2013《继电保护及安全自动装置检测技术规范》为依据，结合典型 220kV 智能化继电保护装置检修调试生产实践编写而成。本书以继电保护调试人员岗位能力为核心，以智能化继电保护装置调试项目为主线进行编写，避开了烦琐的数学推导和理论分析论证，具有实用性强、通俗易懂的特点。

全书共分 6 章，主要包括：智能变电站概述、智能化线路保护装置调试、智能化变压器保护装置调试、智能化母线保护装置调试、合并单元调试、智能终端调试。

本书可作为供电企业继电保护工作人员岗位技能培训用书，也可作为职业院校实训教学的参考书。

**图书在版编目（CIP）数据**

220kV 智能变电站继电保护装置调试手册 / 国网湖北省电力有限公司技术技能培训部组编 . —北京 : 中国电力出版社，2022.5

ISBN 978-7-5198-6451-4

Ⅰ. ① 2… Ⅱ. ① 国… Ⅲ. ① 智能系统 - 变电所 - 继电保护装置 - 调试方法 - 手册 Ⅳ. ① TM63-39 ② TM77-39

中国版本图书馆 CIP 数据核字（2022）第 016361 号

---

出版发行：中国电力出版社
地　　址：北京市东城区北京站西街 19 号（邮政编码 100005）
网　　址：http://www.cepp.sgcc.com.cn
责任编辑：马淑范（010-63412397） 马雪倩
责任校对：黄　蓓　朱丽芳
装帧设计：赵丽媛
责任印制：杨晓东

---

印　　刷：北京天宇星印刷厂
版　　次：2022 年 5 月第一版
印　　次：2022 年 5 月北京第一次印刷
开　　本：710 毫米 ×1000 毫米　16 开本
印　　张：20.25
字　　数：327 千字
定　　价：88.00 元

---

# 编写委员会

# 前 言

智能变电站一次设备智能化和二次设备网络化带来的变革，一方面大幅提升了变电站的智能化和自动化水平，另一方面也使继电保护及相关设备调试内容、要求与方法和常规站相比有明显不同。目前，现场工作人员对智能变电站继电保护装置的调试内容、调试方法、仪器使用等方面不熟悉，需要一本系统讲解智能化继电保护装置调试方法与实用技术的培训教材，作为智能变电站工程调试、运维检修的工程技术人员学习和培训的参考书。

本书是以 Q/GDW 13372.12—2015《国家电网公司技能人员岗位能力培训规范　第 12 部分：继电保护及自控装置运维（220kV 及以下）》和 Q/GDW 11056.2—2013《继电保护及安全自动装置检测技术规范》为依据，结合典型智能化继电保护装置编写而成。在编写原则上，以岗位能力为核心，以智能化继电保护装置典型调试项目为主线进行编写，避免了烦琐的理论推导和公式验证，体现了继电保护操作培训的针对性和实用性。

本书共 6 章，主要包括：智能变电站概述、220kV 智能化线路保护装置（PCS-931GM、CSC-103B）调试、220kV 智能化变压器保护装置（PCS-978GE/GC、CSC-326B）调试、220kV 智能化母线保护装置（PCS-915、BP-2CD-F）调试、合并单元调试、智能终端调试。

本书在国网湖北省电力有限公司调控中心的指导下完成，编写成员由国网湖北省电力有限公司技术培训中心培训师和国网宜昌、黄石、襄阳等多家供电公司继电保护专业人员组成，本书在总结了多年培训研究成果和经验的基础上编写而成，注重理论联系实际。智能化继电保护装置调试与传统保护装置相比，最大的不同在试验接线和 IEC 61850 文件配置、参数设置等工作。本书以实际装置为例，采用图文对照的方式，对试验接线、IEC 61850 文件配置、参数设置、试验加量、试验分析、试验记录都进行了详细描述。

本书针对一些智能化继电保护装置调试的难点步骤，还给予了细致的理论推导和说明。

本书在编写过程中参阅了大量文献资料、技术标准与规程，在此向涉及的相关单位及作者表示衷心感谢。本书测试界面采用“继保之星-7000”界面，获得了武汉豪迈电力自动化有限责任公司的授权，在此表示衷心感谢。

由于编者水平有限，错误和不足之处恳请读者批评指正。

编者

**2022 年 3 月**

# 目　录

# 第1章

# 智能变电站概述

## 1.1 智能变电站的概念与特点

### 1.1.1 智能变电站的概念

智能变电站是智能电网的重要组成部分。根据 Q/GDW 383—2009《智能变电站技术导则》给出定义：智能变电站是采用先进、可靠、集成、低碳、环保的智能设备，以全站信息数字化、通信平台网络化、信息共享标准化为基本要求，自动完成信息采集、测量、控制、保护、计量和监测等基本功能，并可根据需要支持电网实时自动控制、智能调节、在线分析决策、协同互动等高级功能的变电站。

智能变电站采用 IEC 61850 系列标准，将变电站一次、二次设备按功能分为三层，分别是站控层、间隔层和过程层。站控层包括监控主机、操作员工作站、远程工作站、GPS 对时装置等。间隔层包括继电保护装置、测控装置、计量装置等二次设备。过程层包括变压器、断路器、隔离开关、电流/电压互感器等一次设备及其所属的智能组件以及独立的智能电子装置。智能变电站通信网络由站控层网络和过程层网络组成。站控层网络是站控层设备和间隔层设备之间的网络，实现站控层内部以及站控层与间隔层之间的数据传输。过程层网络是间隔层设备和过程层设备之间的网络，实现过程层设备与间隔层设备之间的数据传输。间隔层设备之间的通信，物理上可以映射到站控层网络，也可以映射到过程层网络。

### 1.1.2 智能变电站的特点

#### 1. 一次设备智能化

一次设备智能化是智能变电站区别于常规变电站（以下简称“常规站”）的重要特征之一。目前，智能变电站通过配置合并单元和智能终端进行就地采样控制，实现一次设备的测量数字化、控制网络化；通过传感器与一次设备的一体化安装实现设备状态可视化，通过对各类状态监测后台的集成，建立设备状态监测系统，为实现状态检修提供条件，进而提高一次设备管理水平，延长设备寿命，降低设备全寿命周期成本。

2. 通信规约标准化

智能变电站所有智能设备统一采用 IEC 61850 建立信息模型和通信接口，设备间可实现互操作和无缝连接。各类设备按统一的通信标准接入变电站通信网络，不需要为不同功能建设各自的信息采集、传输和执行系统，减少了软硬件的重复投资，实现了设备间的互操作以及信息的共享，为未来实现设备的互换性提供了条件。

3. 信号通道光纤化

常规变电站中的二次设备与一次设备之间、二次设备间采用电缆进行连接，电缆感应电磁干扰和一次设备传输过电压可能引起二次设备运行异常。长电缆的电容耦合干扰以及二次回路两点接地可能造成继电保护误动作。智能变电站增加了过程层网络，合并单元、智能终端采用就地安装，用光纤取代了传统站中的大量长电缆，大大节省了全站控制及信号电缆长度，同时避免了电缆带来的电磁干扰、传输过电压和两点接地问题，提高了信号传输的可靠性；另外还缩小了电缆沟尺寸，节约了土地，减轻了现场安装调试维护工作量。

4. 设备功能集成化

采样控制就地化以及信息传输网络化，使二次设备采样、执行机构简化，促进了装置集成，例如保护测控一体化装置、合并单元智能终端一体化装置、网络化故障录波装置的应用，减少了二次设备的数量，同时也促进了设备接口的规范和简化。智能变电站中用虚端子方式取代了常规站中装置的端子和端子排，通过虚端子的逻辑连线实现装置之间的配合，端子排及电缆接线简化为光口及光缆连接。由于逻辑回路取代了大量的继电器回路，以往的保护功能投退及跳闸出口等硬压板可被软压板取代，相应功能由装置软件内部的控制字设置来实现，也促进了硬件的简化。

此外，交直流一体化电源系统实现站内各类电源系统的一体化设计、配置、监控，减少了蓄电池数量，简化了跨屏接线，实现了统一管理。智能辅助控制系统的建立，解决了常规站缺乏全面的环境监视、依赖人工巡检、辅助系统孤立、无智能告警联动、管理难度大的问题，减少了辅助系统的人工干预和误判误动，达到了对变电站辅助系统实行智能运行管理的目的。

### 5. 调试手段新颖化

随着智能变电站全站信息数字化的推进，通信标准的统一，接线的简化及接口标准化，变电站自动化系统的大量二次电缆接线模式演变成虚端子、虚回路的配置。相比于传统变电站围绕着纸质图纸，智能变电站围绕着全站系统配置文件（SCD），设计和系统集成将逐渐融合，设计可以直接提交出包含全站模型信息的SCD文件并提供给各设备厂商，供其直接导入，完全避免了原先对照图纸、依靠人力进行信息输入和现场接线的弊端，从而在工程实施这个关键环节体现智能变电站的优势和价值，实现“最大化工厂工作量、最小化现场工作量”。

### 6. 运维方式状态化

智能变电站一次设备、二次设备和通信网络都具备完善的自检功能，可根据设备的健康状况实现状态检修，从而有效降低设备全寿命周期成本。

智能变电站的设备间信息交换均按照统一的IEC 61850标准通过通信网络完成，通信系统的可靠性和实时性大幅提高，传输的信息更完整，变电站因此可实现更多、更复杂的自动化功能。在扩充功能和扩展规模时，只需在通信网络上接入符合相应国际标准的设备，无须改造或更换原有设备，即可减少用户投资，降低变电站全寿命周期成本。

智能变电站的各种功能的采集、计算和执行分布在不同设备实现。变电站在新增功能时，如果原来的采集和执行设备已能满足新增功能的需求，可在原有设备上运行新增功能的软件，不需要硬件投资。

### 7. 场地布置精简化

在安全可靠、技术先进、经济合理的前提下，智能变电站的总布置遵循资源节约、环境友好的技术原则，结合新设备、新技术的使用条件，实现配电装置场地和建筑物布置优化。例如，常规变电站为了减少电缆，提高抗干扰能力，在配电装置场地设置多个继电保护小室；智能变电站中智能终端、合并单元的就地安装使保护测控装置与现场二次电缆大量减少，因此可根据现场情况减少继电保护小室的建筑面积、占地面积和数量。

由于光缆大量替代电缆，可缩小智能变电站内的电缆沟尺寸，减少敷设材料，实现电缆沟优化。

## 1.2 智能变电站继电保护装置的变化

智能变电站采用数字式的新型继电保护装置，与常规微机保护装置相比，在保护原理、软件算法方面区别不大，在模拟量采样、开关量输入输出、对外通信接口方面有了全新的实现方式，数字式保护装置是微机保护的最新发展阶段。

由于数字式继电保护装置不再担负电流电压模拟量的模数转换和开关量的强弱电转换隔离工作，在硬件配置上与常规微机保护装置有很大区别。常规微机保护装置的结构图如图 1-1 所示，数字式保护装置的结构图如图 1-2 所示。

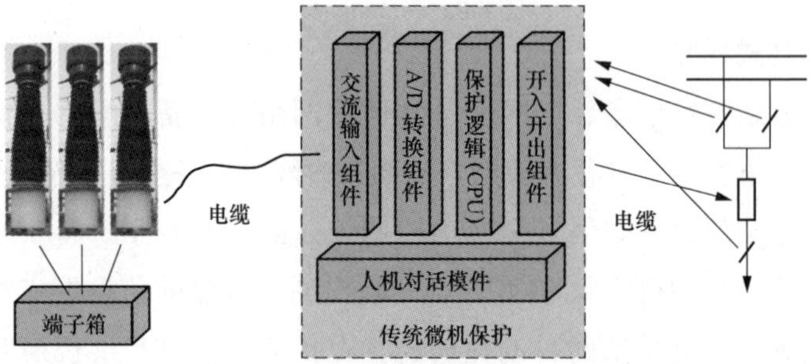


图 1-1 常规微机保护装置的结构图

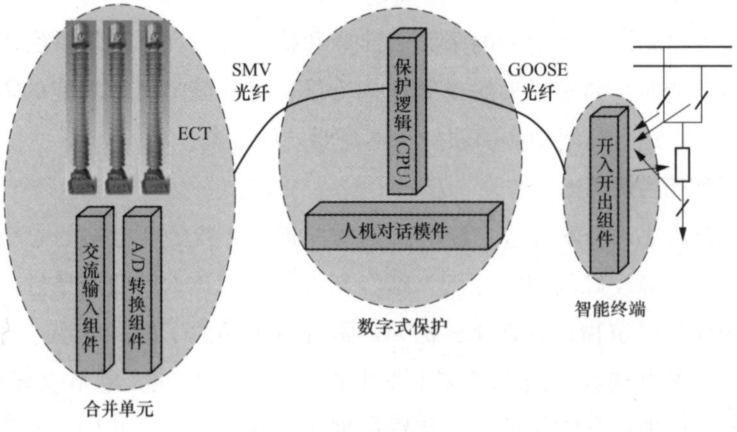


图 1-2 数字式保护装置的结构图

通过对比图 1-1 和图 1-2 可见：

(1) 数字式保护装置没有了模拟量采集组件和 A/D 转换组件，取而代之的是光纤高速数据接口。模拟量采集和 A/D 转换由合并单元来完成。

(2) 数字式保护装置取消了开关量输入输出组件，开关量采集和断路器操作由智能终端来执行。

与常规微机保护装置相比，数字式保护装置减少了交流输入插件、开关量输入/输出插件、采样保持插件和信号插件，增加了过程层光口插件，数字式保护装置拥有更多的通信网络接口，更高的数据处理能力。另外，为了满足继电保护远程控制和监控系统顺序控制操作的要求，数字式继电保护装置大幅减少了硬压板数量，原有的出口硬压板和功能投退硬压板均被软压板取代，以满足运方投退的需要。按照国家电网有限公司继电保护“六统一”（包括输入输出量、压板、端子、通信接口类型与数量、报告和定值）标准生产的数字式保护装置只保留了“检修投入”和“远方控制”两个硬压板。

软件方面，数字式保护装置与常规微机保护装置相比，在保护功能、原理上基本保持一致。除了具有常规微机保护装置的保护逻辑软件和人机接口软件外，数字式保护增加了 SV 采样值接收、GOOSE 开关量收发的数据处理模块。为了适应合并单元、电子式互感器的应用，数字式保护进行了一些算法优化和容错，增加过程层通信的通道中断、丢锁、校验错、数据无效等异常状态的监测、告警及应对处理模块。

与常规保护装置相比，智能变电站继电保护装置主要有以下技术特点：

### 1. 采样方式

常规保护装置通过模拟量电缆直接接入常规电流互感器（TA）和电压互感器（TV）的二次侧电流和电压，保护装置自身完成对模拟量的采样和 A/D 数模转换。

而在智能变电中，模拟量采样和 A/D 模数转换一般由电子式互感器或合并单元完成，数字式保护装置从合并单元处直接接收数字化采样值报文。

保护装置从合并单元接收采样值报文，可以采用点对点直接连接，也可以经过 SV 网络接收。按照 Q/GDW 441—2010《智能变电站继电保护技术规范》的要求，继电保护应直接采样，以保证继电保护动作的可靠性和快速性。

### 2. 跳闸方式

常规保护装置通过出口继电器辅助接点发出跳合闸命令到操作箱，然后由操作箱连接断路器操作回路实现跳合闸。常规保护装置通过二次电缆和继电器接点完成对开入量的采集和开出量信号的输出。

而在智能变电站中，数字式保护装置通过光纤连接智能终端实现跳合闸。智能终端取代了常规站操作箱中的操作回路和操作继电器，除输入/输出接点外，智能终端操作回路功能全部通过软件逻辑实现，二次接线大为简化。保护装置向智能终端发送跳合闸命令，既可以通过GOOSE点对点方式，也可以通过GOOSE网络方式，减少中间环节以提高保护动作跳闸的可靠性和快速性，Q/GDW 441—2010《智能变电站继电保护技术规范》规定，对于单间隔保护（如线路保护、母线保护）应采用点对点方式直接跳闸，涉及多间隔的保护（如变压器保护、母线保护）宜直接跳闸。

3. 二次回路

电子式互感器、合并单元及智能终端的应用实现了智能变电站采样与跳闸回路的数字化和网络化，常规变电站中的二次电缆、继电器接点被光纤、交换机网络代替，不仅克服了常规变电站二次电缆回路接线复杂、抗干扰能力差等问题，还通过通信过程的不断自检，实现了装置间二次回路的智能化检测，从而提高了变电站二次回路工作的可靠性。

4. 设备配置原则

（1）220kV及以上电压等级继电保护系统，不仅要求继电保护装置本身要双重化配置，相关的合并单元、智能终端、通信网络也要双重化配置。两套保护装置的电压电流采样值分别取自两台相互独立的合并单元，两套保护的出口跳闸回路分别连接两台智能终端，两台智能终端与断路器的两个跳闸回路分别一一对应。连接保护装置、合并单元与智能终端的通信网络也需遵循完全独立的原则双重化配置。

与常规站保护配置不同的是，为了满足通信网络双重化配置的要求，220kV及以上电压等级的母线联（分段）保护采用双重化配置，3/2主接线的断路器保护也采用双重化配置。

（2）采用电子式互感器的智能变电站，电子式互感器内应由两路独立的采样系统进行采集，每路采样系统应采用双A/D系统接入合并单元（MU），每个合并单元输出两路数字采样值由同一路通道进入一套保护装置，以满足双重化保护相互完全独立的要求。

## 1.3 智能变电站二次系统调试的变化

由于智能变电站一次设备智能化和二次设备网络化带来的变革，使得继电保护及相关设备的调试内容和要求与常规站相比有明显不同。与常规变电站相比，智能变电站二次系统建设过程中的信息交换载体由过去单纯的设计图纸变成了符合 IEC 61850 标准的 ICD、SCD、CID 配置文件，智能变电站继电保护设备采用光纤网络连接外部设备，过程层网络相当于常规站中的二次电缆回路，保护装置所需要的采样值、GOOSE 开关量均以网络报文的方式进行传输。由于所接外部信号输入、输出形式的改变，智能变电站继电保护及相关设备的调试项目、调试方法与常规站相比有明显的不同，主要表现在以下四个方面。

1. 调试内容的变化

由于智能变电站实现了一次设备智能化和二次设备网络化，使得智能变电站中出现了电子式互感器、合并单元、智能终端、过程层网络等新型设备，新设备新技术的应用使得调试内容和项目有所增加，例如合并单元性能测试、IEC 61850 配置文件测试及通信规范性测试、通信网络性能测试、高级应用功能测试等。

在智能变电站中，数字式保护装置的模拟量采集和 A/D 转换由合并单元来完成，动作出口和对一次断路器的跳合闸操作通过智能终端实现。因此合并单元和智能终端是数字式保护系统的重要组成部分，需要针对合并单元和智能终端开展专项性能测试工作。另外由于数字式继电保护装置均以网络数字报文方式实现模拟量采集和开关量输入输出，过程层网络实际上相当于常规站中继电保护装置的采样和跳合闸回路，一旦出现问题，就有可能出现保护装置动作，但跳闸报文无法及时传输导致断路器无法及时跳开的情况，所以通信网络的功能和性能决定了继电保护系统运行的可靠性，其地位已经上升到和继电保护及安全自动装置同样的高度，需要开展严格的测试工作。

2. 调试工具的变化

与常规站相比由于调试对象和调试内容发生了变化，智能变电站调试也相应出现了一批新型的测试设备和工具，如数字化保护测试仪、手持式光数字测试仪、合并单元测试仪、便携式网络报文记录分析仪等，大大丰富了变电站测试手段。

3. 调试流程的变化

和常规站调试明显不同的是，智能变电站二次系统调试新增了出厂系统联调环节，如图 1-3 所示。

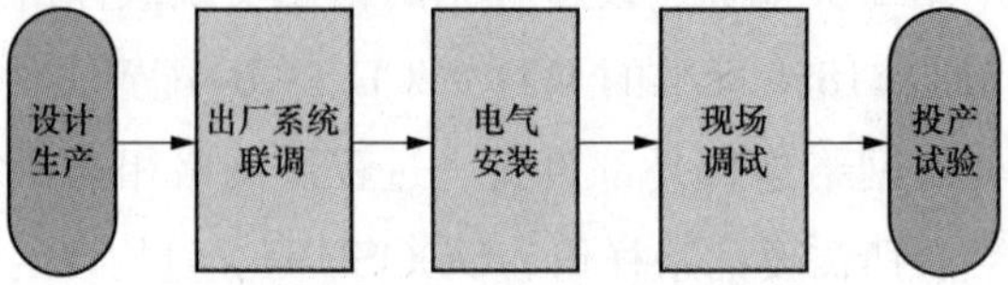


图 1-3　智能变电站二次系统调试流程

由于早期的智能变电站二次设备本身不成熟，不同厂家的设备在进行系统集成时经常出现问题，需要各方技术人员进行协调处理，有些问题可能需要厂家研发人员修改配置，甚至升级程序和修改硬件部分，这在现场调试时是无法直接处理的。其次在工程设计环节，设计院对虚端子回路设计可能存在纰漏，系统集成商经常需要修改 SCD 文件，如果在现场调试中大范围修改 SCD 会影响整个调试进度。出厂系统联调是智能变电站整个调试过程中发现问题、解决问题的重要阶段，在这个阶段可以进行设备单体测试、专项性能测试和系统集成测试，诸多调试工作的前移可以大大减轻现场调试的工作量。

（1）出厂联调测试内容。智能变电站出厂联调流程如图 1-4 所示。出厂联调测试主要包括 IEC 61850 模型文件测试及通信一致性测试、设备单体测试、二次虚回路测试、分系统功能测试，同时针对智能变电站技术特点，开展通信网络性能测试、全站同步对时测试、保护采样同步性能测试等专项测试，有条件的可以开展全站实时动态闭环仿真测试。

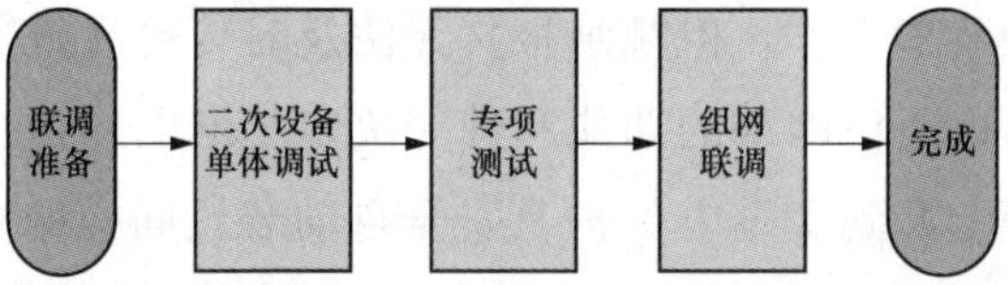


图 1-4　智能变电站出厂联调流程

（2）现场调试内容。由于单体测试、二次虚回路测试、各种专项测试等测试项目已经在出厂联调中完成，智能变电站现场调试主要在一次、二次设备安装完成后，将一次、二次设备作为整体，以整组联动方式开展测试，相当于常规站中的整组试验，工作量比常规站大幅减少。

现场调试主要包括全站光缆、网线、电缆接线正确性检查，光功率测试，保护整组传动试验，一次开关遥控试验，全站遥信检查，五防联闭锁试验，一次通流通压试验，高级应用试验等。

随着厂家设备越来越成熟，相关的测试规程、规范越来越完善，未来智能变电站二次系统出厂联调可能会简化，最终过渡到和常规变电站相同的调试模式。

4. 对调试人员素质的新要求

智能变电站二次设备数字化、网络化的变革对相关从业人员的知识结构和技术素质提出了新要求，需要从业人员能够阅读 IEC 61850 配置文件，能够分析通信报文的格式，具备使用新型测试工具的能力。

智能变电站二次系统信息由模拟量向数字量的转变，给变电站二次系统的设计、调试、运行管理、维护带来巨大变革。例如对于变电站二次回路的调试，纸质的设计图纸不再是最重要的资料，取而代之的是全站的 SCD 配置文件，智能变电站二次系统的所有调试工作都将围绕该配置文件展开。目前，很多调试人员、检修人员、运维人员对智能变电站的调试方法、调试工具、调试流程以及故障处理等方面还不是很清晰。智能变电站调试工作要求调试人员不但要具备扎实的专业知识，同时对计算机和网络知识也必须有一定的掌握。

从专业技术要求来说，调试人员要具备较强的电气专业知识，传统变电站调试需要了解的专业知识智能变电站同样必须掌握，对这些知识的要求并不会因为变电站智能化而降低。其次，调试人员必须清楚整个智能变电站的调试流程，包括前期准备，出厂联调、现场调试、组网系统调试，清楚现场所有设备的功能和作用，清楚设备试验的项目及试验标准，清楚现场试验需要的试验设备仪器、现场调试中的重点和难点及解决的方法。调试人员要掌握一定的计算机和网络、通信知识，例如二次调试中出现问题时，调试人员经常利用计算机和报文捕获软件对报文进行捕获和分析。

## 1.4 智能变电站继电保护装置功能调试

### 1.4.1 智能变电站继电保护装置功能调试的内容

与常规站相比，智能变电站二次系统调试对象和调试内容发生了变化，对调试人员的知识结构和技术素质也提出了更高的要求，本书对智能变电站部分典型继电保护装置、合并单元及智能终端功能调试的内容和方法做具体介绍，帮助调试人员快速从常规站微机保护装置调试向智能变电站继电保护装置转变，学会几种典型智能变电站线路、母线及变压器保护装置、合并单元及智能终端的调试方法。

根据继电保护及安全自动装置检测技术规范系列标准，继电保护检测共分为：通用性能测试部分、继电保护装置专用功能测试部分、安全自动装置专用功能测试部分、继电保护装置动态模拟测试部分和安全自动装置动态测试部分五个方面。本书主要针对220kV继电保护装置测试部分的典型项目调试进行介绍，主要包括线路保护、变压器保护和母线保护三个部分。其典型调试项目总表见表1-1。

**表1-1　典型调试项目总表**

| 装置类型 | 保护类型 | 测试内容 |
| --- | --- | --- |
| 线路 | 纵联电流差动保护 | 差动保护电流定值动作的准确度、相差动保护定值动作的准确度、零序差动保护时间、相差动保护时间 |
| | 接地距离保护 | 接地距离Ⅰ（Ⅱ、Ⅲ）段定值动作的准确度、接地距离Ⅰ（Ⅱ、Ⅲ）段动作时间 |
| | 相间距离保护 | 相间距离Ⅰ（Ⅱ、Ⅲ）段定值动作的准确度、相间距离Ⅰ（Ⅱ、Ⅲ）段动作时间 |
| | 零序过流保护 | 检查零序过流Ⅱ（Ⅲ）段定值动作的准确度，零序过流Ⅱ（Ⅲ）段时间，零序过流Ⅱ（Ⅲ）段正（反）方向及死区电压 |
| | 零序过流加速保护 | 零序过流加速段定值动作的准确度，零序过流加速时间 |
| | 重合闸 | 单相重合闸逻辑及合闸时间 |
| | 零序反时限 | 零序反时限电流定值动作的准确度、零序反时限时间、零序反时限配合时间、零序反时限方向 |
| 变压器 | 差动保护速断保护 | 差动保护速断保护逻辑、差动保护速断保护动作值及动作时间的准确度 |
| | 纵差差动保护 | 纵差差动保护逻辑、纵差差动保护启动电流动作值及动作时间的准确度、纵差差动保护比率特性曲线 |
| | 二次谐波制动 | 二次谐波制动逻辑及制动系数的准确度 |
| | TA断线闭锁差动保护 | TA断线闭锁差动保护逻辑 |
| | 复压过流保护 | 检查复压过流保护逻辑、复压过流保护动作值、电压闭锁值及动作时间的准确度 |
| | 零序过流保护 | 零序过流保护逻辑、零序过流保护动作值、方向元件动作区及动作时间的准确度 |

续表

| 装置类型 | 保护类型 | 测试内容 |
|---|---|---|
| 母线 | 差动保护 | 差动保护逻辑、启动电流定值准确度、比率差动保护动作特性曲线及动作时间 |
| | 复合电压闭锁差动保护 | 低电压、负序电压闭锁差动保护定值的准确度及复合电压闭锁差动保护逻辑 |
| | TA 断线 | 检查支路 TA 断线（除母线联支路）装置是否可靠闭锁比率差动保护并发断线信号。<br>母线联（分段）TA 断线装置是否强制母线互联并发断线告警信号，是否闭锁母线差动保护 |
| | 母线联（分段）失灵保护 | 检查母线联（分段）失灵逻辑及失灵电流动作定值准确度及动作时间；检查复合电压闭锁母线联（分段）失灵逻辑 |
| | 母线联（分段）死区保护 | 母线联（分段）死区保护逻辑 |
| | 断路器失灵保护（变压器支路） | 变压器支路断路器的失灵逻辑，失灵零序电流、负序电流和三相失灵相电流定值动作的准确度，失灵保护 1、2 时限延时误差以及电流元件返回时间 |
| | 断路器失灵保护（线路支路） | 检查线路支路断路器的失灵逻辑（单相和三相情况），失灵负序电流、零序电流和失灵相电流定值动作的准确度（其中失灵相电流定值为默认值），失灵保护 1、2 时限延时误差以及电流元件返回时间 |
| | 复合电压闭锁断路器失灵 | 低电压、零序电压、负序电压闭锁失灵定值的准确度及复合电压闭锁失灵保护逻辑 |
| 合并单元 | 间隔合并单元精度测试 | 采用插值法和同步法进行线路合并单元比差、角差、时差等精度试验 |
| | 间隔合并单元报文时间特性测试 | 检查间隔合并单元在正常输出时的 SV 报文丢帧率、SV 报文完整性及 SV 报文发送间隔离散度 |
| | 间隔合并单元谐波精度测试 | 检查间隔合并单元正常运行时谐波下的基波幅值和相位误差改变量 |
| | 母线合并单元精度测试 | 用插值法和同步法测试母线合并单元的比差、角差、时差等精度试验 |
| | 母线合并单元报文时间特性测试 | 检查母线合并单元在正常输出时的 SV 报文丢帧率、SV 报文完整性及 SV 报文发送间隔离散度 |
| | 母线合并单元谐波精度测试 | 检查母线合并单元正常运行时谐波下的基波幅值和相位误差改变量 |
| | 母线合并单元电压并列功能测试 | 监视母线合并单元输出的采样值报文，检查电压并列过程中，合并单元输出的采样值报文是否存在异常现象，检验合并单元的电压并列功能是否正常 |
| 智能终端 | 跳合闸回路动作时间测试 | 检查智能终端收到保护跳闸命令后到开出硬接点的时间 |
| | 开入回路动作时间测试 | 检查智能终端在收到硬接点开入量转换成 GOOSE 报文的时间 |

### 1.4.2　本书调试说明

#### 1. 接线方式及保护配置

本书的调试内容基于一个典型220kV智能变电站配置，该变电站采用双母线接线方式，一次系统接线图如图1-5所示。

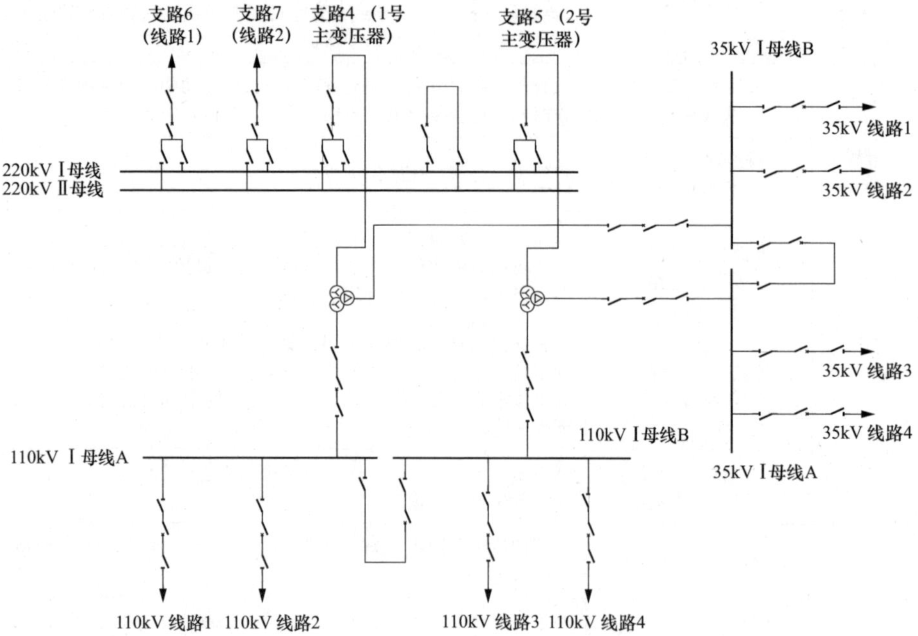


图1-5　一次系统接线图

#### 2. 调试对象及工具

本书选取典型220kV智能变电站继电保护装置、合并单元和智能终端进行介绍，装置型号如下：

(1) PCS-931A-DA-GR线路保护装置。

(2) CSC-103A-DA-G线路保护装置。

(3) PCS-978T2-DA-G变压器保护装置。

(4) CSC-326T2-DA-G变压器保护装置。

(5) PCS-915D-DA-G母线保护装置。

(6) BP-2CD-F母线保护装置。

（7）PCS-221N 合并单元装置。

（8）PCS-221B-I 智能终端装置。

智能变电站中的合并单元（MU）将 SV 数据上送到需要这些数据的各个测控、保护装置；智能变电站的 GOOSE 信号，由保护测控装置和 MU 通过光纤跳线连接到智能终端。传统变电站的二次电缆被光纤所取代，通信协议也按 IEC 61850 通信标准实现，因此智能变电站的调试工作需依靠专门的工具软件。

数字继电保护测试仪和传统继电保护测试仪相比，保护逻辑测试方法相同，主要区别是和保护装置的信息交互接口发生了变化。如图 1-6 所示，传统继电保护测试仪通入电压、电流模拟量，接收或发送硬接点信号，完成对传统保护的检验；而数字化保护的采样和开关量信号都遵循 IEC 61850 通信标准，电压电流输入是 SV 报文，开关量信号是 GOOSE 报文。因此，智能变电站使用的数字继电保护测试仪需经过软件配置后，才能进行后续的继电保护检验工作。

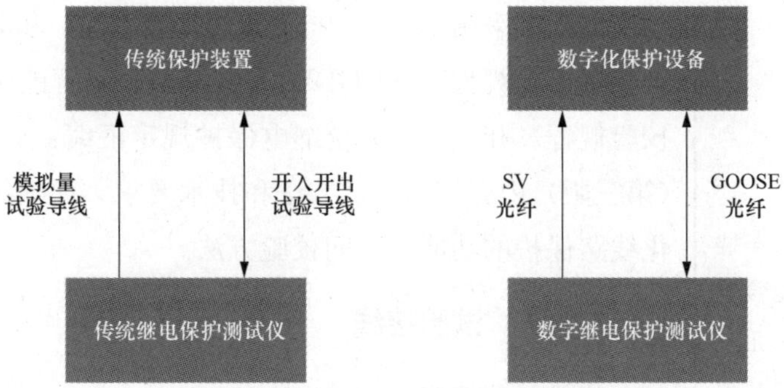


图 1-6　传统站与智能站继电保护测试对比

智能变电站的继电保护检验工作开始时需要对在数字继电保护测试仪上完成软件设置，虽然不同测试仪厂家的软件界面略有不同，但配置流程都是基本相同的，所以掌握一款数字继电保护测试仪的使用方法，便可以举一反三。本书进行继电保护调试，采用的工具是数字式继电保护测试仪继保之星-7000A，合并单元调试采用测试仪 DCU-500。继保之星-7000A 数字测试仪的使用说明见附录 1，DCU-500 数字测试仪的使用说明见附录 2。

# 第2章

# 智能化线路保护装置调试

本章系统介绍智能化线路保护装置的调试方法，调试主要包括纵联电流差动保护、接地距离保护、相间距离保护、零序过流保护、零序过流加速保护、重合闸、零序反时限过流保护的验证。本章以南瑞继保 PCS-931 保护装置和北京四方 CSC-103 保护装置为例，介绍各项调试项目的具体操作方法。

## 2.1 试 验 准 备

### 2.1.1 试验说明

本章节采用 DL/T 995—2016《继电保护和电网安全自动装置检验规程》、Q/GDW 1809—2012《智能站继电保护校验规程》和《电力系统继电保护规定汇编：通用技术卷》（第三版）中介绍的测试方法和技术要求，详细编写了智能化线路保护的功能及时间校验方法。

### 2.1.2 试验接线

1. 测试仪接地

将测试仪装置接地端口与被试屏接地铜牌相连[1]，如图 2-1 所示。

【1】地线需接至装置铜牌，不能接至装置外壳，防止外壳地线和装置接地铜牌虚接，造成测试仪无接地。

2. 光纤接线[2]

【2】根据测试仪输出光口类型选择光纤，小圆头为 ST 口，小方头为 LC 口，PCS-931 和 CSC-103 保护装置都为 LC 口

将继电保护测试仪的 IEC 61850 接口与线路保护装置的 SMV 点对点接口及 GOOSE 点对点接口相连接。调试时可以根据实际情况选择需要连接的继电保护测试仪的 IEC 61850 接口。

测试仪的 IEC 61850 接口的 RX 对应于线路保护装置点对点接口的 TX，测试仪的 IEC 61850 接口的 TX 对应于线路保护装置点对点接口的 RX。

连接光纤后，对应的光口指示灯常亮，表示物理链路接通；对应的光口指示灯不亮，表示物理链路没有接通。此时可以检查光纤的 TX/RX 是否接反或者光纤是否损坏[3]。

【3】光纤弯折幅度不能过大，使用前应检查光纤接口是否有污渍或损坏，使用完毕后应用相应的光纤保护套套上。

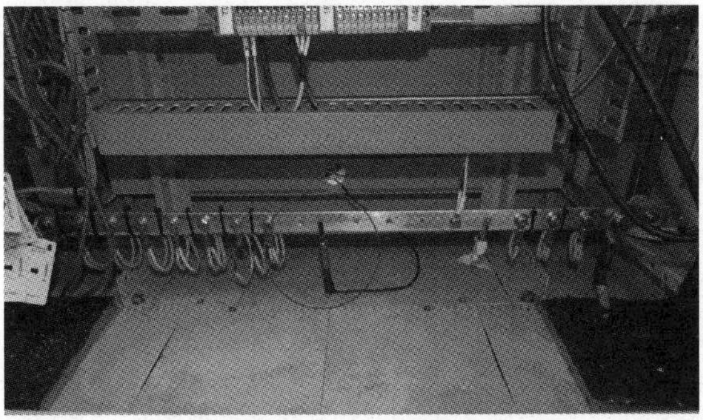

图 2-1 继电保护测试仪接地示意图

SMV、GOOSE 接线。本章线路保护调试统一设置测试仪光口 1 为 SMV 点对点口[4]、光口 2 为 GOOSE 点对点[5]口，南瑞继保 PCS-931 保护装置与测试仪的 SMV、GOOSE 接线如图 2-2 所示，北京四方 CSC-103 保护装置与

【4】来自合并单元 SV 点对点，PCS-931 为线路 2 保护 A 套 7 板 4 口，CSC-103 为线路 1 保护 B 套 X1 板 1 口。

【5】来自智能终端 GOOSE 点对点，PCS-931 为线路 2 保护 A 套 7 板 3 口，CSC-103 为线路 1 保护 B 套 X1 板 2 口。

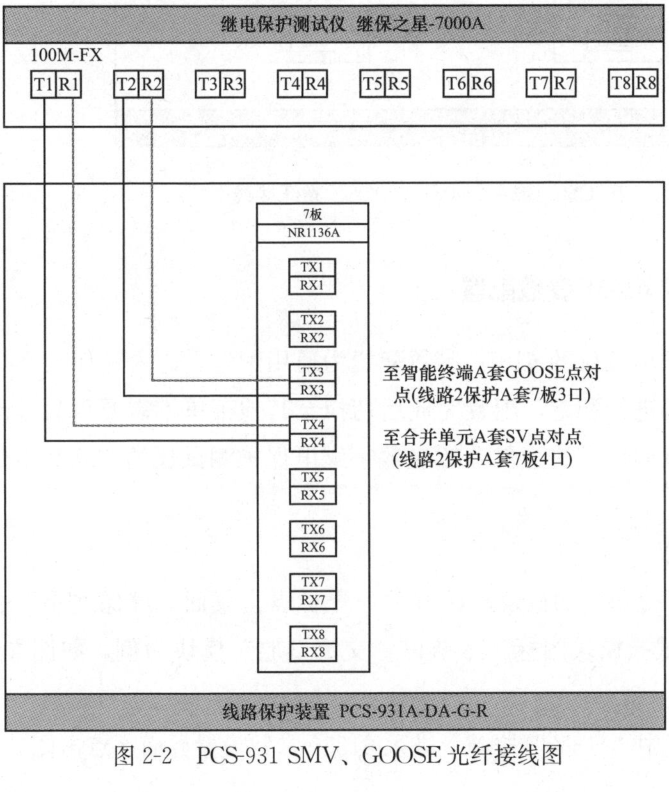


图 2-2 PCS-931 SMV、GOOSE 光纤接线图

测试仪的 SMV、GOOSE 接线如图 2-3 所示。

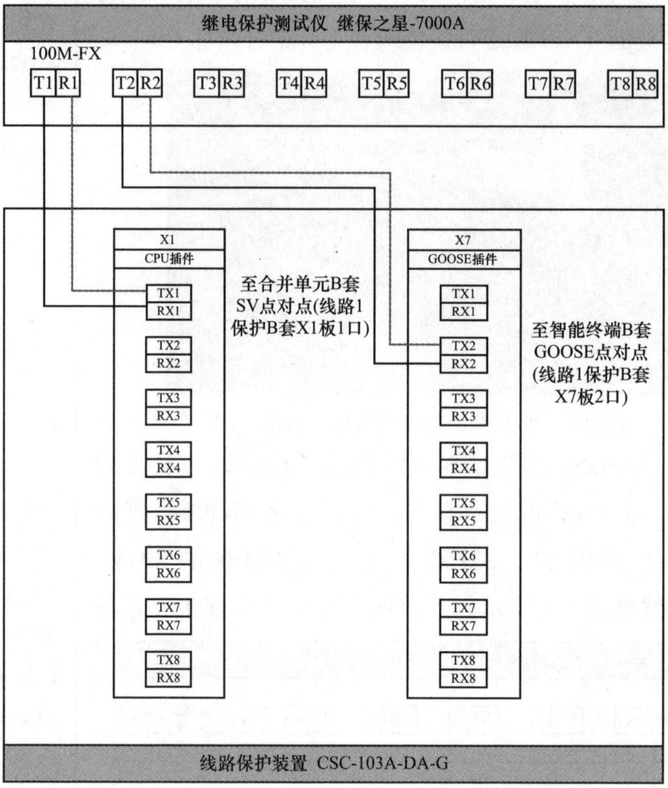


图 2-3　CSC-103A SMV、GOOSE 光纤接线图

### 2.1.3　测试仪 61850 参数配置

光数字继电保护测试仪的 61850 参数配置为通用配置，进入任何一个试验模块的菜单都可以进行配置，配置完成后切换至其他菜单不需要再另外配置。本章以“交流试验”模块为例介绍光数字继电保护测试仪的 61850 参数配置的步骤和方法。

1. SCD 文件读取

（1）打开“继保之星”测试仪电源开关→鼠标点击桌面“继保之星”快捷方式→点击任意试验模块图标，本节以“交流试验”模块为例，如图 2-4 所示。

（2）点击工具栏中“61850”按键，进入 61850 参数设置界面，点击图 2-5

左下角“▼”按键，选择“9-2”[6]选项，再点击“读取保护模型文件”按键。

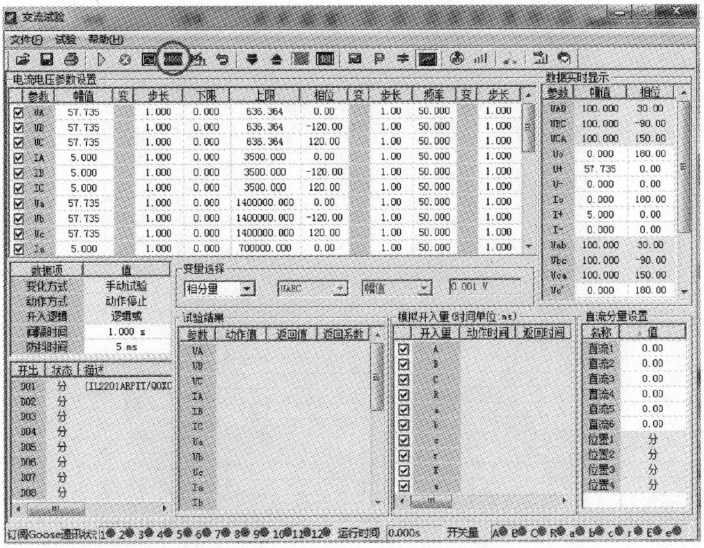

图 2-4 “交流试验”模块试验菜单

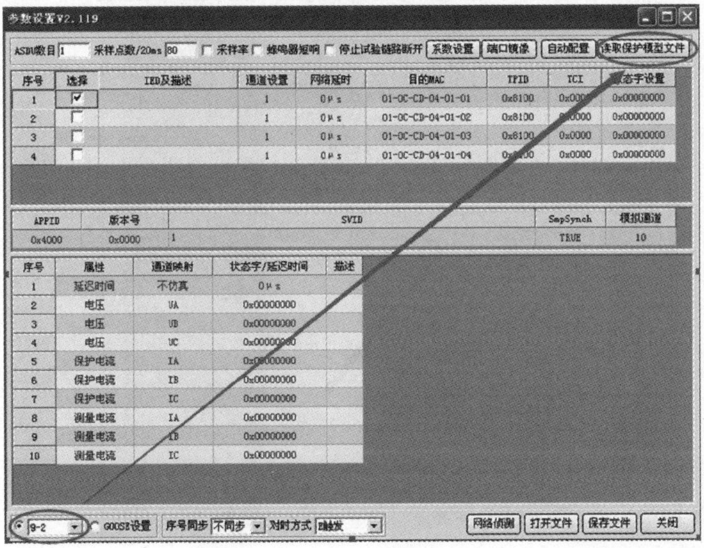

图 2-5 61850 参数设置界面

(3) 进入“SCD 数据分析”界面，点击“打开”按键如图 2-6 所示。

(4) 选择对应的 SCD 文件[7]，点击“打开”按键如图 2-7

【6】数字保护采样值有 9-1/9-2/FT3 等多种协议，目前国网/南网基本都是采用的 9-2 数字报文协议。

【7】该 SCD 文件为调试人员事先在后台集成厂家拷取，通过 U 盘拷贝到测试仪 D 盘目录下。

所示。

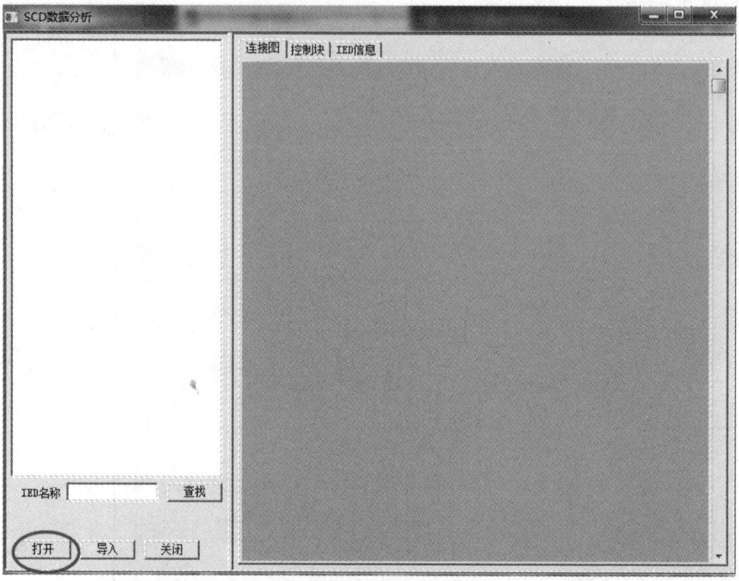


图 2-6　SCD 数据分析界面

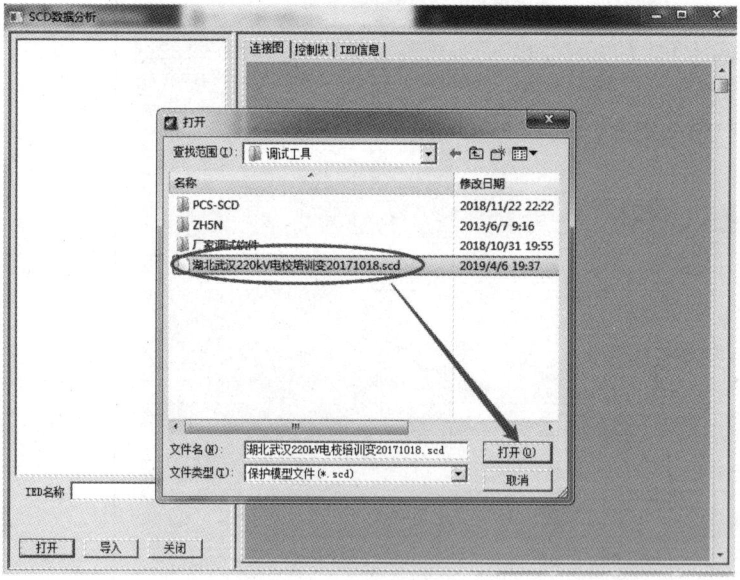


图 2-7　SCD 文件导入

（5）导入 SCD 文件后界面如图 2-8 所示，SCD 文件导入后界面如图 2-8 所示。

（6）点击界面右边的“连接图”“控制块”与“IED 信息”菜单，可查看 IED 装置虚端子连线图，控制块信息及 IED 信息。

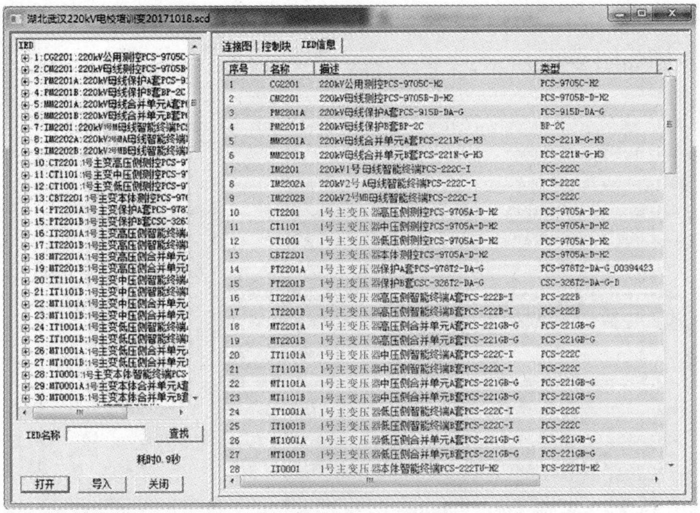


图 2-8　SCD 文件导入后界面

## 2. SMV/GOOSE 文件配置

（1）选择调试保护装置。

1）PCS-931：点击左边 IED 序号 60，选择“PL2201A：220kV 1 号出线保护 A 套 PCS-931 保护装置”[8]，弹出该装置信息图如图 2-9 所示[9]。

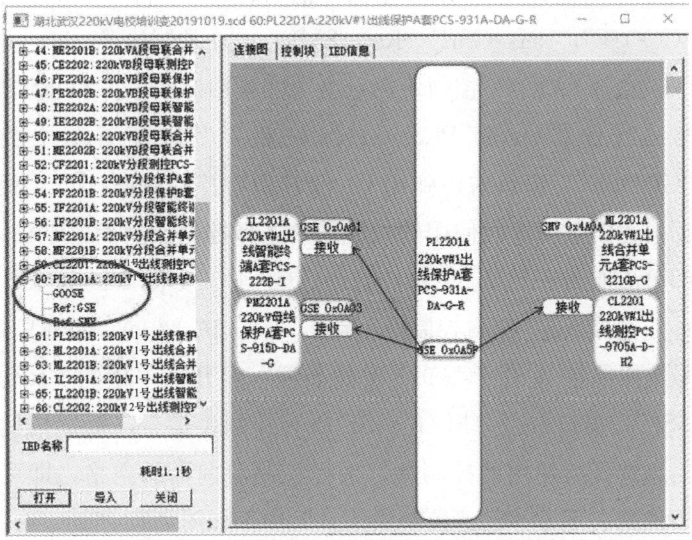


图 2-9　SCD 文件解析-选择 PCS931 装置

2）CSC-103：点击左边 IED 序号 61，选择“PL2201B：

【8】在调试某一个保护单体加采样值信息时，可以采用本保护装置的“Ref：SMV”文件，或者对应合并单元发送的“SMV”文件，此时测试仪模拟合并单元，两者的 APP/D/MAC 地址是相同的。

【9】箭头指入 PCS-931 表示接收 SMV 和 GOOSE 信息，箭头流出 PCS-931 表示发送 SMV 和 GOOSE 信息，点击图中四边形，可显示内部虚端子具体连接关系。该图直观地展示了 IED 设备的 SMV 与 GOOSE 的信息来源与去处。

220kV 1 号出线保护 B 套 CSC-103 保护装置”，弹出该装置信息图如图 2-10 所示。

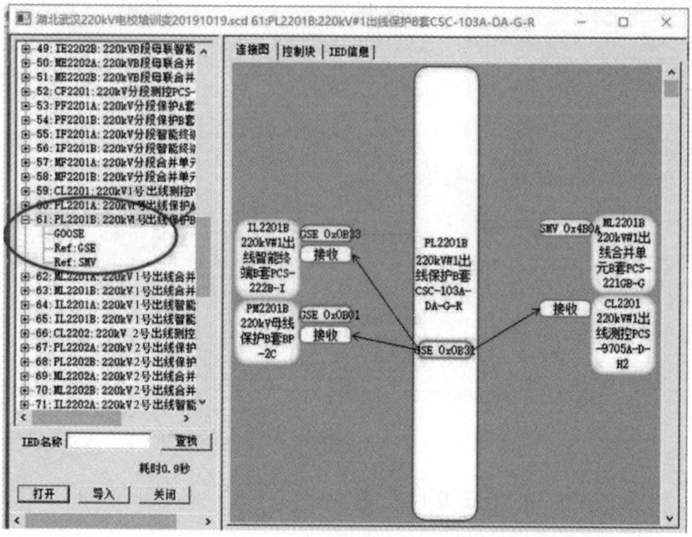


图 2-10　SCD 文件解析-选择 CSC103 装置

（2）导入 SMV 和 GOOSE 信息。

1）PCS-931：点击 IED“60：PL2201A：220kV 1 号出线保护 A 套 PCS-931 保护装置”前面的“+”符号，展开有“GOOSE”“Ref：GSE”“Ref：SMV”三个控制块[10]。

选择 GOOSE 控制块：点击“60：PL2201A：220kV 1 号出线保护 A 套 PCS-931 保护装置”展开菜单中的“GOOSE”，窗口右边弹出 GOOSE 所有控制块信息[11]，根据描述信息选择所使用的控制块，选择控制块前面的空格，即可添加到右下方“已选控制块信息”中，如图 2-11 所示。

选择 Ref：GSE 控制块：点击“60：PL2201A：220kV 1 号出线保护 A 套 PCS-931 保护装置”展开菜单中的“Ref：GSE”，窗口右边弹出 GOOSE 所有控制块信息，根据描述信息选择所使用的控制块，选择控制块前面的空格，即可添加到右下方“已选控制块信息”中，如图 2-12 所示。

选择 Ref：SMV 控制块：点击“60：PL2201A：220kV 1 号出线保护 A 套 PCS-931 保护装置”展开菜单中的“Ref：

【10】
- “GOOSE”表示该 IED 发送的 GOOSE 信息，点击右边列表即显示对应信息；
- “Ref：GSE”表示该 IED 接收的 GOOSE 信息，点击右边列表中显示对应信息；
- “SMV”表示该 IED 发送的 SMV 信息，点击右边列表中显示对应信息；
- “Ref：SMV”表示该 IED 接收的 SMV 信息，点击右边列表中显示对应信息

【11】将鼠标放在序号 1 位置，点击鼠标右键，弹出“删除”“添加”“清空”，点击“删除”即可删除无关的控制块。

SMV”，窗口右边弹出 SMV 所有控制块信息，根据描述信息选择所使用的控制块，选择控制块前面的空格，即可添加到右下方“已选控制块信息”中，如图 2-13 所示。

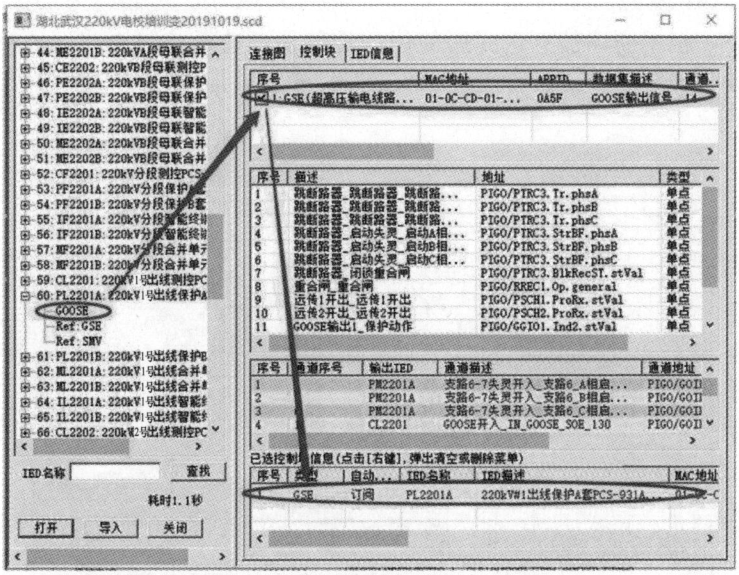


图 2-11　PCS-931 保护装置选择 GOOSE 信息

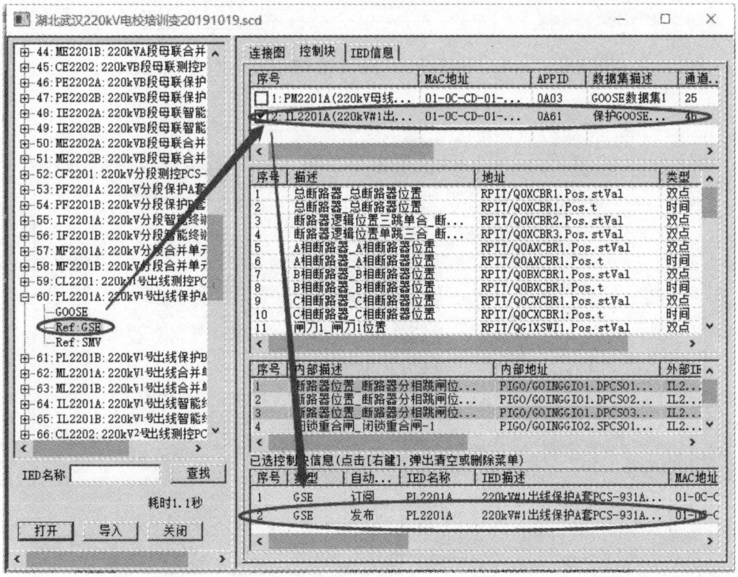


图 2-12　PCS-931 保护装置选择 Ref：GSE 信息

2）CSC-103：点击 IED“61：PL2201B：220kV 1 号出线保护 B 套 CSC-

103保护装置”前面的“+”符号，展开有“GOOSE”“Ref：GSE”“Ref：SMV”三个控制块。

选择GOOSE控制块：点击“61：PL2201B：220kV 1号出线保护B套CSC-103保护装置”展开菜单中的“GOOSE”，窗口右边弹出GOOSE所有控制块信息，根据描述信息选择所使用的控制块，选择控制块前面的空格，即可添加到右下方“已选控制块信息”中，如图2-14所示。

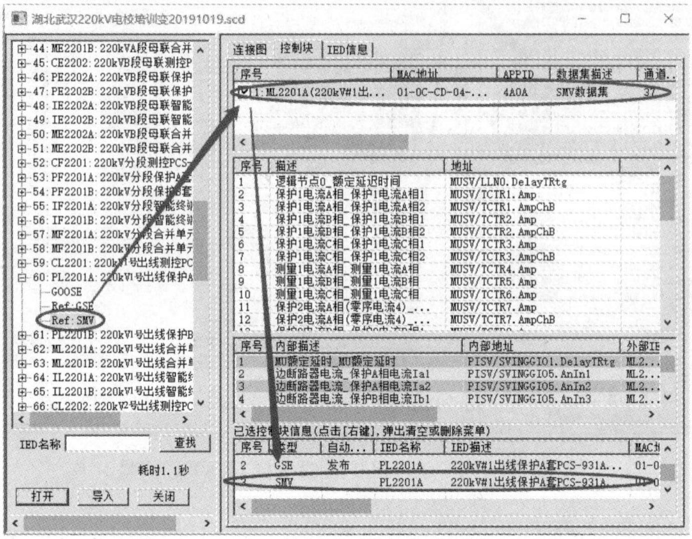

图2-13 PCS-931保护装置选择Ref：SMV信息

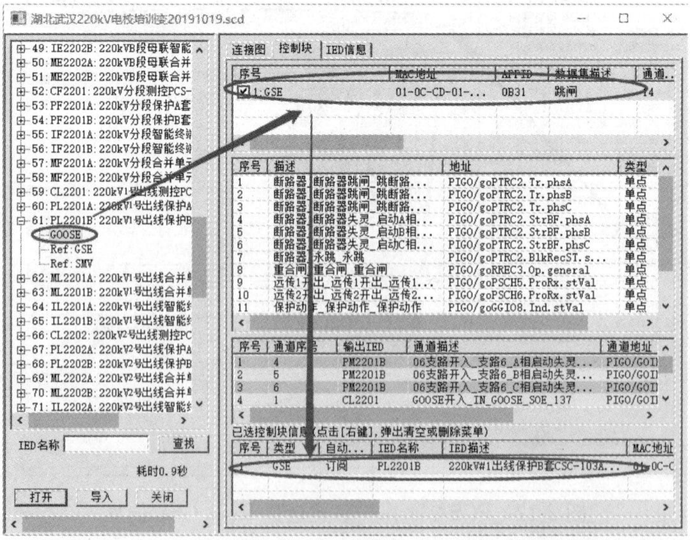

图2-14 CSC-103保护装置选择GOOSE信息

选择 Ref：GSE 控制块：点击“61：PL2201B：220kV 1 号出线保护 B 套 CSC-103 保护装置”展开菜单中的“Ref：GSE”，窗口右边弹出 GOOSE 所有控制块信息，根据描述信息选择所使用的控制块，选择控制块前面的空格，即可添加到右下方“已选控制块信息”中，如图 2-15 所示。

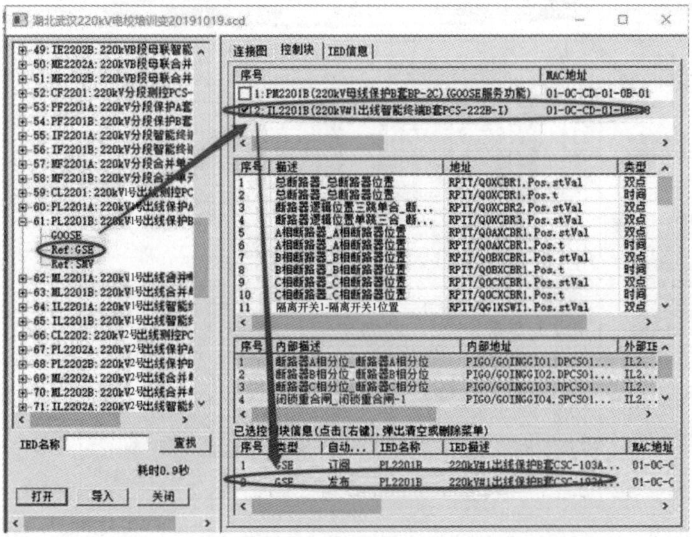


图 2-15 CSC-103 保护装置选择 Ref：GSE 信息

选择 Ref：SMV 控制块：点击“61：PL2201B：220kV 1 号出线保护 B 套 CSC-103 保护装置”展开菜单中的“Ref：SMV”，窗口右边弹出 SMV 所有控制块信息，根据描述信息选择所使用的控制块，选择控制块前面的空格，即可添加到右下方“已选控制块信息”中，如图 2-16 所示。

（3）导入控制块信息：点击窗口左下方“导入”按钮，将以上所选择的三类控制块导入到 61850 配置里，导入完成后提示“导入 2 个 GOOSE，1 个 SMV”[12]，PCS-931 保护装置如图 2-17 所示，CSC-103 保护装置如图 2-18 所示，点击“导入”可关闭此界面再进行进一步的配置。

### 3. SMV 相关参数配置[13]

（1）通道设置。在 9-2 设置界面，通道默认选择为 1、2、3，单击数字，弹出其他通道选项，根据光纤连接关系

【12】加入几个 SMV 控制块、GOOSE 控制块即显示对应数量。

【13】设置 SMV 相关参数时，需选择“9-2”后才出现之前导入的 SMV 文件，再对其进行相关参数设计。

选择对应的通道编号，PCS-931 保护装置和 CSC-103 保护装置光与测试仪光纤接线都是 1 通道为 SMV 点对点，所以两个装置 SMV 通道设置都选择 1，PCS-931 保护装置如图 2-19 所示，CSC-103 保护装置如图 2-20 所示。

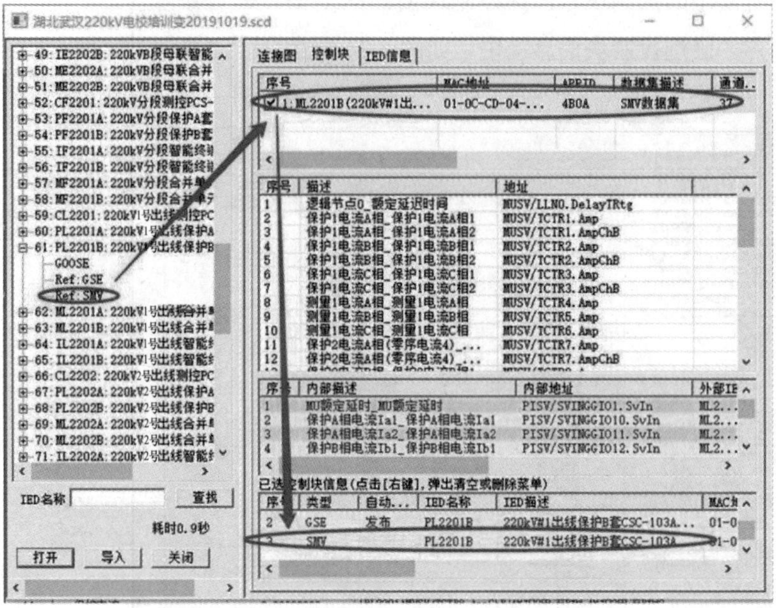


图 2-16　CSC-103 保护装置选择 Ref：SMV 信息

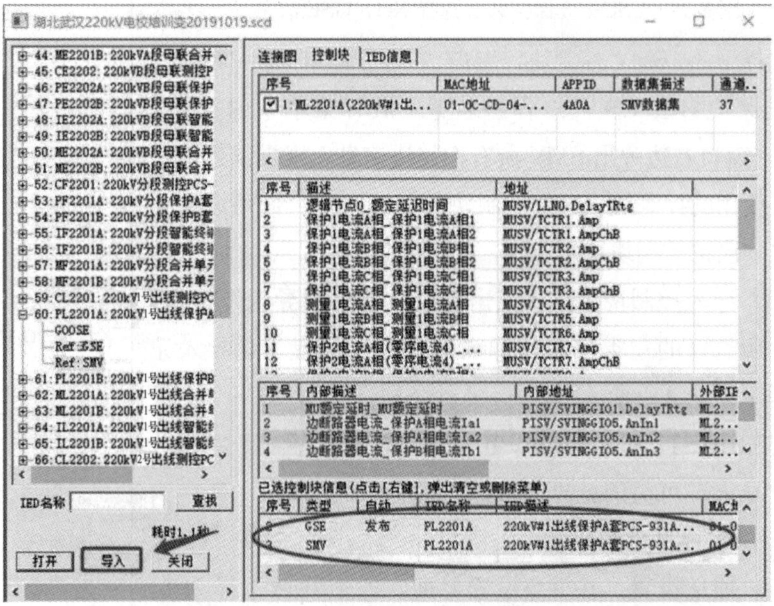


图 2-17　PCS-931 保护装置导入已选信息

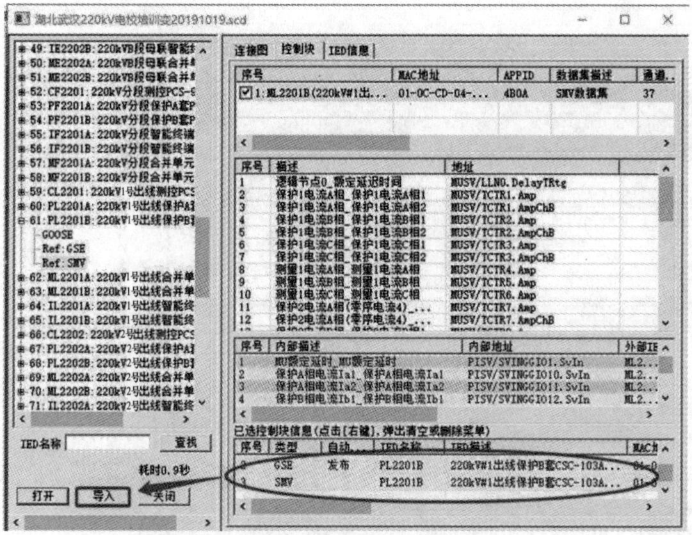

图 2-18　CSC-103 保护装置导入已选信息

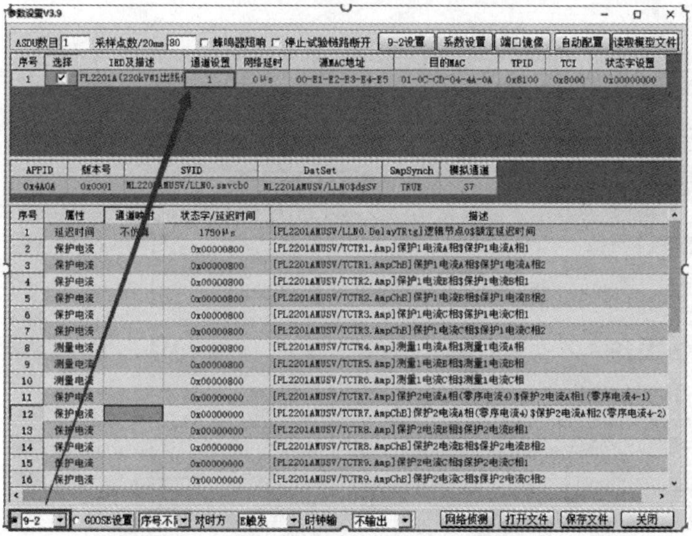

图 2-19　PCS-931 保护装置 SMV 通道设置

（2）状态字设置。默认为 0x00000000[14]，本试验投入检修标志，双击状态字设置检修状态，如图 2-21 所示，确认后状态字显示为 0x00000800，即为“检修标志”投入，PCS-931 保护装置设置如图 2-22 所示，CSC-103 保护装置设置如图 2-23 所示。

【14】当发送 SMV 报文需要带检修标志时，将图 2-21 中 b11：检修（test）选择，改为 1TRUE，确定后状态字为 0x00000800；若发送 SMV 报文不带检修标志时，将图 2-21 中 b11：检修（test）选择，改为 0FALSE，确定后状态字为 0x00000000，本试验投入“检修标志”。

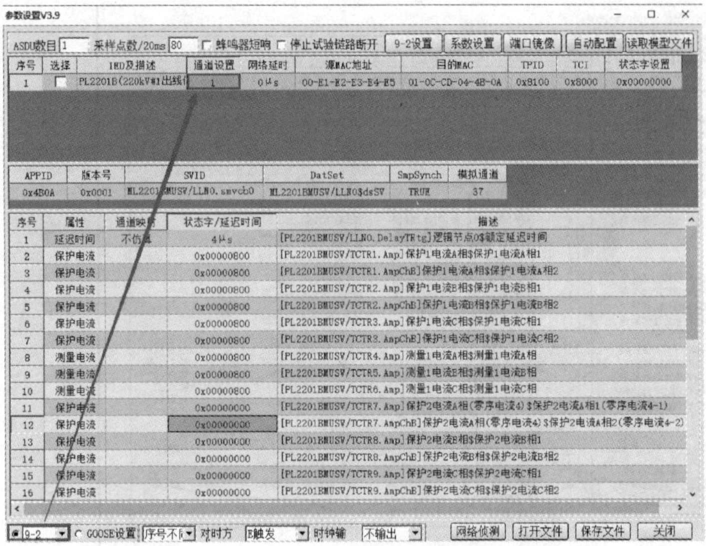


图 2-20　CSC-103 保护装置 SMV 通道设置

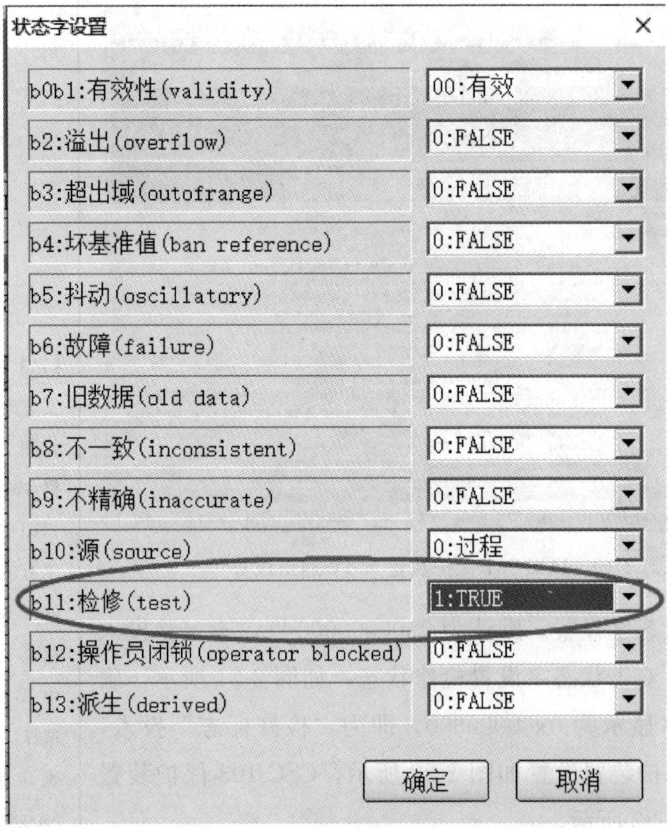


图 2-21　检修标志设置

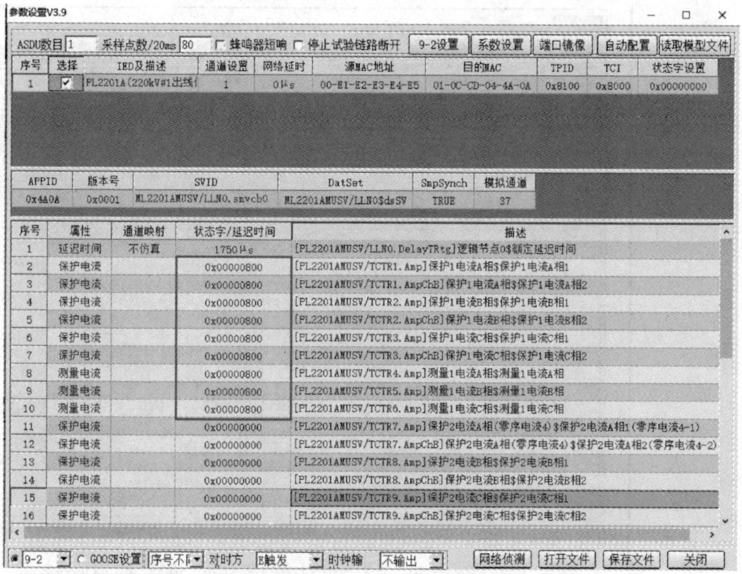


图 2-22 PCS-931 状态字设置

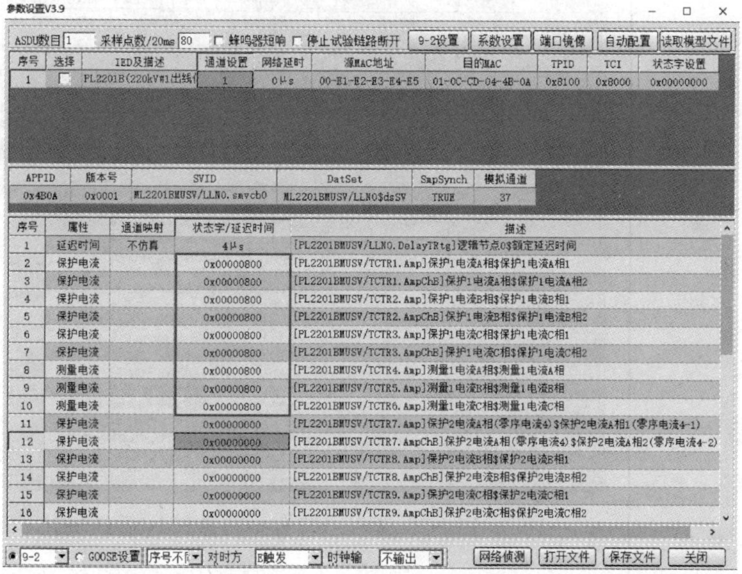


图 2-23 CSC-103 状态字设置

（3）通道映射。

1）“延时时间”选项的“通道映射”选择“不仿真”和“状态字/延迟时间”选择“1750μs”，PCS-931 保护装置如图 2-24 所示，CSC-103 保护装置如图 2-25 所示。

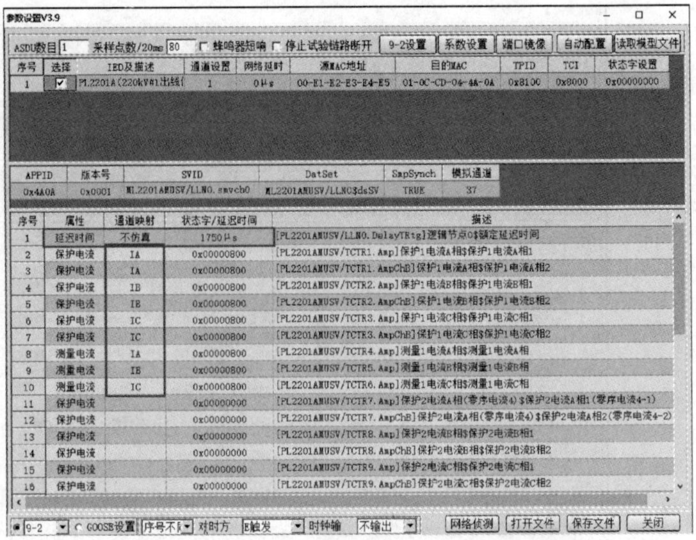


图 2-24 PCS-931 保护装置 SMV 通道映射

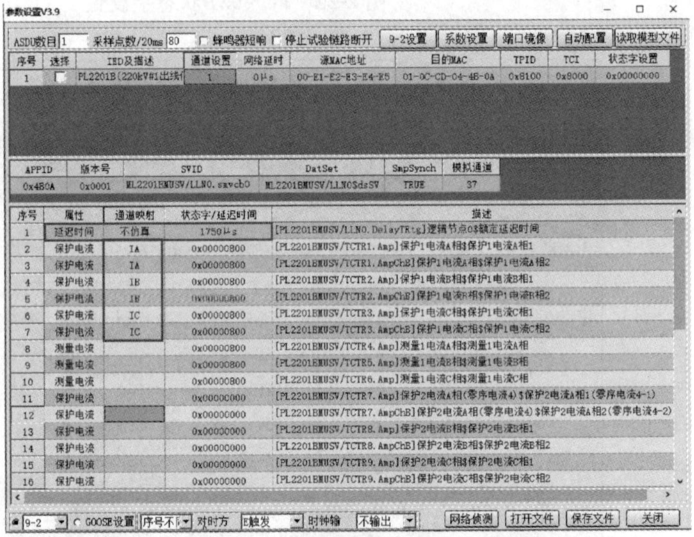


图 2-25 CSC-103 保护装置 SMV 通道映射

2）“保护电流、级联电压[15]”等选项，继电保护测试仪根据光纤连接关系自动进行通道映射配置，将电流电压通道与试验界面下的相别相关联，点击弹出对话框自动配置一组 ABC 通道，如图 2-24 和图 2-25 所示。自动配置有可能映射出的结果与实际电压电流的对应关系不一致，或者与试验所需要的映射关系不对应时，需要人工选择映射关系。

【15】保护电流和级联电压都是双 AD 采样，所以映射通道时电流、电压“1”和“2”都需要配置上，否则保护装置会报错。

（4）系数设置：设置对应通道的电流电压一次值和二次值，TA、TV 变比[16]，系数设置如图 2-26 所示。

【16】

• 此处主要根据实际系统更改 TV 变比；在 9-2 采样协议中电压的参考值单位为 10mV。

• 电流的参考值单位为 1mA，此处不需要修改。

• 小信号设置选择表示对应通道输出的是模拟小信号而非数字信号，本章调试不需要选择。

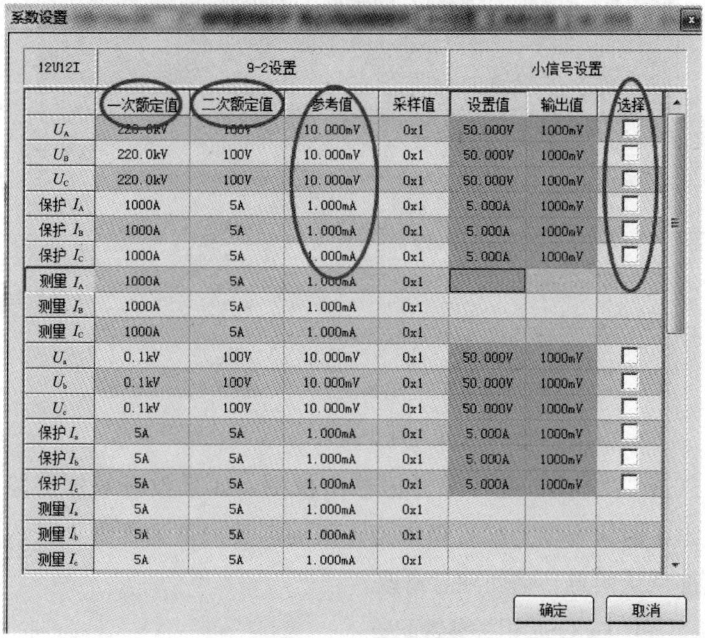

系数设置

| 12U12I | 9-2设置 | | | | 小信号设置 | | |
|---|---|---|---|---|---|---|---|
| | 一次额定值 | 二次额定值 | 参考值 | 采样值 | 设置值 | 输出值 | 选择 |
| $U_A$ | 220.0kV | 100V | 10.000mV | 0x1 | 50.000V | 1000mV | |
| $U_B$ | 220.0kV | 100V | 10.000mV | 0x1 | 50.000V | 1000mV | |
| $U_C$ | 220.0kV | 100V | 10.000mV | 0x1 | 50.000V | 1000mV | |
| 保护 $I_A$ | 1000A | 5A | 1.000mA | 0x1 | 5.000A | 1000mV | |
| 保护 $I_B$ | 1000A | 5A | 1.000mA | 0x1 | 5.000A | 1000mV | |
| 保护 $I_C$ | 1000A | 5A | 1.000mA | 0x1 | 5.000A | 1000mV | |
| 测量 $I_A$ | 1000A | 5A | 1.000mA | 0x1 | | | |
| 测量 $I_B$ | 1000A | 5A | 1.000mA | 0x1 | | | |
| 测量 $I_C$ | 1000A | 5A | 1.000mA | 0x1 | | | |
| $U_a$ | 0.1kV | 100V | 10.000mV | 0x1 | 50.000V | 1000mV | |
| $U_b$ | 0.1kV | 100V | 10.000mV | 0x1 | 50.000V | 1000mV | |
| $U_c$ | 0.1kV | 100V | 10.000mV | 0x1 | 50.000V | 1000mV | |
| 保护 $I_a$ | 5A | 5A | 1.000mA | 0x1 | 5.000A | 1000mV | |
| 保护 $I_b$ | 5A | 5A | 1.000mA | 0x1 | 5.000A | 1000mV | |
| 保护 $I_c$ | 5A | 5A | 1.000mA | 0x1 | 5.000A | 1000mV | |
| 测量 $I_a$ | 5A | 5A | 1.000mA | 0x1 | | | |
| 测量 $I_b$ | 5A | 5A | 1.000mA | 0x1 | | | |
| 测量 $I_c$ | 5A | 5A | 1.000mA | 0x1 | | | |

确定 取消

图 2-26 SMV 系数设置

SMV 通道信息配置完成后如图 2-27 和图 2-28 所示，

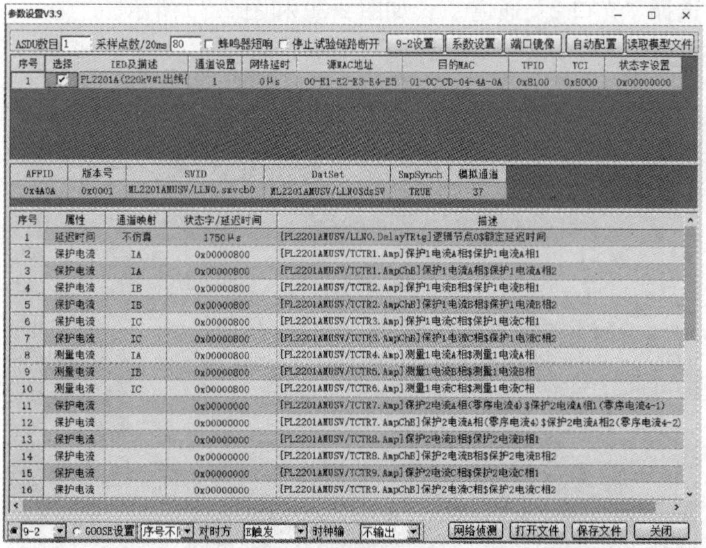

参数设置V3.9

ASDU数目 1 采样点数/20ms 80 蜂鸣器短响 停止试验链路断开 9-2设置 系数设置 端口镜像 自动配置 读取模型文件

| 序号 | 选择 | IED及描述 | 通道设置 | 网络延时 | 源MAC地址 | 目的MAC | TPID | TCI | 状态字设置 |
|---|---|---|---|---|---|---|---|---|---|
| 1 | ✓ | PL2201A(220kV#1出线( | 1 | 0μs | 00-E1-E2-E3-E4-E5 | 01-0C-CD-04-4A-0A | 0x8100 | 0x8000 | 0x00000000 |

| APPID | 版本号 | SVID | DatSet | SmpSynch | 模拟通道 |
|---|---|---|---|---|---|
| 0x4A0A | 0x0001 | ML2201AMUSV/LLN0.smvcb0 | ML2201AMUSV/LLN0$dsSV | TRUE | 37 |

| 序号 | 属性 | 通道映射 | 状态字/延迟时间 | 描述 |
|---|---|---|---|---|
| 1 | 延迟时间 | 不仿真 | 1750μs | [PL2201AMUSV/LLN0.DelayTRtg]逻辑节点0$额定延迟时间 |
| 2 | 保护电流 | IA | 0x00000800 | [PL2201AMUSV/TCTR1.Amp]保护1电流A相$保护1电流A相1 |
| 3 | 保护电流 | IA | 0x00000800 | [PL2201AMUSV/TCTR1.AmpChB]保护1电流A相$保护1电流A相2 |
| 4 | 保护电流 | IB | 0x00000800 | [PL2201AMUSV/TCTR2.Amp]保护1电流B相$保护1电流B相1 |
| 5 | 保护电流 | IB | 0x00000800 | [PL2201AMUSV/TCTR2.AmpChB]保护1电流B相$保护1电流B相2 |
| 6 | 保护电流 | IC | 0x00000800 | [PL2201AMUSV/TCTR3.Amp]保护1电流C相$保护1电流C相1 |
| 7 | 保护电流 | IC | 0x00000800 | [PL2201AMUSV/TCTR3.AmpChB]保护1电流C相$保护1电流C相2 |
| 8 | 测量电流 | IA | 0x00000800 | [PL2201AMUSV/TCTR4.Amp]测量1电流A相$测量1电流A相 |
| 9 | 测量电流 | IB | 0x00000800 | [PL2201AMUSV/TCTR5.Amp]测量1电流B相$测量1电流B相 |
| 10 | 测量电流 | IC | 0x00000800 | [PL2201AMUSV/TCTR6.Amp]测量1电流C相$测量1电流C相 |
| 11 | 保护电流 | | 0x00000000 | [PL2201AMUSV/TCTR7.Amp]保护2电流A相(零序电流4)$保护2电流A相1(零序电流4-1) |
| 12 | 保护电流 | | 0x00000000 | [PL2201AMUSV/TCTR7.AmpChB]保护2电流A相(零序电流4)$保护2电流A相2(零序电流4-2) |
| 13 | 保护电流 | | 0x00000000 | [PL2201AMUSV/TCTR8.Amp]保护2电流B相$保护2电流B相1 |
| 14 | 保护电流 | | 0x00000000 | [PL2201AMUSV/TCTR8.AmpChB]保护2电流B相$保护2电流B相2 |
| 15 | 保护电流 | | 0x00000000 | [PL2201AMUSV/TCTR9.Amp]保护2电流C相$保护2电流C相1 |
| 16 | 保护电流 | | 0x00000000 | [PL2201AMUSV/TCTR9.AmpChB]保护2电流C相$保护2电流C相2 |

9-2 GOOSE设置 序号不[illegible] 对时方 E触发 时钟输 不输出 网络侦测 打开文件 保存文件 关闭

图 2-27 PCS-931 保护装置 SMV 最终配置界面

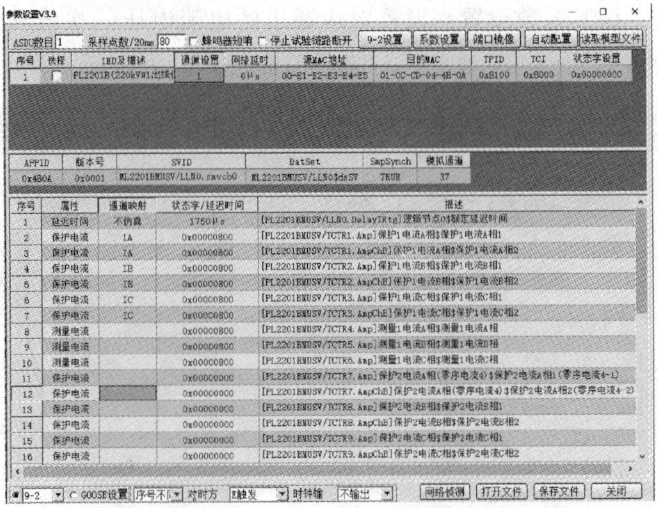


图 2-28　CSC-103 保护装置 SMV 最终配置界面

点击“关闭”，进行采样值输出检测，如果没有采样值输出，请检查以上配置操作是否正确。其他值为配置文件内部默认信息，请勿随意修改。

4. GOOSE 相关参数配置

（1）通道选择：一般直跳信号包含了订阅和发布信息，从同一个光纤传输，在 GOOSE 设置[17]界面，根据试验接线选择“光口 2”通道[18]，如图 2-29 和图 2-30 所示。

【17】设置 GOOSE 相关参数时，需选择“GOOSE 设置”后才出现之前导入的 GOOSE 和 Ref：GSE 文件，再对其进行相关参数设置。

【18】通道选择一定要和实际光纤接线一致，否则数据不同，链路连接不上。

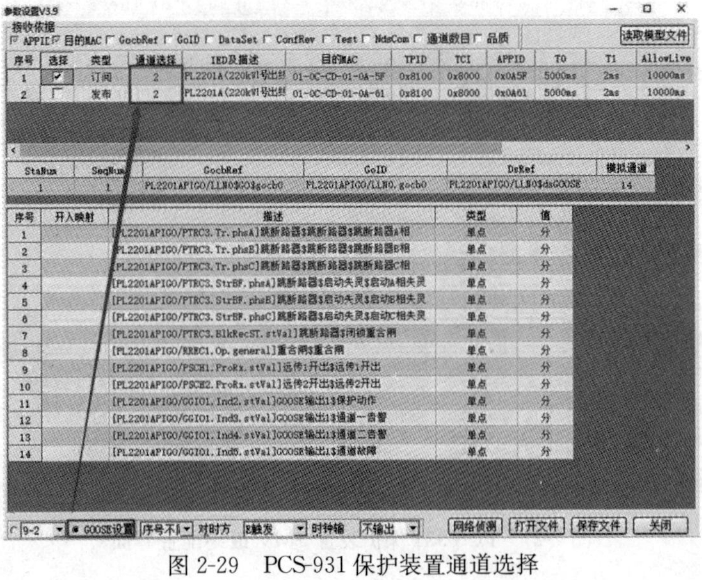


图 2-29　PCS-931 保护装置通道选择

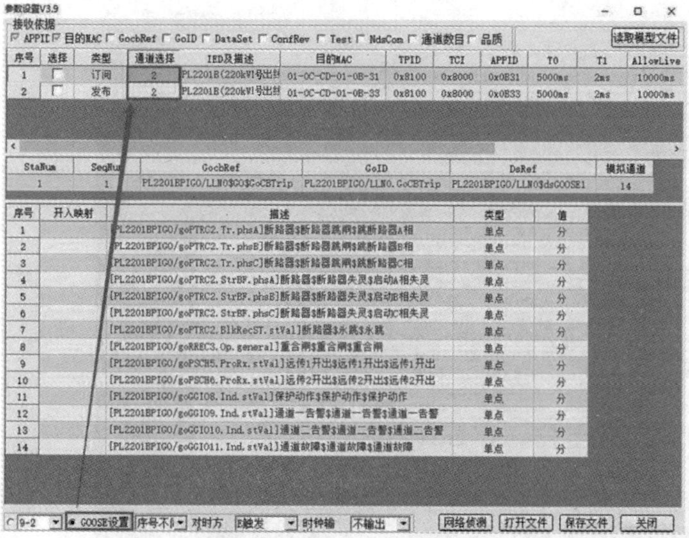


图 2-30　CSC-103 保护装置通道选择

（2）类型选择：点击“类型”出现“订阅”和“发布”选项。

（3）开入映射：订阅 GOOSE 对应“开入”映射，选择订阅进行开入设置，需对接收保护装置发来的跳闸命令和重合闸命令进行开入设置[19]，设置如图 2-31 和图 2-32 所示。

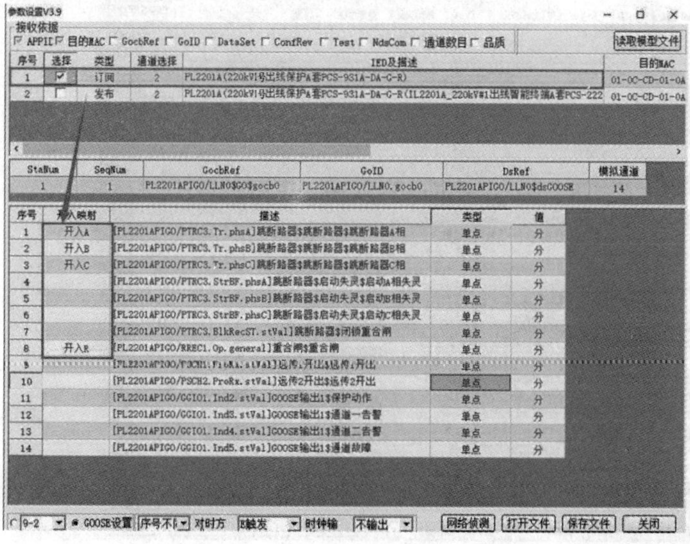


图 2-31　PCS-931 保护装置开入映射

【19】开入和开出设置切记不要设置反，且一定保证“位置信号”和“跳闸信号”及“重合闸”都有设置，否则会影响重合闸充电及后面实验。

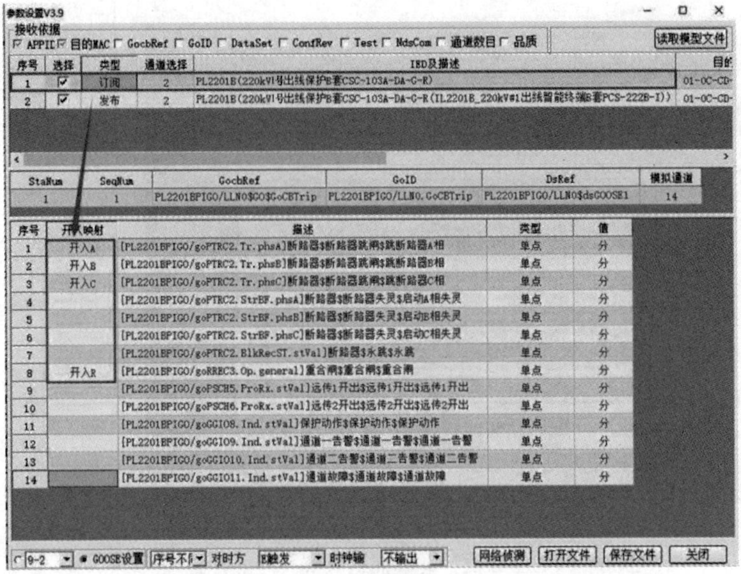


图 2-32　CSC-103 保护装置开入映射

（4）开出映射：发布 GOOSE 对应“开出”映射，选择发布进行开出设置，需对智能终端的位置信号反馈给保护装置进行开出设置，设置如图 2-33 和图 2-34 所示。

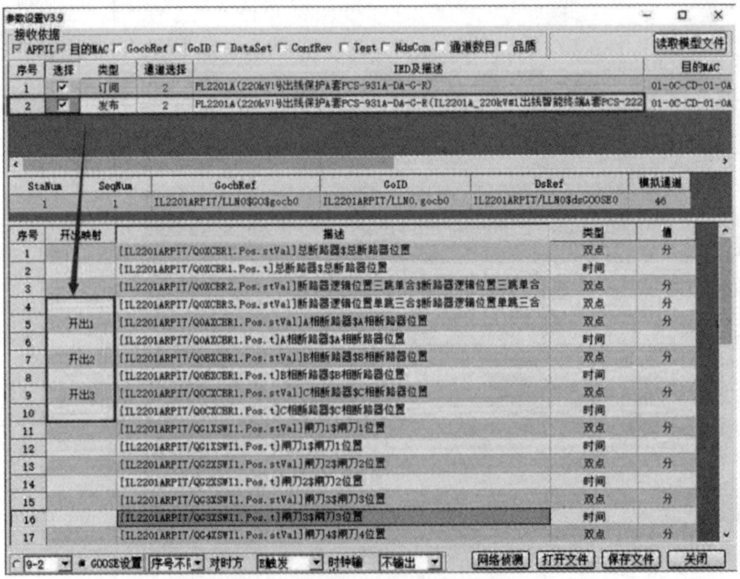


图 2-33　PCS-931 保护装置开出映射

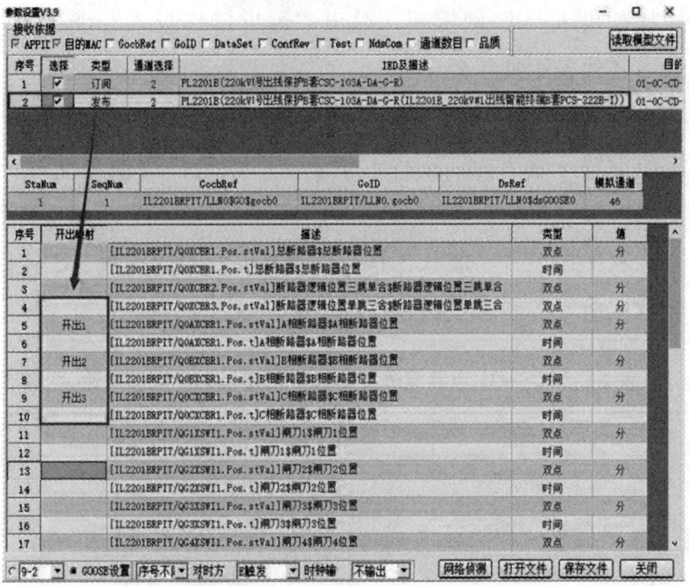


图 2-34　CSC-103 保护装置开出映射

以上 SMV 与 GOOSE 所有配置完成后点击图 2-23 和图 2-34 右下角“关闭”按钮，即完成所有 61850 的数字信号配置。

## 2.2　纵联电流差动保护校验

### 2.2.1　试验内容

**1. 测试内容**

纵联电流差动保护功能校验。

**2. 技术要求**

纵联电流差动保护电流定值动作的准确度误差不大于 5%。

### 2.2.2　试验方法

**1. 试验设置**

（1）PCS-931 试验准备[20]。

1）保护硬压板设置[21]。投入 PCS-931 保护装置上“检

【20】由于试验准备 PCS-931 和 CSC-103 有一定的区别，因此分开描写。

【21】数字保护与传统保护在硬压板上区别较大，仅有检修压板，无功能硬压板与跳闸出口硬压板。

修状态投入[22]”硬压板，退出“远方操作投入”硬压板，退出其他备用硬压板。

2）保护软压板设置。软压板投入步骤为：菜单选择→定值设置→软压板，按“↑↓←→”键选择压板，设置好之后再输入口令[23]进行确认保存。

软压板包含功能软压板、GOOSE 发送软压板、SV 接收软压板，各软压板名称及设定值见表 2-1。

【22】“检修压板”和“检修状态字”设置必修保持一致，如不一致会出现链路不通的问题。

【23】本书涉及的南瑞继保 PCS-931 保护装置密码为“+←↑−”，在进行压板、控制字与定值修改都使用此密码确认。

【24】PCS-931 差动保护有两个通道，因为通道一设置自环接线，此处选择与之对应的通道一投入软压板。

**表 2-1　PCS-931 纵联电流差动保护软压板名称及设定值**

| 软压板 | 名称 | 设定值 | 软压板 | 名称 | 设定值 |
|---|---|---|---|---|---|
| 功能软压板 | 通道一差动保护[24] | 1 | GOOSE 发送软压板 | 跳闸软压板 | 1 |
| | 通道二差动保护 | 0 | | 启动失灵软压板 | 0 |
| | 距离保护 | 0 | | 闭锁重合闸软压板 | 0 |
| | 零序过流保护 | 0 | | 重合闸软压板 | 1 |
| | 停用重合闸 | 0 | SV 接收软压板 | 合并单元 A 接收软压板 | 1 |
| | 远方投退压板 | 0 | | 链路 1 SV 接收软压板 | 1 |
| | 远方切换定值区 | 0 | | 链路 2 SV 接收软压板 | 1 |
| | 远方修改定值 | 0 | — | — | — |

3）通道接线。用尾纤短接保护装置通道一的“TX1”与“RX1”，形成自环状态。

4）定值与控制字设置。定值（控制字）设置步骤：菜单选择→定值设置→保护定值，按“↑↓←→”键选择定值与控制字，设置好之后再输入口令进行确认保存。

PCS-931 纵联电流差动保护定值与控制字设置见表 2-2。

**表 2-2　PCS-931 纵联电流差动保护定值与控制字设置[25]**

| 定值参数名称 | 参数值 | 控制字名称 | 参数值 |
|---|---|---|---|
| 变化量启动电流定值 | 0.2A | 通道一差动保护 | 1 |
| 零序启动电流定值 | 0.2A | 通道二差动保护 | 0 |
| 差动保护动作电流定值 | 1A | TA 断线闭锁差动保护 | 0 |
| 本侧识别码 | 1 | 通道一通信内时钟 | 1 |
| 对侧识别码 | 1 | 通道二通信内时钟 | 0 |
| 线路正序灵敏角 | 78° | 三相跳闸方式 | 0 |
| 单相重合闸时间 | 0.8s | 重合闸检同期方式 | 0 |

【25】定值与控制字设置说明

- 本侧识别码与对侧识别码必须相同。
- 变化量启动定值和零序启动定值必须小于差动保护动作电流定值的 1/2。
- 通道一通信内时钟必设置“1”。
- 三相重合闸、单相重合闸、禁止重合闸、停用重合闸只能选择一种方式置“1”。

续表

| 定值参数名称 | 参数值 | 控制字名称 | 参数值 |
|---|---|---|---|
| 三相重合闸时间 | 1.0s | 重合闸检无压方式 | 0 |
| | | 单相重合闸 | 1 |
| | | 三相重合闸 | 0 |
| | | 禁止重合闸 | 0 |
| | | 停用重合闸 | 0 |
| | | 电容电流补偿 | 1 |

（2）CSC-103 试验准备。

1）保护硬压板设置。CSC-103 投入保护装置上“检修状态投入”硬压板，退出“远方操作投入”硬压板，退出其他备用硬压板。

2）保护软压板设置。

软压板投入步骤为：设置→压板操作，按“↑↓←→”键选择压板，设置好之后再输入口令[26]并确定保存。

软压板包含功能软压板、GOOSE 发送软压板、SV 接收软压板，各软压板名称和设定值见表 2-3。

**表 2-3 CSC-103 纵联电流差动保护软压板名称和设定值**

| 软压板 | 名称 | 设定值 | 软压板 | 名称 | 设定值 |
|---|---|---|---|---|---|
| 功能软压板 | 纵联差动保护 | 1 | GOOSE 发送软压板 | 跳闸 | 1 |
| | 光纤通道一 | 1 | | 启动失灵 | 0 |
| | 光纤通道二 | 0 | | 闭锁重合闸 | 0 |
| | 距离保护 | 0 | | 重合闸 | 1 |
| | 零序过流保护 | 0 | | — | — |
| | 停用重合闸 | 0 | SV 接收软压板 | SV 接收 | 1 |
| | 远方投退压板 | 0 | | — | — |
| | 远方切换定值区 | 0 | | — | — |
| | 远方修改定值 | 0 | — | — | — |

3）通道接线。用尾纤短接保护装置通道一的“TX1”与“RX1”，形成自环状态。

4）定值与控制字设置。定值（控制字）设置步骤：设置→定值设置→整定定值→保护定值（保护控制字），按“↑↓←→”键选择定值与控制字，设置好之后再按确定键即可保存。

CSC-103 纵联电流差动保护定值与控制字设置见表 2-4。

【26】本书涉及的北京四方 CSC-103 保护装置默认密码“5678”，在进行压板、控制字与定值修改需要使用。在进行功能软压板投退时必须单个操作单个保存。

表 2-4　　CSC-103 纵联电流差动保护定值与控制字设置

| 定值参数名称 | 参数值 | 控制字名称 | 参数值 |
|---|---|---|---|
| 变化量启动电流定值 | 0.2A | 纵联差动保护 | 1 |
| 零序启动电流定值 | 0.2A | TA 断线闭锁差动保护 | 0 |
| 差动保护动作电流定值 | 1A | 通道一通信内时钟 | 1 |
| 本侧识别码 | 936 | 通道二通信内时钟 | 0 |
| 对侧识别码 | 936 | 三相跳闸方式 | 0 |
| 线路正序灵敏角 | 78° | 重合闸检同期方式 | 0 |
| 线路零序灵敏角 | 78° | 重合闸检无压方式 | 0 |
| 单相重合闸时间 | 0.8s | 单相重合闸 | 1 |
| 三相重合闸时间 | 1.0s | 三相重合闸 | 0 |
| — | — | 禁止重合闸 | 0 |
| — | — | 停用重合闸 | 0 |
| — | — | 电容电流补偿 | 1 |

2. 纵联电流差动保护功能校验

(1) 本试验模拟三相电流在 $1.05I_d$（差动保护动作电流定值）时，差动保护可靠动作。试验步骤如下：

1) 启动“状态序列”试验模块。鼠标点击桌面“继保之星”快捷方式→点击“状态序列”试验模块图标，进入“状态序列”试验模块，如图 2-35 所示。

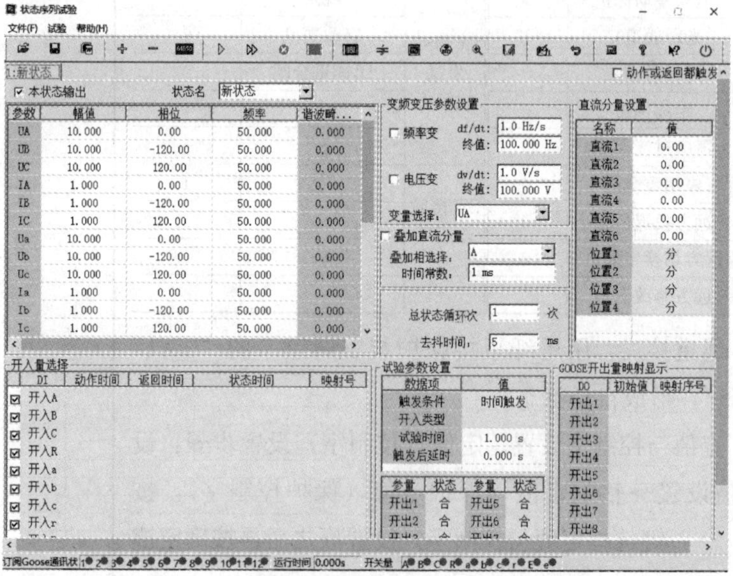

图 2-35　试验界面

2）按继保测试仪工具栏“+”或“−”按键，确保状态数量为2。

3）试验参数设置见表2-5。

**表2-5 纵联电流差动保护1.05倍定值参数设置**

| 参数 | 故障前态 | 故障态 |
|---|---|---|
| $U_A$（V） | 57.735∠0°[27] | 57.735∠0° |
| $U_B$（V） | 57.735∠−120° | 57.735∠−120° |
| $U_C$（V） | 57.735∠120° | 57.735∠120° |
| $I_A$（A） | 0 | 0.525∠−78°[28] |
| $I_B$（A） | 0 | 0.525∠162° |
| $I_C$（A） | 0 | 0.525∠42° |
| 触发条件 | 按键触发[29] | 时间触发[30] |
| 开入类型 | | |
| 试验时间 | | 0.1s[31] |
| 开出1 | 合 | 合[32] |
| 开出2 | 合 | 合 |
| 开出3 | 合 | 合 |

表2-5中ABC相电流幅值由式（2-1）计算。

$$I = m \times I_d \times \frac{1}{2} \quad [33] \qquad (2\text{-}1)$$

其中 $m=1.05$

式中 $I$——故障相电流幅值；

$I_d$——差动保护动作电流定值，读取定值清单为1A。

4）在工具栏中点击“▶”或按键盘中“run”键开始进行试验。观察保护装置面板信息，待“TV断线”指示灯熄灭且“充电完成”指示灯亮起后，点击工具栏中“▶▶”按钮或在键盘上按“Tab”键切换故障状态。

5）打印动作报文步骤为：

PCS-931：菜单选择→打印报文→动作报文→确认，其动作报文[34]如图2-36所示。

CSC-103：菜单选择→打印报文→动作报文→确认。其

【27】电压设置：

• 故障前态：电压设系统正常电压。

• 故障态：差动保护试验不判电压，所以电压可以不设置。

【28】电流设置：

• 故障前态：电流设系统正常电流。

• 故障态：幅值根据式（2-1）计算所得，

$I = m \times I_d \times \frac{1}{2}$

$= 1.05 \times 1 \times \frac{1}{2}$

$= 0.525A$，相角只要保证三相对称，互差120°即可。

【29】第一态目的为消除TV断线和重合闸充电，但因各装置TV返回和重合闸充电时间不同，选“按键触发”方便控制状态翻转时间。

【30】第二态为故障量输出时间，选择“时间触发”并设置试验时间与之配合，确定故障量输出时间。

【31】差动保护为速断保护，无延时触发，所以试验时间只要给裕度时间0.1s即可。

【32】开出状态：表示智能终端给保护装置的ABC三相断路器位置，故障前态和故障态断路器都设置在合位。

【33】自环状态下，保护装置处于自发自收状态，加1A采样值，则显示本侧和对侧电流都为1A，差流为2A，所以单侧试验定值除以2。

【34】PCS-931和CSC-103之前试验步骤相同，这里只把报文分别展示。

动作报文如图2-37所示。

**PCS-931A-DA-G-R 超高压输电线路成套保护装置—整组动作报文**

被保护设备：______　保护设备版本号：V3.60

管理序号：00423240.011　打印时间：2020-06-15 10：23：54

| 序号 | 启动时间 | 相对时间 | 动作相别 | 动作元件 |
|---|---|---|---|---|
| 0719 | 2020-06-15 10：22：45：450 | 0000ms | | 保护启动 |
| | | 0042ms | ABC | 纵联差动保护动作 |
| 故障相电压 | | | | 57.76V |
| 故障相电流 | | | | 0.52A |
| 最大零序电流 | | | | 0.02A |
| 最大差比率动保护电流 | | | | 1.06A |
| 故障测距 | | | | 20.40km |
| 故障相别 | | | | ABC |

图2-36　PCS-931纵联电流差动保护可靠动作报文

**CSC-103A-DA-G-R 线路保护动作报文**

版本号：V1.00L2　装置地址：23　当前定值区号：01

打印时间：2020-06-09 14：51：46

| 时间 | 动作元件 | 跳闸相别 | 动作参数 |
|---|---|---|---|
| 2020-06-09 14：51：46：825 | 保护启动 | | |
| 27ms | 纵差差动保护动作 | 跳ABC相 | |
| 27ms | 分相差动保护动作 | 跳ABC相 | $I_{CDa}$=1.250A<br>$I_{CDb}$=1.250A　$I_{CDc}$=1.250A |
| | 三相差动保护电流 | | $I_{CDa}$=1.258A<br>$I_{CDb}$=1.258A　$I_{CDc}$=1.258A |
| | 三相制动电流 | | $I_A$=0.000A<br>$I_B$=0.000A　$I_C$=0.000A |
| | 故障相电压 | | $U_A$=58.00V<br>$U_B$=58.00V　$U_C$=58.00V |
| | 故障相电流 | | $I_A$=0.629A　$I_B$=0.629A<br>$I_C$=0.629A　$3I_0$=0.009A |

图2-37　CSC-103差动保护可靠动作报文

（2）模拟三相电流在0.95$I_d$时，纵联电流差动保护可靠不动作。试验步骤如下：

1）电压及触发条件等与表2-5设置相同，ABC相电流幅值由式（2-1）计算，只将$m$取值0.95即可。纵联电流差动保护0.95倍定值参数设置见表2-6。

表 2-6　　纵联电流差动保护 0.95 倍定值参数设置

| 参数 | 故障前态 | 故障态 |
|---|---|---|
| $U_A$（V） | 57.735∠0° | 57.735∠0° |
| $U_B$（V） | 57.735∠−120° | 57.735∠−120° |
| $U_C$（V） | 57.735∠120° | 57.735∠120° |
| $I_A$（A） | 0 | 0.475∠−78° |
| $I_B$（A） | 0 | 0.475∠162° |
| $I_C$（A） | 0 | 0.475∠42° |
| 触发条件 | 按键触发 | 时间触发 |
| 开入类型 | | |
| 试验时间 | | 0.1s |
| 开出 1 | 合 | 合 |
| 开出 2 | 合 | 合 |
| 开出 3 | 合 | 合 |

2）在工具栏中点击“▶”或按键盘中“run”键开始进行试验。观察保护装置面板信息，待“TV 断线”指示灯熄灭且“充电完成”指示灯亮起后，点击工具栏中“▶▶”按钮或在键盘上按“Tab”键切换故障状态。

3）观察保护动作结果：ABC 三相跳闸灯均不亮。

4）打印动作报文：PCS-931 和 CSC-103 动作报文分别如图 2-38 和图 2-39 所示。

**PCS-931A-DA-G-R 超高压输电线路成套保护装置—整组动作报文**

被保护设备：__________ 保护设备版本号：V3.60　　管理序号：00423240.011

打印时间：2020-06-15 11：19：47

| 序号 | 启动时间 | 相对时间 | 动作相别 | 动作元件 |
|---|---|---|---|---|
| 0720 | 2020-06-15 11：17：59：835 | 0000ms | | 保护启动 |

图 2-38　PCS-931 纵联电流差动保护可靠不动作报文

**CSC-103A-DA-G-R 线路保护动作报文**

版本号：V1.00L2　　装置地址：23　　当前定值区号：01

打印时间：2020-06-09 14：53：18

| 时间 | 动作元件 | 跳闸相别 | 动作参数 |
|---|---|---|---|
| 2020-06-09 14：53：18：129 | 保护启动 | | |

图 2-39　CSC-103 纵联电流差动保护可靠不动作报文

(3) 试验分析。根据上述 (1)、(2) 试验结果可知，在 $1.05I_d$ 时，装置可靠动作，在 $0.95I_d$ 时，装置可靠不动作，误差不大于5%，纵联电流差动保护功能校验满足规程技术要求。

### 2.2.3 试验记录

将上述试验结果记录至表2-7中，并根据表中空白项，选取故障相别和故障类型，重复2.2.2过程，并将试验结果补充至表2-7中。

表2-7 纵联电流差动保护试验数据记录表

| 故障类别 | 整定值 | 故障量 | 故障相别 | | | |
|---|---|---|---|---|---|---|
| | | | AN | BN | CN | ABC |
| 差动保护定值校验 | $I_d=1A$ | $1.05I_d$ | | | | |
| | | $0.95I_d$ | | | | |

## 2.3 接地距离保护校验

### 2.3.1 试验内容

1. 测试内容

接地距离Ⅰ(Ⅱ或Ⅲ)段功能校验。

2. 技术要求

接地距离Ⅰ(Ⅱ或Ⅲ)段动定值动作的准确度不大于5%。

### 2.3.2 试验方法

1. 试验设置

(1) 保护硬压板设置。PCS-931和CSC-103保护硬压板设置相同：投入保护装置上"检修状态投入[35]"硬压板，退出"远方操作投入"硬压板，退出其他备用硬压板。

【35】"检修压板"和"检修状态字"设置必须保持一致，如不一致会出现链路不通的问题。

(2) 保护软压板设置。软压板投入步骤参见2.2.2。软压板包含功能软压板、GOOSE发送软压板、SV接收软压板，PCS-931和CSC-103距离保护软压板名称和设定值见表2-8和表2-9。

表 2-8　　PCS-931 距离保护软压板名称和设定值

| 软压板 | 名称 | 设定值 | 软压板 | 名称 | 设定值 |
|---|---|---|---|---|---|
| 功能软压板 | 通道一差动保护 | 0 | GOOSE 发送软压板 | 跳闸软压板 | 1 |
| | 通道二差动保护 | 0 | | 启动失灵软压板 | 0 |
| | 距离保护 | 1 | | 闭锁重合闸软压板 | 0 |
| | 零序过流保护 | 0 | | 重合闸软压板 | 1 |
| | 停用重合闸 | 0 | SV 接收软压板 | 合并单元 A 接收软压板 | 1 |
| | 远方投退压板 | 0 | | 链路 1 SV 接收软压板 | 1 |
| | 远方切换定值区 | 0 | | 链路 2 SV 接收软压板 | 1 |
| | 远方修改定值 | 0 | — | — | — |

表 2-9　　CSC-103 距离保护软压板名称和设定值

| 软压板 | 名称 | 设定值 | 软压板 | 名称 | 设定值 |
|---|---|---|---|---|---|
| 功能软压板 | 纵联差动保护 | 0 | GOOSE 发送软压板 | 跳闸 | 1 |
| | 光纤通道一 | 0 | | 启动失灵 | 0 |
| | 光纤通道二 | 0 | | 闭锁重合闸 | 0 |
| | 距离保护 | 1 | | 重合闸 | 1 |
| | 零序过流保护 | 0 | | — | — |
| | 停用重合闸 | 0 | SV 接收软压板 | SV 接收 | 1 |
| | 远方投退压板 | 0 | | — | — |
| | 远方切换定值区 | 0 | | — | — |
| | 远方修改定值 | 0 | — | — | — |

（3）定值与控制字设置。定值（控制字）设置步骤参见 2.2.2。PCS-931 和 CSC-103 距离保护定值与控制字设置见表 2-10 和表 2-11。

表 2-10　　PCS-931 距离保护定值与控制字设置

| 定值参数名称 | 参数值 | 控制字名称 | 参数值 |
|---|---|---|---|
| 变化量启动电流定值 | 0.2A | 电压取线路 TV 电压 | 0 |
| 零序启动电流定值 | 0.2A | 距离保护Ⅰ段 | 1 |
| 线路正序阻抗定值 | 5Ω | 距离保护Ⅱ段 | 1 |
| 线路正序灵敏角 | 78° | 距离保护Ⅲ段 | 1 |
| 线路零序阻抗定值 | 15Ω | 零序电流保护 | 0 |
| 线路零序阻抗角 | 78° | 三相跳闸方式 | 0 |
| 接地距离Ⅰ段定值 | 5Ω | 重合闸检同期方式 | 0 |
| 接地距离Ⅱ段定值 | 10Ω | 重合闸检无压方式 | 0 |
| 接地距离Ⅱ段时间 | 0.5s | 单相重合闸 | 1 |

续表

| 定值参数名称 | 参数值 | 控制字名称 | 参数值 |
|---|---|---|---|
| 接地距离Ⅲ段定值 | 15Ω | 三相重合闸 | 0 |
| 接地距离Ⅲ段时间 | 1s | 禁止重合闸 | 0 |
| 相间距离Ⅰ段定值 | 5Ω | 停止重合闸 | 0 |
| 相间距离Ⅱ段定值 | 10Ω | Ⅱ段保护闭锁重合闸 | 0 |
| 相间距离Ⅱ段时间 | 0.5s | 多相故障闭锁重合闸 | 0 |
| 相间距离Ⅲ段定值 | 15Ω | 工频变化量距离 | 0 |
| 相间距离Ⅲ段时间 | 1s | 零序反时限 | 0 |
| 单相重合闸动作时间 | 0.8s | | |
| 三相重合闸动作时间 | 1s | | |
| 零序补偿系数 KZ | 0.67 | | |

**表 2-11　　CSC-103 距离保护定值与控制字设置**

| 定值参数名称 | 参数值 | 控制字名称 | 参数值 |
|---|---|---|---|
| 变化量启动电流定值 | 0.2A | 电压取线路 TV 电压 | 0 |
| 零序启动电流定值 | 0.3A | 距离保护Ⅰ段 | 1 |
| 线路正序阻抗定值 | 5Ω | 距离保护Ⅱ段 | 1 |
| 线路正序灵敏角 | 78° | 距离保护Ⅲ段 | 1 |
| 线路零序阻抗定值 | 15Ω | 零序电流保护 | 0 |
| 线路零序阻抗角 | 78° | 零序过流Ⅲ段经方向 | 1 |
| 接地距离Ⅰ段定值 | 5Ω | 三相跳闸方式 | 0 |
| 接地距离Ⅱ段定值 | 10Ω | Ⅱ段保护闭锁重合闸 | 0 |
| 接地距离Ⅱ段时间 | 0.5s | 多相故障闭锁重合闸 | 0 |
| 接地距离Ⅲ段定值 | 15Ω | 重合闸检同期方式 | 0 |
| 接地距离Ⅲ段时间 | 1s | 重合闸检无压方式 | 0 |
| 相间距离Ⅰ段定值 | 5Ω | 单相重合闸 | 1 |
| 相间距离Ⅱ段定值 | 10Ω | 三相重合闸 | 0 |
| 相间距离Ⅱ段时间 | 0.5s | 禁止重合闸 | 0 |
| 相间距离Ⅲ段定值 | 15Ω | 停止重合闸 | 0 |
| 相间距离Ⅲ段时间 | 1.5s | 单相 TWJ 启动重合闸 | 0 |
| 单相重合闸动作时间 | 0.8s | 三相 TWJ 启动重合闸 | 0 |
| 三相重合闸动作时间 | 1s | 快速距离保护 | 0 |
| 零序电抗补偿系数 $K_X$ | 0.67 | | |
| 零序电阻补偿系数 $K_R$ | 0.67 | | |

### 2. 接地距离Ⅰ（Ⅱ或Ⅲ）段功能校验

为了校验接地距离保护的准确性，应该分别进行接地距离Ⅰ段、Ⅱ段、Ⅲ段功能校验，本文以接地距离Ⅱ段为例校验。

（1）模拟B相故障，在接地距离阻抗 $0.95Z_{\phi}^{\mathrm{II}}$ ［$Z_{\phi}^{n}$ 为接地距离 $n$（$n$ 取Ⅰ、Ⅱ、Ⅲ）段定值］时，验证接地距离Ⅱ段保护可靠动作，试验步骤如下：

1）启动“状态序列”试验模块：试验步骤参见2.2.2。

2）按继保测试仪工具栏“＋”或“－”按键，确保状态数量为2。

3）试验参数设置见表2-12。

**表2-12　接地距离保护0.95倍参数设置**

| 参数 | 故障前态 | 故障态 |
|---|---|---|
| $U_A$（V） | 57.735∠0°[36] | 57.735∠0° |
| $U_B$（V） | 57.735∠−120° | 15.86∠−120°[37] |
| $U_C$（V） | 57.735∠120° | 57.735∠120° |
| $I_A$（A） | 0 | 0 |
| $I_B$（A） | 0 | 1∠162°[38] |
| $I_C$（A） | 0 | 0 |
| 触发条件 | 按键触发 | 时间触发 |
| 开入类型 | | |
| 试验时间 | | 0.6s[39] |
| 开出1 | 合 | 合[40] |
| 开出2 | 合 | 合 |
| 开出3 | 合 | 合 |

表2-12中B相电压幅值由式（2-2）计算。

$$U = m \times I \times (1+k) \times Z_{\phi}^{n} \tag{2-2}$$

其中　$m=0.95$，$K=0.67$，$I=1\mathrm{A}$

式中　$Z_{\phi}^{n}$——接地距离 $n$（$n$ 取Ⅰ、Ⅱ、Ⅲ）段定值[41]，本文 $n$ 取Ⅱ。

表2-12中B相电流相角由式（2-3）计算。

$$\phi_U = \phi_I + \phi_1 \tag{2-3}$$

式中　$\phi_U$——故障相电压，A相电压相角恒定设为0°；

$\phi_I$——故障相电流相角；

$\phi_1$——线路正序灵敏角[42]，由装置定值中读取。

表2-14中试验时间由式（2-4）计算所得。

$$T_m = T_z^n + \Delta T \tag{2-4}$$

【36】故障前量：电压设系统正常电压；电流设系统无故障电流。

【37】幅值根据式（2-3）计算所得，$U=m\times I\times(1+k)\times Z_{\phi}^{\mathrm{II}}=0.95\times1\times(1+0.67)\times10=15.86\mathrm{V}$。

【38】幅值：接地距离试验有两种方法：固定电压算电流；固定电流算电压。本试验采用固定电流算电压方法，所以设置固定电流1A。相角根据式（2-3）计算所得，$\phi_I=\phi_U-\phi_1=-120°-78°=-198°+360°=162°$。

【39】根据式（2-4）计算得：$T_m=T_z^{\mathrm{II}}+\Delta T=0.5+0.1=0.6\mathrm{s}$。

【40】开出状态：表示智能终端给保护装置的ABC三相断路器位置，故障前态和故障态断路器都设置在合位。

【41】本试验以接地距离Ⅱ段定值校验，读取定值清单 $Z_{\phi}^{\mathrm{II}}$ 为10Ω，若校验接地距离Ⅰ、Ⅲ段定值，同理读取Ⅱ、Ⅲ段定值即可。

【42】定值清单中“线路正序灵敏角”和“线路零序灵敏角”必须设置一致，否则用“线路正序灵敏角”校验定值会有偏差。

【43】读取定值清单 $T_z^{II}=0.5s$。

【44】PCS-931 和 CSC-103之前试验步骤相同，这里只把报文分别展示。

式中 $T_m$——试验时间；

$T_z^n$——接地距离 $n$（$n$ 取Ⅰ、Ⅱ、Ⅲ）段时间定值[43]，本文 $n$ 取Ⅱ。

$\Delta T$——时间裕度，一般取0.1s。

4）在工具栏中点击“▶”或按键盘中“run”键开始进行试验。观察保护装置面板信息，待“TV断线”指示灯熄灭且“充电完成”指示灯亮起后，点击工具栏中“▶▶”按钮或在键盘上按“Tab”键切换故障状态。

5）打印动作报文，其动作报文如图2-40所示[44]和图2-41所示。

**PCS-931A-DA-G-R 超高压输电线路成套保护装置—整组动作报文**

被保护设备：__________保护设备　版本号：V3.60

管理序号：00423240.011　打印时间：2020-06-15 15：59：59

| 序号 | 启动时间 | 相对时间 | 动作相别 | 动作元件 |
|---|---|---|---|---|
| 0881 | 2020-06-15 15：33：59：041 | 0000ms | | 保护启动 |
| | | 0534ms | B | 接地距离Ⅱ段动作 |
| | | 1360ms | | 重合闸动作 |
| 故障相电压 | | | | 16.07V |
| 故障相电流 | | | | 1.00A |
| 最大零序电流 | | | | 1.00A |
| 最大差比率动保护电流 | | | | 2.05A |
| 故障测距 | | | | 20.30km |
| 故障相别 | | | | B |

图2-40　PCS-931接地距离保护Ⅱ段可靠动作报文

**CSC-103A-DA-G-R 线路保护动作报文**

版本号：V1.00L2　装置地址：23　当前定值区号：01

打印时间：2020-06-09 15：01：33

| 时间 | 动作元件 | 跳闸相别 | 动作参数 |
|---|---|---|---|
| 2020-06-09 15：01：33：894 | 保护启动 | | |
| 525ms | 接地距离Ⅱ段动作 | 跳B相 | $X=9.78\Omega$ $R=2.08\Omega$ B相 |
| | 故障相电压 | | $U_A=58.00V$ $U_B=16.21V$ $U_C=58.00V$ |
| | 故障相电流 | | $I_A=0.000A$　$I_B=1.000A$ $I_C=0.000A$　$3I_0=1.000A$ |
| 545ms | 单跳启动重合 | | |
| 1345ms | 重合闸动作 | | |

图2-41　CSC-103接地距离保护Ⅱ段可靠动作报文

（2）模拟B相故障，在接地距离阻抗1.05$Z_{\phi}^{II}$时，验证接地距离Ⅱ段保护可靠不动作，试验步骤如下：

1）按继保测试仪工具栏“+”或“-”按键，确保状态数量为2。

2）电压及触发条件等与表2-12设置相同，B相电压幅值由式（2-2）计算得，只将$m$取值1.05即可。接地距离保护1.05倍参数设置见表2-13。

表2-13 接地距离保护1.05倍参数设置

| 参数 | 故障前态 | 故障态 |
|---|---|---|
| $U_A$（V） | 57.735∠0° | 57.735∠0° |
| $U_B$（V） | 57.735∠-120° | 17.53∠-120°[45] |
| $U_C$（V） | 57.735∠120° | 57.735∠120° |
| $I_A$（A） | 0 | 0 |
| $I_B$（A） | 0 | 1∠162° |
| $I_C$（A） | 0 | 0 |
| 触发条件 | 按键触发 | 时间触发 |
| 开入类型 | | |
| 试验时间 | | 0.6s |
| 开出1 | 合 | 合 |
| 开出2 | 合 | 合 |
| 开出3 | 合 | 合 |

【45】幅值根据式（2-2）计算所得，$U=m\times I\times(1+k)\times Z_{\phi}^{II}$ $=1.05\times1\times$（1+0.67）×10 =17.53V。

3）在工具栏中点击“▶”或按键盘中“run”键开始进行试验。观察保护装置面板信息，待“TV断线”指示灯熄灭且“充电完成”指示灯亮起后，点击工具栏中“▶▶”按钮或在键盘上按“Tab”键切换故障状态。

4）打印动作报文，其动作报文如图2-42和图2-43所示。

（3）试验分析。根据上述（1）、（2）试验结果可知，在

**PCS-931A-DA-G-R超高压输电线路成套保护装置—整组动作报文**

被保护设备：________保护设备　版本号：V3.60

管理序号：00423240.011　　打印时间：2020-06-15 16：00：35

| 序号 | 启动时间 | 相对时间 | 动作相别 | 动作元件 |
|---|---|---|---|---|
| 0882 | 2020-06-15 16：00：02：557 | 0000ms | | 保护启动 |

图2-42 PCS-931接地距离保护Ⅱ段可靠不动作报文

**CSC-103A-DA-G-R 线路保护动作报文**

版本号：V1.00L2　　装置地址：23　　当前定值区号：01
打印时间：2020-06-09 15：06：11

| 时间 | 动作元件 | 跳闸相别 | 动作参数 |
|---|---|---|---|
| 2020-06-09 15：02：44：757 | 保护启动 | | |

图 2-43　CSC-103 接地距离保护Ⅱ段可靠不动作报文

$0.95Z_{\phi}^{\mathrm{II}}$ 时，装置可靠动作，在 $1.05Z_{\phi}^{\mathrm{II}}$ 时，装置可靠不动作，误差不大于 5%，接地距离Ⅱ段功能校验满足规程技术要求。

### 2.3.3　试验记录

根据表 2-14 中空白项，选取故障相别和故障类型，重复 2.3.2 的过程，并将试验结果记录至表 2-14 中。

**表 2-14　　接地距离保护试验数据记录表**

| 故障类别 | 整定值 | *m* 值 | 故障相别 | | |
|---|---|---|---|---|---|
| | | | AN | BN | CN |
| 接地距离Ⅰ段 | 5Ω | 0.95 | | | |
| | | 1.05 | | | |
| 接地距离Ⅱ段 | 10Ω/0.5s | 0.95 | | | |
| | | 1.05 | | | |
| 接地距离Ⅲ段 | 15Ω/1s | 0.95 | | | |
| | | 1.05 | | | |

## 2.4　相间距离保护校验

### 2.4.1　试验内容

1. 测试内容

相间距离Ⅰ（Ⅱ或Ⅲ）段功能校验。

2. 技术要求

相间距离Ⅰ（Ⅱ或Ⅲ）段动定值动作的准确度不大于 5%。

### 2.4.2　试验方法

1. 试验设置

（1）保护硬压板设置。硬压板设置参见 2.3.2。

（2）保护软压板设置。软压板设置参见 2.3.2。

（3）定值与控制字设置。定值（控制字）设置参见 2.3.2。

### 2. 相间距离Ⅰ（Ⅱ或Ⅲ）段功能校验

为了校验相间距离保护的准确性，应该分别进行相间距离Ⅰ段、Ⅱ段、Ⅲ段功能校验，本文以相间距离Ⅱ段为例校验。

（1）模拟BC相故障，在相间距离阻抗 $0.95Z_{\phi\phi}^{\text{Ⅱ}}$ 时，验证相间距离Ⅱ段保护可靠动作，试验步骤如下：

1）启动“状态序列”试验模块：试验步骤参见2.2.3。

2）按继保测试仪工具栏“+”或“−”按键，确保状态数量为2。

3）试验参数设置见表2-15。

**表2-15　相间距离保护0.95倍参数设置**

| 参数 | 故障前态 | 故障态 |
|---|---|---|
| $U_A$（V） | 57.735∠0°[46] | 57.735∠0° |
| $U_B$（V） | 57.735∠−120° | 33.3∠−150°[47] |
| $U_C$（V） | 57.735∠120° | 33.3∠150° |
| $I_A$（A） | 0 | 0 |
| $I_B$（A） | 0 | 1.75∠−168°[48] |
| $I_C$（A） | 0 | 1.67∠12° |
| 触发条件 | 按键触发 | 时间触发 |
| 开入类型 | | |
| 试验时间 | | 0.6s[49] |
| 开出1 | 合 | 合[50] |
| 开出2 | 合 | 合 |
| 开出3 | 合 | 合 |

表2-15中B相和C相电流幅值由式（2-5）计算。

$$U = 2 \times m \times I \times Z_{\phi\phi}^{n} \tag{2-5}$$

其中　　$m=0.95$，$U$[51]$=33.33$V

式中　$Z_{\phi}^{n}$——相间距离 $n$（$n$ 取Ⅰ、Ⅱ、Ⅲ）段定值[52]，本文 $n$ 取Ⅱ。

表2-15中B和C相电压相角由式（2-8）和式（2-9）计算。

当AB相间故障时[53]：　$\phi_{UKA}=\phi_{UA}-\phi_1$　　(2-6)

$$\phi_{UKB}=\phi_{UB}+\phi_1 \tag{2-7}$$

当BC相间故障时：　$\phi_{UKB}=\phi_{UB}-\phi_1$　　(2-8)

【46】故障前量：电压设系统正常电压；电流设系统无故障电流。

【47】幅值：相间距采用固定电压算电流方法，设置固定电压33.3V。

相角：$\phi_{UKB}=\phi_{UB}-\phi_1=-120°-30°=-150°$；$\phi_{UKC}=\phi_{UC}+\phi_1=120°+30°=150°$。

【48】幅值：$I=\dfrac{U}{2\times m\times Z_{\phi}^{n}}=\dfrac{33.3}{2\times0.95\times10}=1.75$（A）。

相角：$\phi_{IKB}=\phi_{UBC}-\phi_2=-90°-78°=-168°$；$\phi_{IKC}$与$\phi_{IKB}$方向相反，所以$\phi_{IKC}=\phi_{IKB}+180°=-168°+180°=12°$。

【49】根据式（2-16）计算得：$T_m=T_z^{\text{Ⅱ}}+\Delta T=0.5+0.1=0.6$s。

【50】开出状态：表示智能终端给保护装置的ABC三相断路器位置，故障前态和故障态断路器都设置在合位。

【51】$U$表示故障相线电压，当故障相电压夹角为60°时，故障相线电压的幅值等于相电压，所以取33.3V最方便计算。

【52】本试验以相间距离Ⅱ段定值校验，读取定值清单 $Z_{\phi}^{\text{Ⅱ}}$ 为10Ω，若校验相间距离Ⅰ、Ⅲ段定值，同理读取Ⅱ、Ⅲ段定值即可。

【53】相间故障时，当故障相电压夹角为60°时，采用式（2-6）～式（2-11）与幅值33.3匹配，最方便计算。

$$\phi_{UKC}=\phi_{UC}+\phi_1 \tag{2-9}$$

当CA相间故障时：$\phi_{UKC}=\phi_{UC}-\phi_1$ (2-10)

$$\phi_{UKA}=\phi_{UA}+\phi_1 \tag{2-11}$$

式中 $\phi_{UKA}$、$\phi_{UKB}$、$\phi_{UKC}$——分别为A、B、C故障相电压相角；

$\phi_1$——本试验设定为30°；

$\phi_{UA}$、$\phi_{UB}$、$\phi_{UC}$——分别为A、B、C相发电机出口侧相角，设定为0°、−120°、120°。

表2-15中B相电流相角由式（2-13）计算。

$$\phi_{UAB}=\phi_{IKA}+\phi_2 \tag{2-12}$$

$$\phi_{UBC}=\phi_{IKB}+\phi_2 \tag{2-13}$$

$$\phi_{UCA}=\phi_{IKC}+\phi_2 \tag{2-14}$$

式中 $\phi_{IKA}$、$\phi_{IKB}$、$\phi_{IKC}$——A、B、C故障相电流相角；

$\phi_2$——线路正序灵敏角，由装置定值中读取，即78°；

$\phi_{UAB}$——发电机出口侧AB相线电压相角恒定为30°；

$\phi_{UBC}$——发电机出口侧BC相线电压相角恒定为−90°；

$\phi_{UCA}$——发电机出口侧CA相线电压相角恒定为150°。

表2-15中试验时间由式（2-15）计算所得。

$$T_m = T_z^n + \Delta T \tag{2-15}$$

式中 $T_m$——试验时间；

$T_z^n$——相间距离$n$（$n$取Ⅰ、Ⅱ、Ⅲ）段时间定值，本文$n$取Ⅱ[54]；

$\Delta T$——时间裕度，一般取0.1s。

【54】读取定值清单$T_z^{II}=0.5s$。

4）在工具栏中点击“▶”或按键盘中“run”键开始进行试验。观察保护装置面板信息，待“TV断线”指示灯熄灭且“充电完成”指示灯亮起后，点击工具栏中“▶

▶”按钮或在键盘上按“Tab”键切换故障状态。

5）打印动作报文，其动作报文如图 2-44[55] 和图 2-45 所示。

【55】PCS-931 和 CSC-103 之前试验步骤相同，这里只把报文分别展示。

**PCS-931A-DA-G-R 超高压输电线路成套保护装置—整组动作报文**

被保护设备：_________保护设备　版本号：V3.60

管理序号：00423240.011　打印时间：2020-06-09 11：37：18

| 序号 | 启动时间 | 相对时间 | 动作相别 | 动作元件 |
|---|---|---|---|---|
| 0238 | 2020-06-09 11：36：24：949 | 0000ms | | 保护启动 |
| | | 0522ms | ABC | 相间距离Ⅱ段动作 |
| 故障相电压 | | | | 33.32V |
| 故障相电流 | | | | 1.68A |
| 最大零序电流 | | | | 0.01A |
| 最大差比率动保护电流 | | | | 1.69A |
| 故障测距 | | | | 12.80km |
| 故障相别 | | | | BC |

图 2-44　PCS-931 相间距离保护Ⅱ段可靠动作报文

**CSC-103A-DA-G-R 线路保护动作报文**

版本号：V1.00L2　装置地址：23　当前定值区号：01

打印时间：2020-06-09 15：22：27

| 时间 | 动作元件 | 跳闸相别 | 动作参数 |
|---|---|---|---|
| 2020-06-09 15：21：38：500 | 保护启动 | | |
| 525ms | 相间距离Ⅱ段动作 | 跳 ABC 相 | $X=9.78\Omega$<br>$R=2.08\Omega$ BC 相 |
| 530ms | 三跳闭锁重合闸 | | |
| | 故障相电压 | | $U_A=58.00V$<br>$U_B=33.3V$　$U_C=33.3V$ |
| | 故障相电流 | | $I_A=0.000A$　$I_B=1.661A$<br>$I_C=1.661A$　$3I_0=0.000A$ |

图 2-45　CSC-103 相间距离保护Ⅱ段可靠动作报文

（2）模拟 BC 相故障，在相间距离阻抗 $1.05Z_{\varphi\varphi}^{\text{Ⅱ}}$ 时，验证相间距离Ⅱ段保护可靠不动作，试验步骤如下：

1）按继保测试仪工具栏“+”或“−”按键，确保状态数量为 2。

2）电压及触发条件等与表 2-15 设置相同，BC 相电流幅值由式（2-5）计算得，只将 $m$ 取值 1.05 即可。相间距离保护 1.05 倍参数设置见表 2-16。

表 2-16　相间距离保护 1.05 倍参数设置

| 参数 | 故障前态 | 故障态 |
|---|---|---|
| $U_A$（V） | 57.735∠0° | 57.735∠0° |
| $U_B$（V） | 57.735∠−120° | 33.3∠−150° |
| $U_C$（V） | 57.735∠120° | 33.3∠150° |
| $I_A$（A） | 0 | 0 |
| $I_B$（A） | 0 | 1.59∠−168°[56] |
| $I_C$（A） | 0 | 1.59∠12° |
| 触发条件 | 按键触发 | 时间触发 |
| 开入类型 | | |
| 试验时间 | | 0.6s |
| 开出 1 | 合 | 合 |
| 开出 2 | 合 | 合 |
| 开出 3 | 合 | 合 |

【56】幅值根据式（2-5）计算所得，$I=\frac{U}{2\times m\times Z_{\phi\phi}^{II}}=\frac{33.3}{2\times1.05\times10}=1.59A$。

3）在工具栏中点击“▶”或按键盘中“run”键开始进行试验。观察保护装置面板信息，待“TV 断线”指示灯熄灭且“充电完成”指示灯亮起后，点击工具栏中“▶▶”按钮或在键盘上按“Tab”键切换故障状态。

4）打印动作报文，其动作报文如图 2-46 和图 2-47 所示。

**PCS-931A-DA-G-R 超高压输电线路成套保护装置—整组动作报文**

被保护设备：＿＿＿＿＿保护设备　版本号：V3.60

管理序号：00423240.011　打印时间：2020-06-15 11：42：16

| 序号 | 启动时间 | 相对时间 | 动作相别 | 动作元件 |
|---|---|---|---|---|
| 0239 | 2020-06-15 11：41：38：374 | 0000ms | | 保护启动 |

图 2-46　PCS-931 相间距离保护Ⅱ段可靠不动作报文

**CSC-103A-DA-G-R 线路保护动作报文**

版本号：V1.00L2　装置地址：23　当前定值区号：01

打印时间：2020-06-09 15：23：51

| 时间 | 动作元件 | 跳闸相别 | 动作参数 |
|---|---|---|---|
| 2020-06-09 15：17：16：110 | 保护启动 | | |

图 2-47　CSC-103 相间距离保护Ⅱ段可靠不动作报文

（3）试验分析。根据上述（1）、（2）试验结果可知，在 $0.95Z_{\phi\phi}^{II}$ 时，装置可靠动作，在 $1.05Z_{\phi\phi}^{II}$ 时，装置可靠不

动作，误差不大于 5%，相间距离Ⅱ段功能校验满足规程技术要求。

### 2.4.3 试验记录

根据表 2-17 中空白项，选取故障相别和故障类型，重复 2.4.2 的过程，并将试验结果记录至表 2-17 中。

表 2-17 相间距离保护试验数据记录表

| 故障类别 | 整定值 | $m$ 值 | 故障相别 | | |
|---|---|---|---|---|---|
| | | | AB | BC | CA |
| 相间距离Ⅰ段 | 5Ω | 0.95 | | | |
| | | 1.05 | | | |
| 相间距离Ⅱ段 | 10Ω/0.5s | 0.95 | | | |
| | | 1.05 | | | |
| 相间距离Ⅲ段 | 15Ω/1s | 0.95 | | | |
| | | 1.05 | | | |

## 2.5 零序过流保护校验

### 2.5.1 试验内容

1. 测试内容

(1) 零序过流Ⅱ（Ⅲ）段功能校验。

(2) 零序过流保护方向边界校验。

2. 技术要求

(1) 校验零序Ⅱ（Ⅲ）段定值动作的准确度不大于 5%。

(2) 零序过流Ⅱ（Ⅲ）方向动作边界不大于 3°。

### 2.5.2 试验方法

1. 试验设置

(1) 保护硬压板设置。硬压板设置参见 2.2.2。

(2) 保护软压板设置。软压板投入步骤参见 2.2.2。

软压板包含功能软压板、GOOSE 发送软压板、SV 接收软压板，PCS-931 和 CSC-103 零序过流保护软压板设置见表 2-18 和表 2-19。

(3) 定值与控制字设置。定值（控制字）设置步骤参见 2.2.2。

PCS-931 和 CSC-103 零序过流保护定值与控制字设置见表 2-20 和表 2-21。

**表 2-18　　PCS-931 零序过流保护软压板设置**

| 软压板 | 名称 | 设定值 | 软压板 | 名称 | 设定值 |
|---|---|---|---|---|---|
| 功能软压板 | 通道一差动保护 | 0 | GOOSE发送软压板 | 跳闸软压板 | 1 |
| | 通道二差动保护 | 0 | | 启动失灵软压板 | 0 |
| | 距离保护 | 0 | | 闭锁重合闸软压板 | 0 |
| | 零序过流保护 | 1 | | 重合闸软压板 | 1 |
| | 停用重合闸 | 0 | SV 接收软压板 | 合并单元 A 接收软压板 | 1 |
| | 远方投退压板 | 0 | | 链路 1 SV 接收软压板 | 1 |
| | 远方切换定值区 | 0 | | 链路 2 SV 接收软压板 | 1 |
| | 远方修改定值 | 0 | | | |

**表 2-19　　CSC-103 零序过流保护软压板设置**

| 软压板 | 名称 | 设定值 | 软压板 | 名称 | 设定值 |
|---|---|---|---|---|---|
| 功能软压板 | 纵联差动保护 | 0 | GOOSE发送软压板 | 跳闸 | 1 |
| | 光纤通道一 | 0 | | 启动失灵 | 0 |
| | 光纤通道二 | 0 | | 闭锁重合闸 | 0 |
| | 距离保护 | 0 | | 重合闸 | 1 |
| | 零序过流保护 | 1 | | | |
| | 停用重合闸 | 0 | SV 接收软压板 | SV 接收 | 1 |
| | 远方投退压板 | 0 | | | |
| | 远方切换定值区 | 0 | | | |
| | 远方修改定值 | 0 | | | |

**表 2-20　　PCS-931 零序过流保护定值与控制字设置**

| 定值参数名称 | 参数值 | 控制字名称 | 参数值 |
|---|---|---|---|
| 变化量启动电流定值 | 0.2A | 距离保护Ⅰ段 | 0 |
| 零序启动电流定值 | 0.2A | 距离保护Ⅱ段 | 0 |
| 线路正序阻抗定值 | 5Ω | 距离保护Ⅲ段 | 0 |
| 线路正序灵敏角 | 78° | 零序电流保护 | 1 |
| 线路零序阻抗定值 | 15Ω | 零序Ⅲ段经方向 | 1 |
| 线路零序阻抗角 | 78° | 三相跳闸方式 | 0 |
| 零序过流Ⅱ段定值 | 2A | 单相重合闸 | 1 |
| 零序过流Ⅱ段时间 | 0.5s | 三相重合闸 | 0 |
| 零序过流Ⅲ段定值 | 1.5A | 禁止重合闸 | 0 |
| 零序过流Ⅲ段时间 | 1s | 停止重合闸 | 0 |
| 零序过流加速段定值 | 2A | 零序反时限 | 0 |
| 单相重合闸动作时间 | 0.8s | | |
| 三相重合闸动作时间 | 1s | | |

表 2-21 CSC-103 零序过流保护定值与控制字设置

| 定值参数名称 | 参数值 | 控制字名称 | 参数值 |
|---|---|---|---|
| 变化量启动电流定值 | 0.2A | 电压取线路 TV 电压 | 0 |
| 零序启动电流定值 | 0.3A | 距离保护Ⅰ段 | 0 |
| 线路正序阻抗定值 | 5Ω | 距离保护Ⅱ段 | 0 |
| 线路正序灵敏角 | 78° | 距离保护Ⅲ段 | 0 |
| 线路零序阻抗定值 | 15Ω | 零序电流保护 | 1 |
| 线路零序阻抗角 | 78° | 零序过流Ⅲ段经方向 | 1 |
| 零序过流Ⅱ段定值 | 2A | 三相跳闸方式 | 0 |
| 零序过流Ⅱ段时间 | 0.5s | 单相重合闸 | 1 |
| 零序过流Ⅲ段定值 | 1.5A | 三相重合闸 | 0 |
| 零序过流Ⅲ段时间 | 1s | 禁止重合闸 | 0 |
| 零序过流加速段定值 | 2A | 停止重合闸 | 0 |
| 单相重合闸动作时间 | 0.8s | | |
| 三相重合闸动作时间 | 1s | | |

### 2. 零序过流Ⅱ（Ⅲ）段功能校验校验

为了校验零序过流保护的准确性，应该分别进行零序过流Ⅱ段、Ⅲ段功能校验，本文以零序过流Ⅱ段为例校验。

（1）模拟 B 相故障，在零序电流 $1.05I_0^{Ⅱ}$ 时，验证零序过流Ⅱ段保护可靠动作，试验步骤如下：

1）启动“状态序列”试验模块：试验步骤参见 2.2.3。

2）按继保测试仪工具栏“＋”或“－”按键，确保状态数量为 2。

3）试验参数设置如表 2-22 所示。

表 2-22 零序过流保护 1.05 倍参数设置

| 参数 | 故障前态 | 故障态 |
|---|---|---|
| $U_A$（V） | 57.735∠0°[57] | 57.735∠0° |
| $U_B$（V） | 57.735∠－120° | 20∠－120°[58] |
| $U_C$（V） | 57.735∠120° | 57.735∠120° |
| $I_A$（A） | 0 | 0 |
| $I_B$（A） | 0 | 2.1∠162°[59] |
| $I_C$（A） | 0 | 0 |
| 触发条件 | 按键触发 | 时间触发 |
| 开入类型 | | |
| 试验时间 | | 0.6s[60] |
| 开出 1 | 合 | 合[61] |
| 开出 2 | 合 | 合 |
| 开出 3 | 合 | 合 |

【57】故障前量：电压设系统正常电压；电流设系统无故障电流。

【58】幅值：零序过流保护只要有电压降即可，一般设置 20V 或 30V，本试验设置 20V。

【59】幅值根据式（2-16）计算所得，$I_K = m \times I_0^{Ⅱ} = 1.05 \times 2 = 2.1$A。相角：根据式（2-17）计算所得，PCS-931：$\phi_I = \phi_U - \phi_1 = -120° - 78° = -198° + 360° = 162°$；CSC-103：$\phi_I = \phi_U - \phi_1 = -120° - 80° = -200° + 360° = 160°$。

【60】根据式（2-15）计算得：$T_m = T_0^{Ⅱ} + \Delta T = 0.5 + 0.1 = 0.6$s。

【61】开出状态：表示智能终端给保护装置的 ABC 三相断路器位置，故障前态和故障态断路器都设置在合位。

表 2-22 中 B 相电流幅值由式（2-16）计算。

$$I_K = m \times I_0^n \tag{2-16}$$

其中 $m=1.05$

式中 $I_0^n$——零序过流 $n$（$n$ 取Ⅱ或Ⅲ）段定值[62]，本文 $n$ 取Ⅱ。

【62】读取定值清单 $I_0^{II}=2A$。

表 2-22 中 B 相电流相角由式（2-17）计算。

$$\phi_U = \phi_I + \phi_1 \tag{2-17}$$

式中 $\phi_U$——故障相电压相角；

$\phi_I$——故障相电流相角；

$\phi_1$——PCS-931 固定为 78°，CSC-103 固定为 80°。

表 2-22 中试验时间由式（2-18）计算所得。

$$T_m = T_0^n + \Delta T \tag{2-18}$$

式中 $T_m$——试验时间；

$T_0^n$——零序 $n$（$n$ 取Ⅱ或Ⅲ）段时间定值[63]，本文 $n$ 取Ⅱ；

$\Delta T$——时间裕度，一般取 0.1s。

【63】读取定值清单 $T_0^{II}=0.5s$。

4）在工具栏中点击“▶”或按键盘中“run”键开始进行试验。观察保护装置面板信息，待“TV 断线”指示灯熄灭且“充电完成”指示灯亮起后，点击工具栏中“▶▶”按钮或在键盘上按“Tab”键切换故障状态。

5）打印动作报文[64]，其动作报文如图 2-48 和图 2-49 所示。

【64】PCS-931 和 CSC-103 之前试验步骤相同，这里只把报文分别展示。

**PCS-931A-DA-G-R 超高压输电线路成套保护装置一整组动作报文**

被保护设备：________保护设备　版本号：V3.60

管理序号：00423240.011　打印时间：2020-06-09 12:51:03

| 序号 | 启动时间 | 相对时间 | 动作相别 | 动作元件 |
|---|---|---|---|---|
| 0244 | 2020-06-09 12:50:44:725 | 0000ms | | 保护启动 |
| | | 0522ms | B | 零序过流Ⅱ段动作 |
| | | 1411ms | | 重合闸动作 |
| 故障相电压 | | | | 19.98V |
| 故障相电流 | | | | 2.10A |
| 最大零序电流 | | | | 2.10A |
| 最大差比率动保护电流 | | | | 4.21A |
| 故障测距 | | | | 9.90km |
| 故障相别 | | | | B |

图 2-48　PCS-931 零序过流保护Ⅱ段可靠动作报文

**CSC-103A-DA-G-R 线路保护动作报文**

版本号：V1.00L2　装置地址：23　当前定值区号：01

打印时间：2020-06-09 15：44：01

| 时间 | 动作元件 | 跳闸相别 | 动作参数 |
|---|---|---|---|
| 2020-06-09 15：43：17：720 | 保护启动 | | |
| 505ms | 零序过流Ⅱ段动作 | 跳B相 | $3I_0$=2.094A B相 |
| | 故障相电压 | | $U_A$=58.00V；$U_B$=20.00V；$U_C$=58.00V |
| | 故障相电流 | | $I_A$=0.000A；$I_B$=2.094A；$I_C$=0.000A；$3I_0$=2.094A |
| 550ms | 单跳启动重合 | | |
| 1352ms | 重合闸动作 | | |

图 2-49　CSC-103 零序过流保护Ⅱ段可靠动作报文

（2）模拟B相故障，在零序电流 $0.95I_0^{\text{II}}$ 时，验证零序过流Ⅱ段保护可靠不动作，试验步骤如下：

1）按继保测试仪工具栏“+”或“-”按键，确保状态数量为2。

2）电压及触发条件等与表 2-22 设置相同，B相电流幅值由式（2-16）计算得，只将 $m$ 取值 0.95 即可。零序过流保护 0.95 倍参数设置见表 2-23。

**表 2-23　零序过流保护 0.95 倍参数设置**

| 参数 | 故障前态 | 故障态 |
|---|---|---|
| $U_A$（V） | 57.735∠0° | 57.735∠0° |
| $U_B$（V） | 57.735∠-120° | 20∠-120° |
| $U_C$（V） | 57.735∠120° | 57.735∠120° |
| $I_A$（A） | 0 | 0 |
| $I_B$（A） | 0 | 1.9∠162°[65] |
| $I_C$（A） | 0 | 0 |
| 触发条件 | 按键触发 | 时间触发 |
| 开入类型 | | |
| 试验时间 | | 0.6s |
| 开出 1 | 合 | 合 |
| 开出 2 | 合 | 合 |
| 开出 3 | 合 | 合 |

【65】幅值根据式（2-16）计算所得，$I_K=m\times I_0^n=0.95\times2=1.9$A。

3）在工具栏中点击“▶”或按键盘中“run”键开始进行试验。观察保护装置面板信息，待“TV断线”指示灯熄灭且“充电完成”指示灯亮起后，点击工具栏中“▶▶”按钮或在键盘上按“Tab”键切换故障状态。

4）打印动作报文，其动作报文如图2-50和图2-51所示。

**PCS-931A-DA-G-R 超高压输电线路成套保护装置—整组动作报文**

被保护设备：________保护设备　版本号：V3.60　管理序号：00423240.011
打印时间：2020-06-15 12：52：17

| 序号 | 启动时间 | 相对时间 | 动作相别 | 动作元件 |
|---|---|---|---|---|
| 0245 | 2020-06-15 12：51：58：625 | 0000ms | | 保护启动 |

图2-50　PCS-931零序过流保护Ⅱ段可靠不动作报文

**CSC-103A-DA-G-R 线路保护动作报文**

版本号：V1.00L2　装置地址：23　当前定值区号：01　打印时间：2020-06-09 15：45：39

| 时间 | 动作元件 | 跳闸相别 | 动作参数 |
|---|---|---|---|
| 2020-06-09 15：45：08：838 | 保护启动 | | |

图2-51　CSC-103零序过流保护Ⅱ段可靠不动作报文

（3）试验分析。根据上述（1）、（2）试验结果可知，在$1.05I_0^{\text{II}}$时，装置可靠动作，在$0.95I_0^{\text{II}}$时，装置可靠不动作，误差不大于5%，零序过流Ⅱ段功能校验满足规程技术要求。

### 3. 零序过流保护方向边界校验

（1）模拟B相故障，在零序电流$1.2I_0^{\text{II}}$时，校验可靠动作边界。试验步骤如下：

1）按继保测试仪工具栏“+”或“−”按键，确保状态数量为2。

2）试验参数设置见表2-24。

**表2-24　零序过流保护1.2倍定值可靠动作边界参数设置**

| 参数 | 故障前态 | 故障态 |
|---|---|---|
| $U_A$（V） | 57.735∠0° | 57.735∠0° |
| $U_B$（V） | 57.735∠−120° | 20∠−120° |

续表

| 参数 | 故障前态 | 故障态 |
|---|---|---|
| $U_C$（V） | 57.735∠120° | 57.735∠120° |
| $I_A$（A） | 0 | 0 |
| $I_B$（A） | 0 | 2.4∠75°/−111°[66] |
| $I_C$（A） | 0 | 0 |
| 触发条件 | 按键触发 | 时间触发 |
| 开入类型 | | |
| 试验时间 | | 0.6s |
| 开出 1 | 合 | 合 |
| 开出 2 | 合 | 合 |
| 开出 3 | 合 | 合 |

表 2-24 中 B 相电流相角由式（2-19）和式（2-20）计算。

PCS-931 适用：　$\phi_{Im}=\phi_I\pm87°$　（2-19）

CSC-103 适用：　$\phi_{Im}=\phi_I\pm77°$　（2-20）

式中　$\phi_{Im}$——故障相边界相角；

$\phi_I$——故障相电流相角[67]。

3）在工具栏中点击“▶”或按键盘中“run”键开始进行试验。观察保护装置面板信息，待“TV 断线”指示灯熄灭且“充电完成”指示灯亮起后，点击工具栏中“▶▶”按钮或在键盘上按“Tab”键切换故障状态。

4）打印动作报文，其动作报文如图 2-52 和图 2-53 所示。

**PCS-931A-DA-G-R 超高压输电线路成套保护装置—整组动作报文**

被保护设备：__________保护设备　版本号：V3.60

管理序号：00423240.011　打印时间：2020-06-09 12：53：23

| 序号 | 启动时间 | 相对时间 | 动作相别 | 动作元件 |
|---|---|---|---|---|
| 0246 | 2020-06-09 12：53：04：152 | 0000ms | | 保护启动 |
| | | 0531ms | B | 零序过流Ⅱ段动作 |
| | | 1413ms | | 重合闸动作 |
| 故障相电压 | | | | 19.99V |
| 故障相电流 | | | | 2.40A |
| 最大零序电流 | | | | 2.40A |
| 最大差比率动保护电流 | | | | 4.81A |
| 故障测距 | | | | 8.70km |
| 故障相别 | | | | B |

图 2-52　PCS-931 零序过流保护 1.2 倍定值可靠动作边界动作报文

【66】幅值根据式（2-16）计算所得，$I_K=m\times I_0^{II}=1.2\times2=2.4$（A）。相角：根据式（2-19）计算所得，PCS-931：$\phi_{Im}=\phi_I+87°=162°+87°=249°-360°=-111°$，$\phi_{Im}=\phi_I-87°=162°-87°=75°$；根据式（2-20）计算所得 CSC-103：$\phi_{Im}=\phi_I+77°=160°+77°=237°-360°=-123°$，$\phi_{Im}=\phi_I-77°=160°-77°=83°$。

【67】根据式（2-17）计算所得：根据式（2-17）计算所得，PCS-931：$\phi_I=\phi_U-\phi_1=-120°-78°=-198°+360°=162°$；CSC−103：$\phi_I=\phi_U-\phi_1=-120°-80°=-200°+360°=160°$。

**CSC-103A-DA-G-R 线路保护动作报文**

版本号：V1.00L2　装置地址：23　当前定值区号：01
打印时间：2020-06-09 15：46：45

| 时间 | 动作元件 | 跳闸相别 | 动作参数 |
|---|---|---|---|
| 2020-06-09 15：46：05：574 | 保护启动 | | |
| 504ms | 零序过流Ⅱ段动作 | 跳B相 | $3I_0$=2.406A B相 |
| | 故障相电压 | | $U_A$=58.00V；$U_B$=20.13V；$U_C$=58.00V |
| | 故障相电流 | | $I_A$=0.000A；$I_B$=2.406A；$I_C$=0.000A；$3I_0$=2.406A |
| 549ms | 单跳启动重合 | | |
| 1350ms | 重合闸动作 | | |

图 2-53　CSC-103 零序过流保护 1.2 倍定值可靠动作边界动作报文

（2）模拟B相故障，在零序电流 $1.2I_0^{\text{II}}$ 时，校验可靠不动作边界。试验步骤如下：

1）按继保测试仪工具栏"+"或"−"按键，确保状态数量为2。

2）电压及触发条件等与表 2-24 设置相同，B相电流幅值及相角由式（2-16）、式（2-21）和式（2-22）计算得，见表 2-25。

【68】幅值根据式（2-16）计算所得，$I_K = m \times I_0^{\text{II}} = 1.05 \times 2 = 2.1$（A）。
相角：根据式（2-21）计算所得，PCS-931：$\phi_{Im} = \phi_I + 93° = 162° + 93° = 255° - 360° = -105°$，$\phi_{Im} = \phi_I - 93° = 162° - 93° = 69°$；根据式（2-22）计算所得 CSC-103：$\phi_{Im} = \phi_I + 83° = 160° + 83° = 243° - 360° = -117°$，$\phi_{Im} = \phi_I - 83° = 160° - 83° = 77°$。

**表 2-25　零序过流保护 1.2 倍定值可靠不动作边界参数设置**

| 参数 | 故障前态 | 故障态 |
|---|---|---|
| $U_A$（V） | 57.735∠0° | 57.735∠0° |
| $U_B$（V） | 57.735∠−120° | 20∠−120° |
| $U_C$（V） | 57.735∠120° | 57.735∠120° |
| $I_A$（A） | 0 | 0 |
| $I_B$（A） | 0 | 2.4∠69°/−105°[68] |
| $I_C$（A） | 0 | 0 |
| 触发条件 | 按键触发 | 时间触发 |
| 开入类型 | | |
| 试验时间 | | 0.6s |
| 开出1 | 合 | 合 |
| 开出2 | 合 | 合 |
| 开出3 | 合 | 合 |

$$\text{PCS-931 适用：}\quad \phi_{Im} = \phi_I \pm 93° \tag{2-21}$$

CSC-103 适用：　$\phi_{Im}=\phi_I\pm83°$　(2-22)

式中　$\phi_{Im}$——故障相边界相角；

$\phi_I$——故障相电流相角[69]。

3）在工具栏中点击“▶”或按键盘中“run”键开始进行试验。观察保护装置面板信息，待“TV 断线”指示灯熄灭且“充电完成”指示灯亮起后，点击工具栏中“▶▶”按钮或在键盘上按“Tab”键切换故障状态。

4）观察保护动作结果：B 相跳闸灯不亮。

5）打印动作报文，其动作报文如图 2-54 和图 2-55 所示。

**PCS-931A-DA-G-R 超高压输电线路成套保护装置—整组动作报文**

被保护设备：＿＿＿＿＿保护设备　版本号：V3.60

管理序号：00423240.011　打印时间：2020-06-15 12：55：00

| 序号 | 启动时间 | 相对时间 | 动作相别 | 动作元件 |
|---|---|---|---|---|
| 0247 | 2020-06-15 12：54：39：317 | 0000ms | | 保护启动 |

图 2-54　PCS-931 零序过流保护 1.2 倍定值可靠不动作边界动作报文

**CSC-103A-DA-G-R 线路保护动作报文**

版本号：V1.00L2　装置地址：23　当前定值区号：01

打印时间：2020-06-09 15：48：23

| 时间 | 动作元件 | 跳闸相别 | 动作参数 |
|---|---|---|---|
| 2020-06-09 15：47：47：305 | 保护启动 | | |

图 2-55　CSC-103 零序过流保护 1.2 倍定值可靠不动作边界动作报文

（3）试验分析。根据上述（1）、（2）试验结果可知，在 $1.2I_0^{II}$，相角由公式 $\phi_{Im}=\phi_I\pm87°/77°$ 计算时，装置可靠动作，在 $1.2I_0^{II}$，相角由公式 $\phi_{Im}=\phi_I\pm93°/83°$ 计算时，装置可靠不动作，误差不大于 3°，零序过流保护方向边界校验满足规程技术要求。

## 2.5.3　试验记录

根据表 2-26 中空白项，选取故障相别和故障类型，重复 2.5.2 过程，并将试验结果记录至表 2-26 中。

【69】根据式（2-17）计算所得：根据式（2-17）计算所得，PCS-931：$\phi_I=\phi_U-\phi_1=-120°-78°=-198°+360°=162°$；CSC-103：$\phi_I=\phi_U-\phi_1=-120°-80°=-200°+360°=160°$。

表 2-26　零序过流保护试验数据记录表

| 故障类别 | 整定值 | 故障量 | 故障相别 | | |
|---|---|---|---|---|---|
| | | | AN | BN | CN |
| 零序过流Ⅱ段 | 2A/0.5s | $1.05I_0^{\text{II}}$ | | | |
| | | $0.95I_0^{\text{II}}$ | | | |
| | | $1.2I_0^{\text{II}}$ 可靠动作边界 | | | |
| | | $1.2I_0^{\text{II}}$ 可靠不动作边界 | | | |
| 零序过流Ⅲ段 | 1.5A/1s | $1.05I_0^{\text{III}}$ | | | |
| | | $0.95I_0^{\text{III}}$ | | | |
| | | $1.2I_0^{\text{III}}$ 可靠动作边界 | | | |
| | | $1.2I_0^{\text{III}}$ 可靠不动作边界 | | | |

## 2.6　零序过流加速保护校验

### 2.6.1　试验内容

1. 测试内容

零序过流加速保护功能校验。

2. 技术要求

校验零序过流加速段定值动作的准确度不大于5%。

### 2.6.2　试验方法

1. 试验设置

（1）保护硬压板设置。硬压板设置参见2.3.2。

（2）保护软压板设置。软压板设置参见2.5.2。

（3）定值与控制字设置。定值（控制字）设置参见2.5.2。

2. 零序过流加速保护功能校验

（1）模拟B相故障—故障切除—重合于故障，重合于故障后零序电流在$1.05I_0^{j}$（$I_0^{j}$为零序过流加速段定值）时，零序过流加速保护可靠动作，试验步骤如下：

1）启动“状态序列”试验模块：试验步骤参见2.2.3。

2）按继保测试仪工具栏“+”或“−”按键，确保状态数量为4。

3）试验参数设置见表2-27。

**表 2-27　零序过流加速保护 1.05 倍参数设置**

| 参数 | 故障前态 | 故障态 | 重合态 | 重合于故障态 |
|---|---|---|---|---|
| $U_A$（V） | 57.735∠0° | 57.735∠0° | 57.735∠0°[70] | 57.735∠0° |
| $U_B$（V） | 57.735∠−120° | 20∠−120° | 57.735∠−120° | 20∠−120°[71] |
| $U_C$（V） | 57.735∠120° | 57.735∠120° | 57.735∠120° | 57.735∠120° |
| $I_A$（A） | 0 | 0 | 0 | 0 |
| $I_B$（A） | 0 | 2.4∠162° | 0 | 2.1∠162°[72] |
| $I_C$（A） | 0 | 0 | 0 | 0 |
| 触发条件 | 按键触发 | 时间触发 | 时间触发 | 时间触发 |
| 开入类型 | | | | |
| 试验时间 | | 0.6s | 0.9s[73] | 0.1s[74] |
| 开出 1 | 合 | 合 | 合 | 合 |
| 开出 2 | 合 | 合 | 分[75] | 合[76] |
| 开出 3 | 合 | 合 | 合 | 合 |

表 2-27 中重合于故障态 B 相电流幅值由式（2-23）计算。

$$I_K = m \times I_{j0} \tag{2-23}$$

式中　$m$=1.05；

$I_{j0}$——零序过流加速段定值[77]。

表 2-27 中试验时间由式（2-24）计算所得。

$$T_m = T_{cZ} + \Delta T \tag{2-24}$$

式中　$T_m$——试验时间；

$T_{cZ}$——重合闸时间定值[78]；

$\Delta T$——时间裕度，一般取 0.1s。

4）在工具栏中点击“▶”或按键盘中“run”键开始进行试验。观察保护装置面板信息，待“TV 断线”指示灯熄灭且“充电完成”指示灯亮起后，点击工具栏中“▶▶”按钮或在键盘上按“Tab”键切换故障状态。

5）观察保护动作结果：B 相跳闸灯亮，重合闸灯亮，ABC 相跳闸灯亮。

6）打印动作报文，其动作报文如图 2-56 和图 2-57 所示。

【70】重合态：电压设系统正常电压；电流设系统无故障电流。

【71】幅值：零序过流加速保护不判电压，电压可不设置。

【72】幅值根据式（2-23）计算所得，$I_K = m \times I_0^j = 1.05 \times 2 = 2.1$（A）。相角：零序电流加速保护不判方向，相角可不设。

【73】根据式（2-24）计算得：$T_m = T_{cZ} + \Delta T = 0.8 + 0.1 = 0.9$s。

【74】零序电流加速保护为速断保护，无延时跳闸，试验时间只要给裕度 0.1s 即可。

【75】开出状态：重合态 B 相（故障相）在故障态已经被跳开，所以断路器设置在分位。

【76】开出状态：重合于故障态 B 相（故障相）在重合态已经被合闸，所以断路器设置在合位。

【77】读取定值清单 $I_{j0}$=2A。

【78】读取定值清单 $T_{cZ}$=0.8s。

**PCS-931A-DA-G-R 超高压输电线路成套保护装置—整组动作报文**

被保护设备：______保护设备　版本号：V3.60　管理序号：00423240.011

打印时间：2020-06-09 13：05：48

| 序号 | 启动时间 | 相对时间 | 动作相别 | 动作元件 |
|---|---|---|---|---|
| 0252 | 2020-06-09 13：05：20：912 | 0000ms | | 保护启动 |
| | | 0534ms | B | 零序过流Ⅱ段动作 |
| | | 1375ms | | 重合闸动作 |
| | | 1463ms | ABC | 零序加速动作 |
| 故障相电压 | | | | 20.02V |
| 故障相电流 | | | | 2.40A |
| 最大零序电流 | | | | 2.41A |
| 最大差比率动保护电流 | | | | 4.81A |
| 故障测距 | | | | 13.0km |
| 故障相别 | | | | B |

图 2-56　PCS-931 零序过流保护加速段可靠动作报文

**CSC-103A-DA-G-R 线路保护动作报文**

版本号：V1.00L2　装置地址：23　当前定值区号：01　打印时间：2020-06-09 11：01：00

| 时间 | 动作元件 | 跳闸相别 | 动作参数 |
|---|---|---|---|
| 2020-06-09 15：54：12：721 | 保护启动 | | |
| 502ms | 零序过流Ⅱ段动作 | 跳 B 相 | $3I_0$=2.394A B 相 |
| | 故障相电压 | | $U_A$=58.00V；$U_B$=20.13V；$U_C$=58.00V |
| | 故障相电流 | | $I_A$=0.000A；$I_B$=2.406A；$I_C$=0.000A<br>$3I_0$=2.406A |
| 547ms | 单跳启动重合 | | |
| 1349ms | 重合闸动作 | | |
| 1441ms | 零序加速动作 | 跳 ABC 相 | $3I_0$=2.109A B 相 |
| 1444ms | 三跳闭锁重合闸 | | |

图 2-57　CSC-103 零序过流保护加速段可靠动作报文

（2）模拟 B 相故障—故障切除—重合于故障，重合于故障后零序电流在 0.95$I_{j0}$时，零序过流加速保护可靠动作，试验步骤如下：

1）按继保测试仪工具栏“+”或“−”按键，确保状态数量为 4。

2）试验参数设置见表 2-28。

**表 2-28　零序过流加速保护 0.95 倍参数设置**

| 参数 | 故障前态 | 故障态 | 重合态 | 重合于故障态 |
|---|---|---|---|---|
| $U_A$（V） | 57.735∠0° | 57.735∠0° | 57.735∠0° | 57.735∠0° |
| $U_B$（V） | 57.735∠−120° | 20∠−120° | 57.735∠−120° | 20∠−120° |

续表

| 参数 | 故障前态 | 故障态 | 重合态 | 重合于故障态 |
|---|---|---|---|---|
| $U_C$（V） | 57.735∠120° | 57.735∠120° | 57.735∠120° | 57.735∠120° |
| $I_A$（A） | 0 | 0 | 0 | 0 |
| $I_B$（A） | 0 | 2.4∠162° | 0 | 2.1∠162°[79] |
| $I_C$（A） | 0 | 0 | 0 | 0 |
| 触发条件 | 按键触发 | 时间触发 | 时间触发 | 时间触发 |
| 开入类型 | | | | |
| 试验时间 | | 0.6s | 0.9s | 0.1s |
| 开出 1 | 合 | 合 | 合 | 合 |
| 开出 2 | 合 | 合 | 分 | 合 |
| 开出 3 | 合 | 合 | 合 | 合 |

【79】幅值根据式（2-23）计算所得，$I_K = m \times I_{j0} = 0.95 \times 2 = 1.9$A。

3）在工具栏中点击“▶”或按键盘中“run”键开始进行试验。观察保护装置面板信息，待“TV 断线”指示灯熄灭且“充电完成”指示灯亮起后，点击工具栏中“▶▶”按钮或在键盘上按“Tab”键切换故障状态。

4）观察保护动作结果：B 相跳闸灯亮，重合闸灯亮。

5）打印动作报文，其动作报文如图 2-58 和图 2-59 所示。

**PCS-931A-DA-G-R 超高压输电线路成套保护装置—整组动作报文**

被保护设备：＿＿＿＿＿保护设备　版本号：V3.60

管理序号：00423240.011　打印时间：2020-06-09 13：12：16

| 序号 | 启动时间 | 相对时间 | 动作相别 | 动作元件 |
|---|---|---|---|---|
| 0254 | 2020-06-09 13：09：38：816 | 0000ms | | 保护启动 |
| | | 0533ms | B | 零序过流Ⅱ段动作 |
| | | 1373ms | | 重合闸动作 |
| 故障相电压 | | | | 20.01V |
| 故障相电流 | | | | 2.40A |
| 最大零序电流 | | | | 2.41A |
| 最大差比率动保护电流 | | | | 4.81A |
| 故障测距 | | | | 12.10km |
| 故障相别 | | | | B |

图 2-58　PCS-931 零序过流保护加速段可靠不动作报文

**CSC-103A-DA-G-R 线路保护动作报文**

版本号：V1.00L2　装置地址：23　当前定值区号：01　打印时间：2020-06-09 15：56：17

| 时间 | 动作元件 | 跳闸相别 | 动作参数 |
|---|---|---|---|
| 2020-06-09 15：55：27：128 | 保护启动 | | |
| 504ms | 零序过流Ⅱ段动作 | 跳B相 | $3I_0=2.406$A B相 |
| | 故障相电压 | | $U_A=58.00$V；$U_B=20.00$V；$U_C=58.00$V |
| | 故障相电流 | | $I_A=0.000$A；$I_B=2.406$A；$I_C=0.000$A<br>$3I_0=2.406$A |
| 549ms | 单跳启动重合 | | |
| 1351ms | 重合闸动作 | | |

图 2-59　CSC-103 零序过流保护加速段可靠不动作报文

（3）试验分析。根据上述（1）、（2）试验结果可知，模拟单相故障—故障切除—重合于故障，重合于故障后零序电流在 $1.05I_{j0}$ 时，装置可靠动作，在 $0.95I_{j0}$ 时，装置可靠不动作，误差不大于 5%，零序过流加速保护功能校验满足规程技术要求。

### 2.6.3　试验记录

根据表 2-29 中空白项，选取故障相别和故障类型，重复 2.6.2 过程，并将试验结果记录至表 2-29 中。

**表 2-29　　零序过流保护试验数据记录表**

| 故障类别 | 整定值 | 故障量 | 故障相别 | | |
|---|---|---|---|---|---|
| | | | AN | BN | CN |
| 零序过流加速段 | 2A/0s | $1.05I_{j0}$ | | | |
| | | $0.95I_{j0}$ | | | |

## 2.7　重合闸校验

### 2.7.1　试验内容

1. 测试内容

（1）单相重合闸功能校验。

（2）三相重合闸功能校验。

2. 技术要求

（1）单相跳闸—单相重合三相跳闸。

（2）三相跳闸—三相重合三相跳闸。

### 2.7.2 试验方法

1. 试验设置

（1）保护硬压板设置。硬压板设置参见2.3.2。

（2）保护软压板设置。软压板设置参见2.5.2，校验重合闸逻辑“闭锁重合闸”和“停用重合闸”软压板必须置“0”。

（3）定值与控制字设置。定值（控制字）设置参见2.5.2。

2. 单相重合闸功能校验

（1）模拟A相（$1.2I_0^{\text{II}}$）接地故障—A相跳闸切除故障—A相重合。试验步骤如下：

1）启动“状态序列”试验模块：试验步骤参见2.2.3。

2）按继保测试仪工具栏“+”或“−”按键，确保状态数量为3。

3）试验参数设置见表2-30。

表2-30 单相重合闸逻辑校验参数设置

| 参数 | 故障前态 | 故障态 | 重合态 |
|---|---|---|---|
| $U_A$（V） | 57.735∠0° | 20∠0° | 57.735∠0°[80] |
| $U_B$（V） | 57.735∠−120° | 57.735∠−120° | 57.735∠−120° |
| $U_C$（V） | 57.735∠120° | 57.735∠120° | 57.735∠120° |
| $I_A$（A） | 0 | 2.4∠−78° | 0 |
| $I_B$（A） | 0 | 0 | 0 |
| $I_C$（A） | 0 | 0 | 0 |
| 触发条件 | 按键触发 | 时间触发 | 时间触发 |
| 开入类型 | | | |
| 试验时间 | | 0.6s | 0.9s[81] |
| 开出1 | 合 | 合 | 分[82] |
| 开出2 | 合 | 合 | 合 |
| 开出3 | 合 | 合 | 合 |

4）在工具栏中点击“▶”或按键盘中“run”键开始进行试验。观察保护装置面板信息，待“TV断线”指示灯熄灭且“充电完成”[83]指示灯亮起后，点击工具栏中“▶”按钮或在键盘上按“Tab”键切换故障状态。

5）观察保护动作结果：A相跳闸灯亮，重合闸灯亮。

6）打印动作报文，其动作报文如图2-60和图2-61所示。

【80】重合态：电压设系统正常电压；电流设系统无故障电流。

【81】根据式（2-24）计算得：$T_m = T_{cZ} + \Delta T = 0.8 + 0.1 = 0.9$s。

【82】开出状态：重合态A相（故障相）在故障态已经被跳开，所以断路器设置在分位。

【83】校验重合闸逻辑必须满足重合闸充电完成。

**PCS-931A-DA-G-R 超高压输电线路成套保护装置—整组动作报文**

被保护设备：________保护设备　版本号：V3.60　管理序号：00423240.011
打印时间：2020-06-09 12：58：51

| 序号 | 启动时间 | 相对时间 | 动作相别 | 动作元件 |
|---|---|---|---|---|
| 0249 | 2020-06-09 12：58：33：009 | 0000ms | | 保护启动 |
| | | 0533ms | A | 零序过流Ⅱ段动作 |
| | | 1373ms | | 重合闸动作 |
| 故障相电压 | | | | 20.02V |
| 故障相电流 | | | | 2.40A |
| 最大零序电流 | | | | 2.40A |
| 最大差比率动保护电流 | | | | 4.82A |
| 故障测距 | | | | 12.98km |
| 故障相别 | | | | A |

图 2-60　PCS-931 单相重合闸逻辑校验动作报文

**CSC-103A-DA-G-R 线路保护动作报文**

版本号：V1.00L2　装置地址：23　当前定值区号：01　打印时间：2020-06-09 15：52：23

| 时间 | 动作元件 | 跳闸相别 | 动作参数 |
|---|---|---|---|
| 2020-06-09 15：51：33：432 | 保护启动 | | |
| 504ms | 零序过流Ⅱ段动作 | 跳 A 相 | $3I_0$=2.406A A 相 |
| | 故障相电压 | | $U_A$=20.13V；$U_B$=58.00V；$U_C$=58.00V |
| | 故障相电流 | | $I_A$=2.391A；$I_B$=0.000A；$I_C$=0.000A<br>$3I_0$=2.391A |
| 547ms | 单跳启动重合 | | |
| 1349ms | 重合闸动作 | | |

图 2-61　CSC-103 单相重合闸逻辑校验动作报文

（2）试验分析。根据上述（1）试验结果可知，模拟单相故障，装置“单相跳闸—单相重合三相跳闸”，单相重合闸功能校验满足规程技术要求。

### 3. 三相重合闸功能校验

（1）模拟 A 相（$1.2I_0^{\mathrm{II}}$）接地故障－ABC 相跳闸切除故障—ABC 相重合。试验步骤如下：

1）按继保测试仪工具栏“＋”或“－”按键，确保状态数量为 3。

2）试验参数设置见表 2-31。

**表 2-31　三相重合闸逻辑校验参数设置**

| 参数 | 故障前态 | 故障态 | 重合态 |
|---|---|---|---|
| $U_A$（V） | 57.735∠0° | 20∠0° | 57.735∠0° |
| $U_B$（V） | 57.735∠－120° | 57.735∠－120° | 57.735∠－120° |

续表

| 参数 | 故障前态 | 故障态 | 重合态 |
|---|---|---|---|
| $U_C$（V） | 57.735∠120° | 57.735∠120° | 57.735∠120° |
| $I_A$（A） | 0 | 2.4∠−78° | 0 |
| $I_B$（A） | 0 | 0 | 0 |
| $I_C$（A） | 0 | 0 | 0 |
| 触发条件 | 按键触发 | 时间触发 | 时间触发 |
| 开入类型 | | | |
| 试验时间 | | 0.6s | 1.1s[84] |
| 开出1 | 合 | 合 | 分[85] |
| 开出2 | 合 | 合 | 分 |
| 开出3 | 合 | 合 | 分 |

表2-31中试验时间由式（2-25）计算所得。

$$T_m = T_{scZ} + \Delta T \tag{2-25}$$

式中 $T_m$——试验时间；

$T_{scZ}$——三相重合闸时间定值[86]；

$\Delta T$——时间裕度，一般取0.1s。

3）控制字设置：将单相重合闸置“0”，三相重合闸置“1”。

4）在工具栏中点击“▶”或按键盘中“run”键开始进行试验。观察保护装置面板信息，待“TV断线”指示灯熄灭且“充电完成”指示灯亮起后，点击工具栏中“▶▶”按钮或在键盘上按“Tab”键切换故障状态。

5）观察保护动作结果：ABC相跳闸灯亮，重合闸灯亮。

6）打印动作报文，其动作报文如图2-62和图2-63所示。

**PCS-931A-DA-G-R 超高压输电线路成套保护装置—整组动作报文**

被保护设备：________保护设备　版本号：V3.60

管理序号：00423240.011　打印时间：2020-06-09 13：02：29

| 序号 | 启动时间 | 相对时间 | 动作相别 | 动作元件 |
|---|---|---|---|---|
| 0250 | 2020-06-09 13：01：12：239 | 0000ms | | 保护启动 |
| | | 0535ms | ABC | 零序过流Ⅱ段动作 |
| | | 1541ms | | 重合闸动作 |
| 故障相电压 | | | | 20.01V |
| 故障相电流 | | | | 2.41A |
| 最大零序电流 | | | | 2.40A |
| 最大差比率动保护电流 | | | | 4.82A |
| 故障测距 | | | | 12.90km |
| 故障相别 | | | | A |

图2-62 PCS-931三相重合闸逻辑校验动作报文

【84】根据式（2-25）计算得：$T_m = T_{scZ} + \Delta T = 1 + 0.1 = 1.1s$。

【85】开出状态：设置“三相重合闸重”时，断路器三相跳闸，ABC相在故障态被跳开，所以ABC三相断路器位置都设置在分位。

【86】读取定值清单 $T_{scZ}=1s$。

**CSC-103A-DA-G-R 线路保护动作报文**

版本号：V1.00L2　装置地址：23　当前定值区号：01　打印时间：2020-06-09 16：03：31

| 时间 | 动作元件 | 跳闸相别 | 动作参数 |
|---|---|---|---|
| 2020-06-09.16：02：40：176 | 保护启动 | | |
| 505ms | 零序过流Ⅱ段动作 | 跳 ABC 相 | $3I_0=2.406$A A 相 |
| | 故障相电压 | | $U_A=20.13$V；$U_B=58.00$V；$U_C=58.00$V |
| | 故障相电流 | | $I_A=2.393$A；$I_B=0.000$A；$I_C=0.000$A<br>$3I_0=2.393$A |
| 550ms | 三跳启动重合 | | |
| 1549ms | 重合闸动作 | | |

图 2-63　CSC-103 三相重合闸逻辑校验动作报文

（2）试验分析。根据上述（1）试验结果可知，模拟单相故障，装置“三相跳闸—三相重合—三相跳闸”，三相重合闸功能校验满足规程技术要求。

### 2.7.3　试验记录

根据表 2-32 中空白项，选取故障相别和故障类型，重复 2.7.2 过程，并将试验结果记录至表 2-32 中。

**表 2-32　重合闸逻辑校验记录表**

| 保护功能 | 重合闸类型 | 故障相别 | | |
|---|---|---|---|---|
| | | AN | BN | CN |
| 纵联差动保护电流保护 | 单相重合闸 | | | |
| | 三相重合闸 | | | |
| 零序过流保护 | 单相重合闸 | | | |
| | 三相重合闸 | | | |
| 接地距离保护 | 单相重合闸 | | | |
| | 三相重合闸 | | | |

## 2.8　零序反时限过流保护校验

### 2.8.1　试验内容

#### 1. 测试内容

零序反时限功能校验。

2. 技术要求

零序反时限延时误差不大于 40ms。

### 2.8.2 试验方法

1. 试验设置

（1）保护硬压板设置。硬压板设置参见 2.3.2。

（2）保护软压板设置。软压板设置参见 2.5.2。

（3）定值与控制字设置。定值（控制字）设置步骤参见 2.2.2。

PCS-931 和 CSC-103 零序反时限过流保护定值与控制字设置见表 2-33 和表 2-34。

**表 2-33　PCS-931 零序反时限过流保护定值与控制字设置**

| 定值参数名称 | 参数值 | 控制字名称 | 参数值 |
| --- | --- | --- | --- |
| 变化量启动电流定值 | 0.2A | 距离保护Ⅰ段 | 0 |
| 零序启动电流定值 | 0.2A | 距离保护Ⅱ段 | 0 |
| 线路正序阻抗定值 | 5Ω | 距离保护Ⅲ段 | 0 |
| 线路正序灵敏角 | 78° | 零序电流保护 | 0 |
| 线路零序阻抗定值 | 15Ω | 零序Ⅲ段经方向 | 1 |
| 线路零序阻抗角 | 78° | 三相跳闸方式 | 0 |
| 零序反时限电流定值 | 1A | 单相重合闸 | 1 |
| 零序反时限时间 | 1s | 三相重合闸 | 0 |
| 零序反时限配合时间 | 0.2s | 禁止重合闸 | 0 |
| 零序反时限最小时间 | 0.5s | 停止重合闸 | 0 |
| 单相重合闸动作时间 | 0.8s | 零序反时限 | 1 |
| 三相重合闸动作时间 | 1s | | |

**表 2-34　CSC-103 零序反时限过流保护定值与控制字设置**

| 定值参数名称 | 参数值 | 控制字名称 | 参数值 |
| --- | --- | --- | --- |
| 变化量启动电流定值 | 0.2A | 电压取线路 TV 电压 | 0 |
| 零序启动电流定值 | 0.3A | 距离保护Ⅰ段 | 0 |
| 线路正序阻抗定值 | 5Ω | 距离保护Ⅱ段 | 0 |
| 线路正序灵敏角 | 78° | 距离保护Ⅲ段 | 0 |
| 线路零序阻抗定值 | 15Ω | 零序电流保护 | 0 |
| 线路零序阻抗角 | 78° | 零序过流Ⅲ段经方向 | 1 |
| 零序反时限电流定值 | 1A | 三相跳闸方式 | 0 |
| 零序反时限时间 | 1s | 单相重合闸 | 1 |

续表

| 定值参数名称 | 参数值 | 控制字名称 | 参数值 |
|---|---|---|---|
| 零序反时限配合时间 | 0.2s | 三相重合闸 | 0 |
| 零序反时限最小时间 | 0.5s | 禁止重合闸 | 0 |
| 单相重合闸动作时间 | 0.8s | 停止重合闸 | 0 |
| 三相重合闸动作时间 | 1s | 零序反时限 | 1 |

## 2. 零序反时限功能校验

（1）模拟A相故障，在故障电流为1.5$I_P$时，记录动作时间。试验步骤如下：

1）启动“状态序列”试验模块：试验步骤参见2.2.3。

2）按继保测试仪工具栏“+”或“−”按键，确保状态数量为2。

3）试验参数设置见表2-35。

**表2-35　零序反时限过流保护1.5倍参数设置**

| 参数 | 故障前态 | 故障态 |
|---|---|---|
| $U_A$（V） | 57.735∠0° | 20∠0° |
| $U_B$（V） | 57.735∠−120° | 57.735∠−120° |
| $U_C$（V） | 57.735∠120° | 57.735∠120° |
| $I_A$（A） | 0 | 1.5∠−78°[87] |
| $I_B$（A） | 0 | 0 |
| $I_C$（A） | 0 | 0 |
| 触发条件 | 按键触发 | 开入量触发 |
| 开入类型 | | 开入或 |
| 试验时间 | | |
| 开出1 | 合 | 合 |
| 开出2 | 合 | 合 |
| 开出3 | 合 | 合 |
| ☑开入A[88] | | |
| ☑开入B | | |
| ☑开入C | | |

表2-35中A相电流幅值由式（2-26）计算。

$$I_K = m \times I_P \tag{2-26}$$

其中　$m=1.5$

式中　$I_P$——零序反时限过流定值[89]。

表2-35中试验时间由式（2-27）计算所得。

【87】幅值根据式（2-26）计算所得，$I_K=m\times I_P=1.5\times1=1.5A$。
相角：根据式（2-17）计算所得，PCS-931：$\phi_I=\phi_U-\phi_1=0°-78°=-78$；CSC-103：$\phi_I=\phi_U-\phi_1=0°-80°=-80°$。

【88】需要测时，相开入前的方框必须打勾，不需要测时相不要打勾。选择“开入或”逻辑，“开入A、B、C”任意相测到时间即可触发下一态。

【89】读取定值清单$I_P$=1A。

$$T(3I_0)=\frac{0.14}{\left(\frac{3I_0}{I_P}\right)^{0.02}-1}T_P \tag{2-27}$$

式中 $T(3I_0)$——零序反时限过流计算时间；

$T_P$——零序反时限时间定值[90]。

【90】读取定值清单 $T_P=1s$。

4）在工具栏中点击"▶"或按键盘中"run"键开始进行试验。观察保护装置面板信息，待"TV断线"指示灯熄灭且"充电完成"指示灯亮起后，点击工具栏中"▶▶"按钮或在键盘上按"Tab"键切换故障状态。

5）观察保护动作结果：ABC三相跳闸灯亮。

6）观察液晶面板动作时间并记录[91]。

【91】只记录保护动作时间，不记录测试仪时间，测试仪时间多了出口时间。

7）打印动作报文，其动作报文如图2-64和图2-65所示。

**PCS-931A-DA-G-R超高压输电线路成套保护装置—整组动作报文**

被保护设备：________保护设备　版本号：V3.60

管理序号：00423240.011　打印时间：2020-06-09 13：31：58

| 序号 | 启动时间 | 相对时间 | 动作相别 | 动作元件 |
|---|---|---|---|---|
| 1085 | 2020-07-02 13：30：32：812 | 0000ms | | 保护启动 |
| | | 17522ms | ABC | 零序反时限动作 |
| 故障相电压 | | | | 19.98V |
| 故障相电流 | | | | 1.48A |
| 最大零序电流 | | | | 1.48A |
| 最大差比率动保护电流 | | | | 3.21A |
| 故障测距 | | | | 20.40km |
| 故障相别 | | | | ABC |

图2-64　PCS-931零序反时限时间动作报文

**CSC-103A-DA-G-R线路保护动作报文**

版本号：V1.00L2　装置地址：23　当前定值区号：01

打印时间：2020-07-02 14：11：29

| 时间 | 动作元件 | 跳闸相别 | 动作参数 |
|---|---|---|---|
| 2020-07-02 14：10：55：987 | 保护启动 | | |
| 17519ms | 零序反时限动作 | 跳ABC相 | $3I_0=1.500A$ A相 |
| 17519ms | 三跳闭锁重合闸 | | |
| 17522ms | 闭锁重合闸 | | |
| | 故障相电压 | | $U_A=20.13V$；$U_B=58.00V$；$U_C=58.00V$ |
| | 故障相电流 | | $I_A=1.500A$；$I_B=0.000A$；$I_C=0.000A$；$3I_0=1.500A$ |

图2-65　CSC-103零序反时限时间动作报文

（2）试验分析。根据上述（1）试验结果可知，在故障电流为 $1.5I_P$ 时，记录动作时间：

PCS-931：测试仪动作时间为 17522ms，$K=|17522-17500|$[92] $=22$ms，误差不大于 40ms，零序电流反时限功能校验满足规程技术要求。

【92】根据式（2-27）计算所得：$T(3I_0)=\dfrac{0.14}{\left(\dfrac{3I_0}{I_P}\right)^{0.02}-1}T_P=17500$ms。

CSC-103：测试仪动作电流值为 17519ms，$K=|17519-17500|=19$ms，误差不大于 40ms，零序电流反时限功能校验满足规程技术要求。

### 2.8.3 试验记录

根据表 2-36 中空白项，选取故障相别和故障类型，重复 2.8.2 过程，并将试验结果记录至表 2-36 中。

表 2-36　　零序反时限时间校验记录表

| 保护功能 | 模拟点数值 | 故障相别 | | |
|---|---|---|---|---|
| | | AN | BN | CN |
| 零序反时限时间 | $1.5I_P$ | | | |
| | $5I_P$ | | | |

## 2.9 整组时间校验

### 2.9.1 试验内容

1. 测试内容

整组时间测试：根据规范规定整定值倍数，记录测试时间。规范规定：纵联电流差动保护电流保护采用 2 倍整定值校验，接地距离保护采用 0.7 倍整定值校验，相间距离保护采用 0.7 倍整定值校验，零序过流保护采用 1.2 倍整定值校验。本试验以纵联差动保护电流保护为例校验整组时间。

2. 技术要求

纵联电流差动保护电流保护、接地距离保护、相间距离保护、零序过流保护时间误差不大于 30ms，重合闸时间误差不大于 40ms。

### 2.9.2 试验方法

**1. 试验设置**

（1）保护硬压板设置。硬压板设置参见 2.2.2。

（2）保护软压板设置。软压板设置参见 2.2.2。

（3）定值与控制字设置。定值（控制字）设置参见 2.2.2。

**2. 纵联电流差动保护电流保护时间校验**

（1）模拟三相故障，短路电流设置为 $2I_d$ 时，记录纵联电流差动保护动保护时间。试验步骤如下：

1）启动“状态序列”试验模块：试验步骤参见 2.2.2。

2）按继保测试仪工具栏“+”或“−”按键，确保状态数量为 2。

3）试验参数设置见表 2-37。

**表 2-37 纵联电流差动保护 2 倍定值参数设置**

| 参数 | 故障前量 | 故障量 |
|---|---|---|
| $U_A$（V） | 57.735∠0° | 57.735∠0° |
| $U_B$（V） | 57.735∠−120° | 57.735∠−120° |
| $U_C$（V） | 57.735∠120° | 57.735∠120° |
| $I_A$（A） | 0 | 1∠−78°[93] |
| $I_B$（A） | 0 | 1∠162° |
| $I_C$（A） | 0 | 1∠42° |
| 触发条件 | 按键触发 | 开入量触发[94] |
| 开入类型 | | 开入或 |
| 试验时间 | | |
| 开出 1 | 合 | 合 |
| 开出 2 | 合 | 合 |
| 开出 3 | 合 | 合 |
| ☑开入 A[95] | | |
| ☑开入 B | | |
| ☑开入 C | | |

4）在工具栏中点击“▶”或按键盘中“run”键开始进行试验。观察保护装置面板信息，待“TV 断线”指示灯熄灭且“充电完成”指示灯亮起后，点击工具栏中“▶▶”按钮或在键盘上按“Tab”键切换故障状态。

【93】故障前量：设置系统正常状态电流值。故障量：幅值根据式（2-1）计算所得，$I=m\times I_d\times\frac{1}{2}=2\times1\times\frac{1}{2}=1A$，相角只要保证三相对称，互差 120°即可。

【94】选择开入量触发：表示此态翻转开始计时，接到开入量测时结束。

【95】需要测时，相开入前的方框必须打勾，不需要测时相不要打勾。

5）观察保护动作结果：ABC 三相跳闸灯亮。

6）观察测试仪开入量后 ABC 三相分别动作时间。

7）打印动作报文。其动作报文如图 2-66 和图 2-67 所示。

**PCS-931A-DA-G-R 超高压输电线路成套保护装置—整组动作报文**

被保护设备：＿＿＿＿保护设备　版本号：V3.60　管理序号：00423240.011

打印时间：2020-07-02 11：53：42

| 序号 | 启动时间 | 相对时间 | 动作相别 | 动作元件 |
|---|---|---|---|---|
| 1079 | 2020-07-02 11：52：39：449 | 0000ms | | 保护启动 |
| | | 0015ms | ABC | 纵联差动保护动作 |
| 故障相电压 | | | | 77.26V |
| 故障相电流 | | | | 1.73A |
| 最大零序电流 | | | | 0.02A |
| 最大差比率动保护电流 | | | | 2.06A |
| 故障测距 | | | | 228.40km |
| 故障相别 | | | | ABC |

图 2-66　PCS-931 纵联电流差动保护时间报文

**CSC-103A-DA-G-R 线路保护动作报文**

版本号：V1.00L2　装置地址：23　当前定值区号：01　打印时间：2019-07-02 14：42：56

| 时间 | 动作元件 | 跳闸相别 | 动作参数 |
|---|---|---|---|
| 2019-07-02 14：42：39：913 | 保护启动 | | |
| 17ms | 纵差差动保护动作 | 跳 ABC 相 | |
| 17ms | 分相差动保护动作 | 跳 ABC 相 | $I_{CDa}$=1.242A　$I_{CDb}$=1.664A　$I_{CDc}$=1.258A |
| 23ms | 三跳闭锁重合闸 | | |
| | 三相差动保护电流 | | $I_{CDa}$=1.273A；$I_{CDb}$=1.688A；$I_{CDc}$=1.789A |
| | 三相制动电流 | | $I_A$=0.000A；$I_B$=0.000A；$I_C$=0.000A |
| | 故障相电压 | | $U_A$=58.00V；$U_B$=58.00V；$U_C$=58.00V |
| | 故障相电流 | | $I_A$=0.488A ；$I_B$=0.488A；$I_C$=0.498A<br>$3I_0$=0.00A |

图 2-67　CSC-103 纵联电流差动保护时间报文

（2）试验分析。根据上述（1）试验结果可知，在故障电流为 1.5$I_P$ 时，记录动作时间：

PCS-931：测试仪记录动作时间为 22.6ms，$K=|22.6-30|=7.4$ms，误差不大于 30ms，纵联电流差动保护电流保护时间校验满足规程技术要求。

CSC-103：测试仪记录动作电流值为 22.1ms，$K=|22.1-30|=7.9$ms，误差不大于 30ms，纵联电流差动保护电流保护时间校验满足规程技术要求。

### 2.9.3　试验记录

根据表 2-38 中空白项，选取故障相别和故障类型，重复 2.9.2 的过程，并将试验结果记录至表 2-38 中。

表 2-38　　整组时间校验记录表

| 保护功能测时 | 整定值 | 故障相别 | | | | | | |
|---|---|---|---|---|---|---|---|---|
| | | AN | BN | CN | AB | BC | CA | ABC |
| 纵联差动保护电流保护 | 2 整定值 | | | | | | | |
| 零序过流保护 | 1.2 整定值 | | | | | | | |
| 接地距离保护 | 0.7 整定值 | | | | | | | |
| 相间距离保护 | 0.7 整定值 | | | | | | | |
| 单相重合闸 | | | | | | | | |
| 三相重合闸 | | | | | | | | |

## 本章小结

本章以南瑞继保 PCS-931 保护装置和北京四方 CSC-103 为例，介绍了智能化线路保护装置典型调试项目的调试内容与方法。

根据各项调试项目的试验记录表，完成各项保护功能校验，如果各典型调试项目都按照试验记录要求调试完毕，并且指标均满足规程要求，说明已校验的线路保护装置各项功能合格。

# 第3章

# 智能化变压器保护装置调试

本章系统介绍智能化变压器保护的调试方法，调试主要包括纵联电流差动保护、复合电压闭锁过电流保护、零序方向过流保护、间隙过流保护的验证。本章以南瑞继保 PCS-978 保护装置和北京四方 CSC-326 保护装置为例，介绍各项调试项目的具体操作方法。

## 3.1 试 验 准 备

### 3.1.1 试验说明

本章节采用 DL/T 993—016《继电保护和电网安全自动装置检验规程》、Q/GDW 1809—012《智能站继电保护校验规程》和《电力系统继电保护规定汇编》（第三版）中介绍的测试方法和技术要求，详细编写了智能化变压器保护的功能及时间校验方法。

### 3.1.2 试验接线

#### 1. 测试仪接地

将测试仪装置接地端口与被试屏接地铜牌相连，如图 3-1 所示。

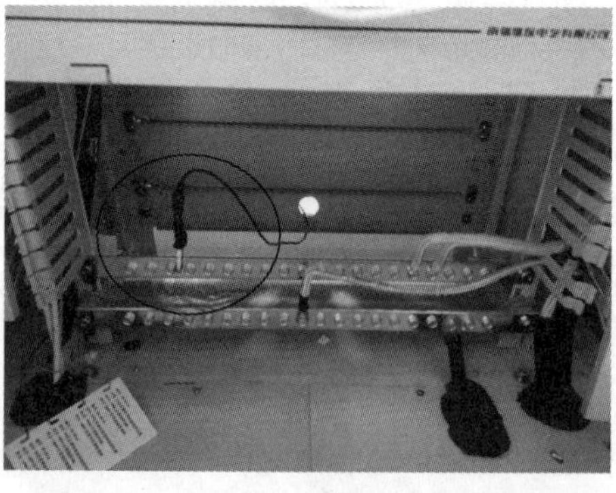

图 3-1 继电保护测试仪接地示意图

#### 2. 光纤接线

将继电保护测试仪的光网口与变压器保护装置的高压侧、低压侧 SMV 点对点接口及高压侧 GOOSE 点对点接口相连接。调试时可以根据实际情况选择需要连接的继电保护测试仪的光网口。

测试仪光网口的 RX 对应于变压器保护装置点对点接口的 TX，测试仪光网口的 TX 对应于变压器保护装置点对点接口的 RX。

连接光纤后，对应的光口指示灯亮，表示光纤链路接通；对应的光口指示灯不亮，表示物理链路没有接通。此时可以检查光纤的 TX/RX 是否接反或者光纤是否损坏[96]。

【96】光纤弯折幅度不能过大，使用前应检查光纤接口是否有污渍或损坏，使用完毕后应用相应的光纤保护套套上。

本章变压器保护调试统一设置测试仪光口 1 为高压侧 SMV 点对点口，光口 2 为低压侧 SMV 点对点口，光口 3 为高压侧 GOOSE 点对点口，CSC-326 保护装置与测试仪的 SMV、GOOSE 接线如图 3-2 所示，PCS978 保护装置与测试仪的 SMV、GOOSE 接线如图 3-3 所示。

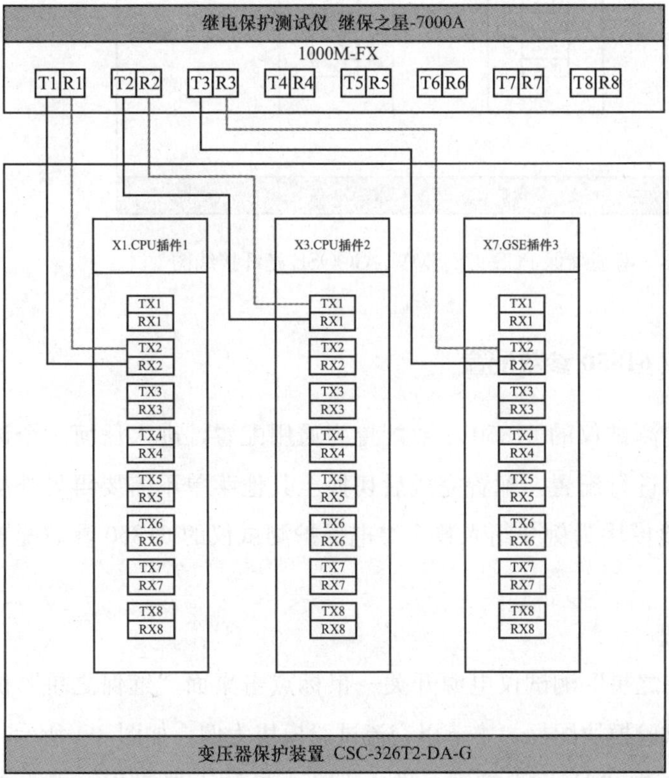


图 3-2 CSC-326 SMV、GOOSE 光纤接线图

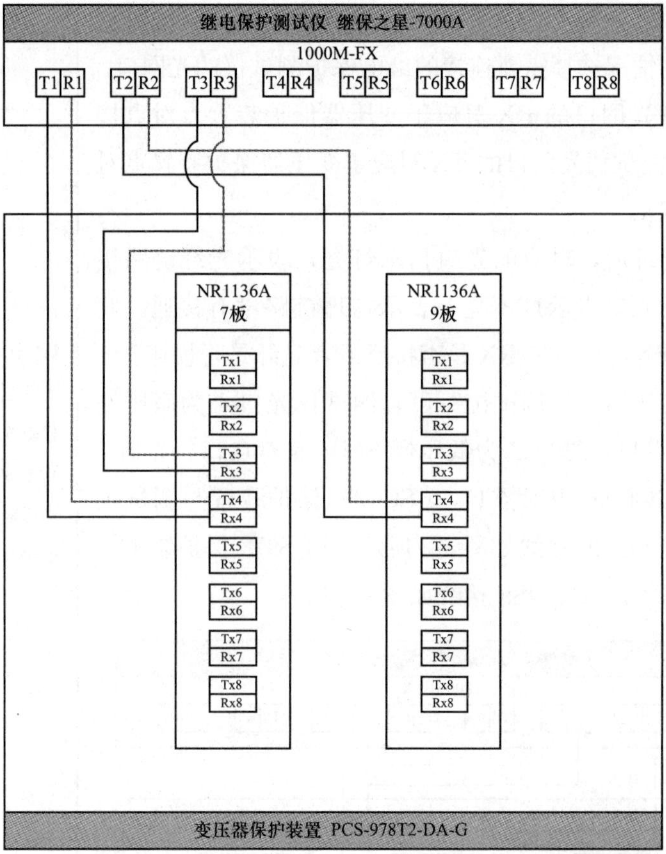


图 3-3 南瑞继保 PCS-978 SMV、GOOSE 光纤接线图

### 3.1.3 测试仪 61850 参数配置

光数字继电保护测试仪的 61850 参数配置为通用配置，进入任何一个试验模块的菜单都可以进行配置，配置完成后切换至其他菜单不需要再另外配置。本章以交流试验模块为例介绍光数字继电保护测试仪的 61850 参数配置的步骤和方法。

1. SCD 文件读取

（1）打开“继保之星”测试仪电源开关→鼠标点击桌面“继保之星”快捷方式→点击任意试验模块图标，本节以交流试验模块为例，如图 3-4 所示。

（2）点击工具栏中“61850”按键，进入 61850 参数设置界面，点击如图 3-5所示左下角“▼”按键，选择“9-2”项，再点击“读取保护模型文件”

按键。

(3) 进入“SCD数据分析”界面，点击“打开”按键如图3-6所示。

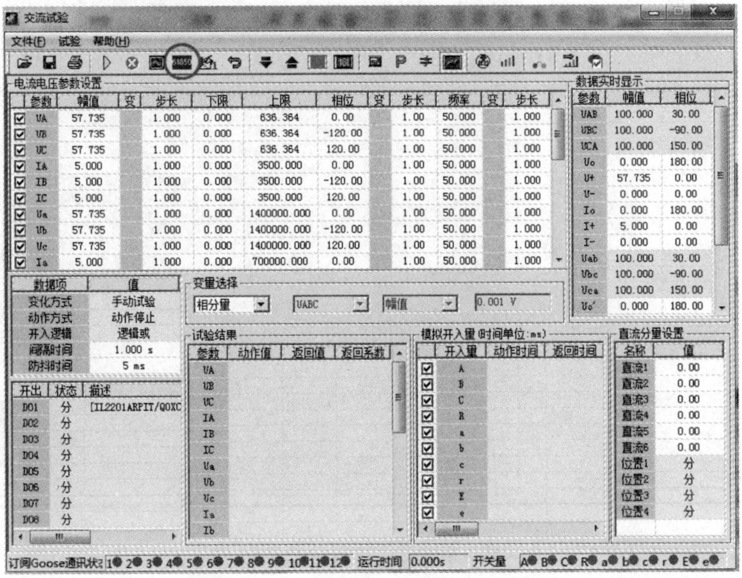


图3-4 交流试验模块试验菜单

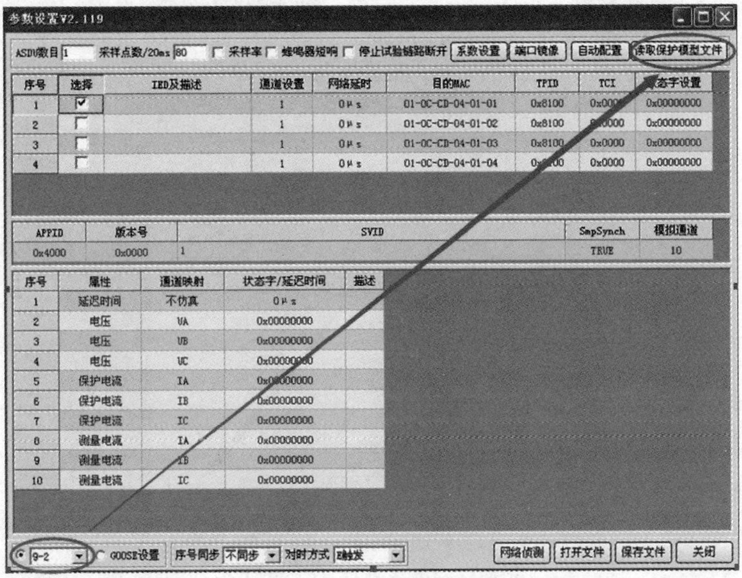


图3-5 61850参数设置界面

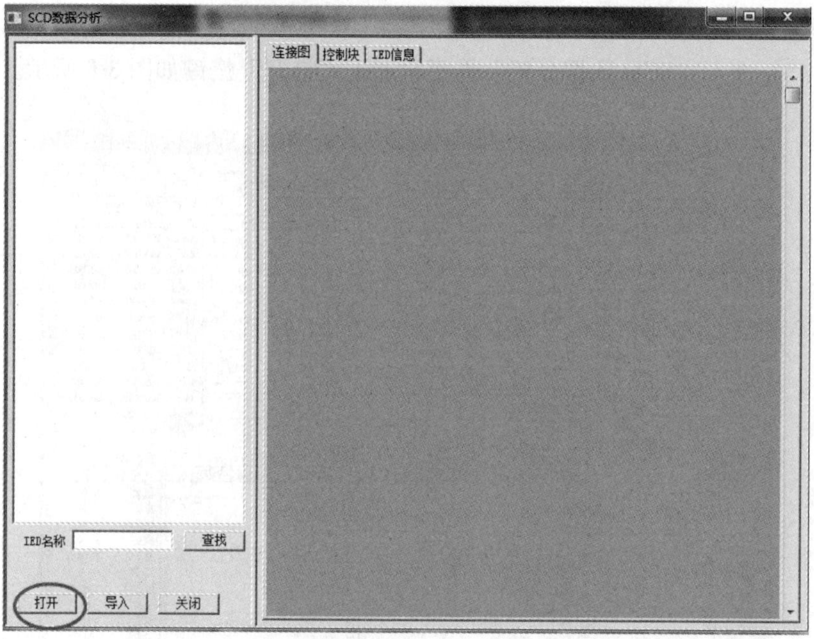


图 3-6　SCD 数据分析界面

（4）选择对应的 SCD 文件，点击“打开”按键如图 3-7 所示。

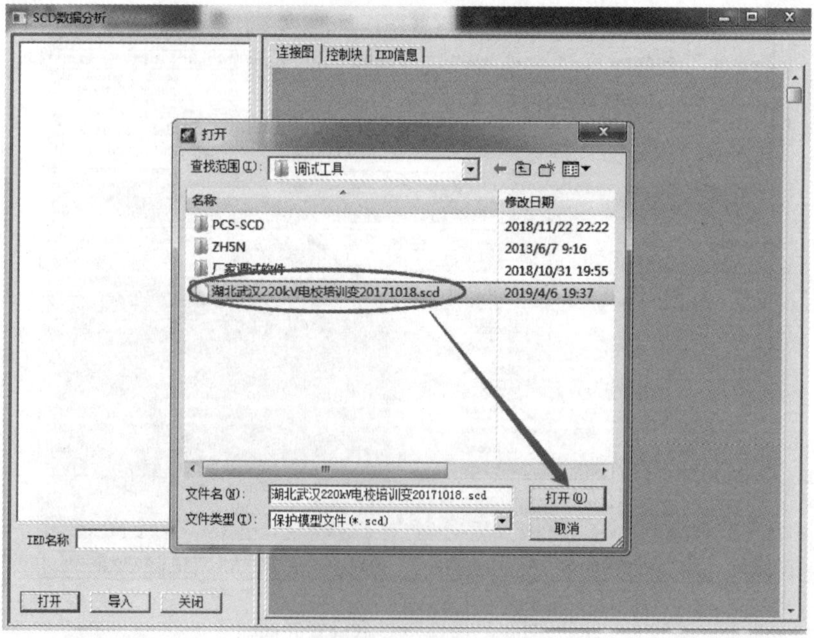


图 3-7　SCD 文件导入

（5）导入 SCD 文件后界面如图 3-8 SCD 文件导入后界面所示。

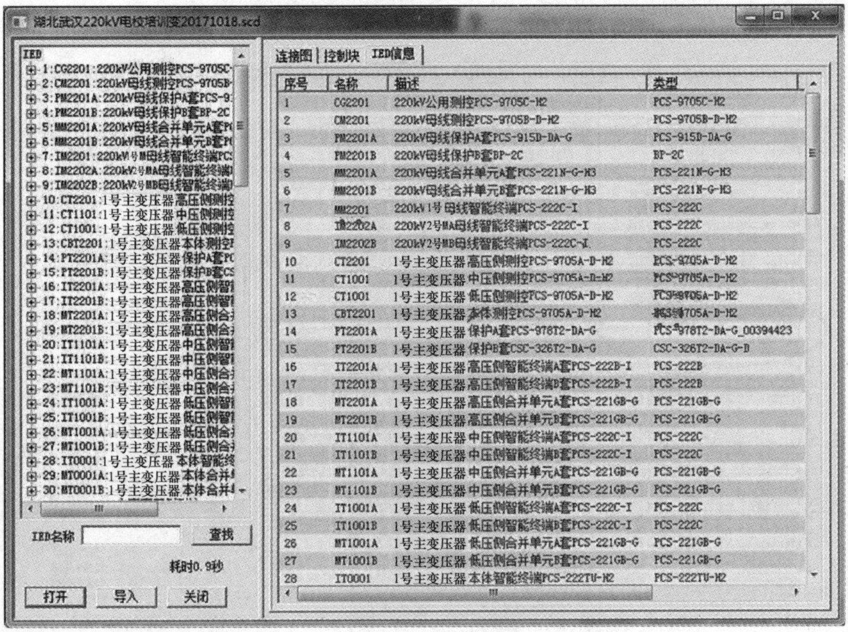


图 3-8 SCD 文件导入后界面

（6）点击界面右边的“连接图”“控制块”与“IED 信息”菜单，可查看 IED 装置虚端子连线图，控制块信息及 IED 信息。

2. SMV/GOOSE 文件配置

（1）选择调试保护装置。

1）PCS-978：点击左边 IED 序号 14，选择“PT2201A 1 号主变压器保护 A 套 PCS-978T2-DA-G”，弹出该装置信息图如图 3-9 所示。

2）CSC-326：点击左边 IED 序号 15，选择“PT2201B 1 号主变压器保护 B 套 CSC-326T2-DA-G”，弹出该装置信息图如图 3-10 所示。

（2）导入 SMV 和 GOOSE 信息。

1）PCS-978：点击 IED“14：PT2201A 1 号主变压器保护 A 套 PCS-978T2-DA-G”前面的“+”符号，展开“GOOSE”“Ref：GSE”“Ref：SMV”三个控制块，如图 3-9 所示。

选择 GOOSE 控制块：点击“14：PT2201A 1 号主变压器保护 A 套 PCS-978T2-DA-G”展开菜单中的“GOOSE”，窗口右边弹出 GOOSE 所有控制块信息，根据描述信息选择所使用的控制块，选择控制块前面的空格，即可添加到右下方“已选控制块信息”中，如图 3-11 所示。

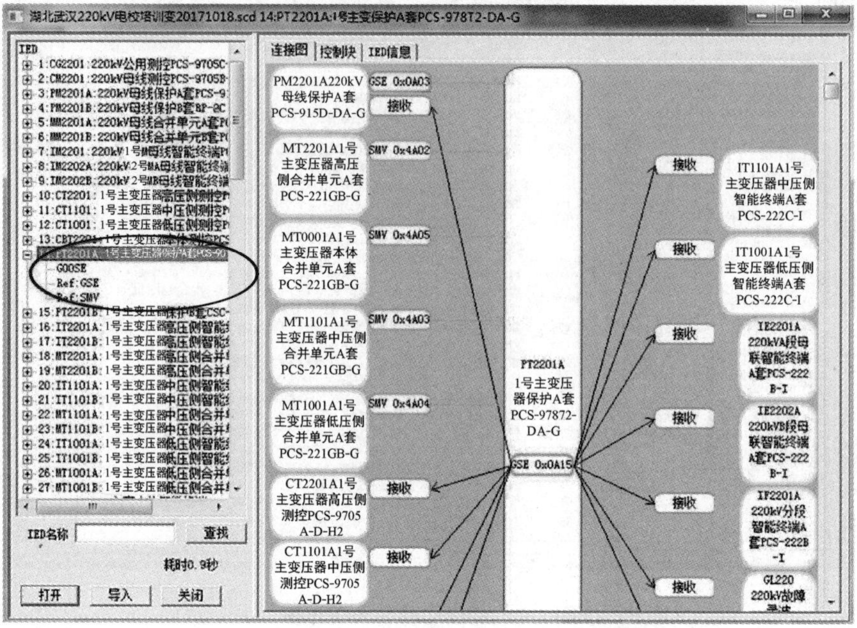


图 3-9　SCD 文件解析-选择 PCS978 装置

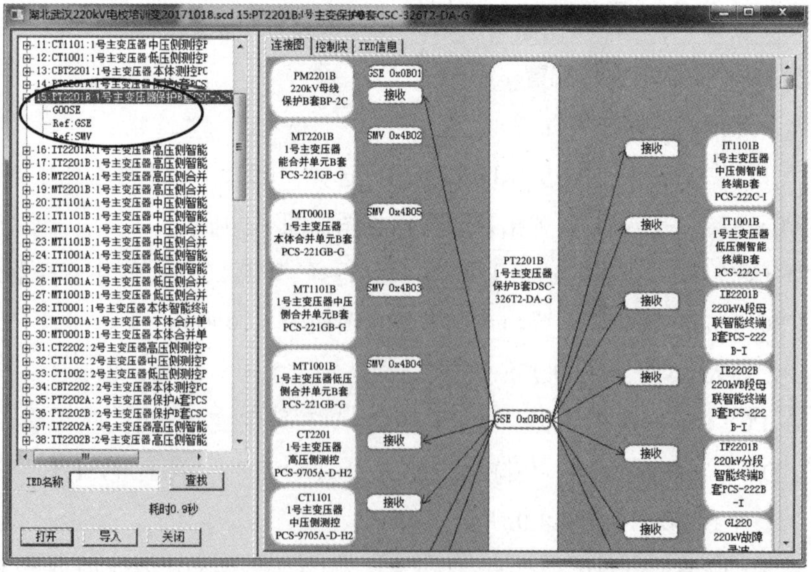


图 3-10　SCD 文件解析-选择 CSC326 装置

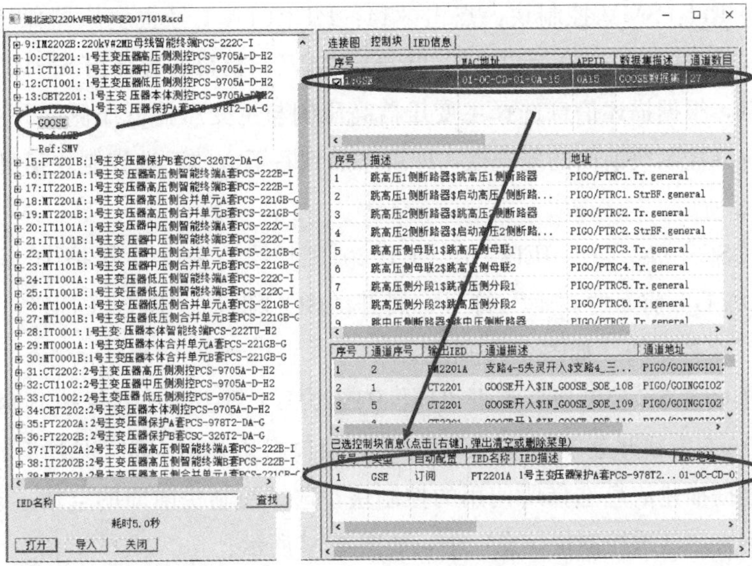

图 3-11 PCS-978 保护装置选择 GOOSE 信息

选择 Ref：GSE 控制块：点击“14：PT2201A 1 号主变压器保护 A 套 PCS-978T2-DA-G”展开菜单中的“Ref：GSE”，窗口右边弹出 GOOSE 所有控制块信息，根据描述信息选择所使用的控制块，选择控制块前面的空格，即可添加到右下方“已选控制块信息”中，如图 3-12 所示。

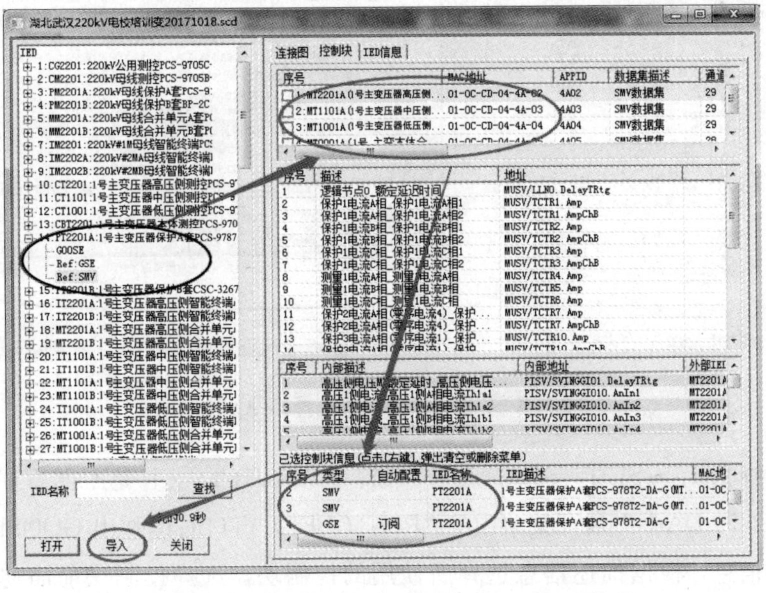

图 3-12 PCS-978 保护装置选择 Ref：SMV 信息

选择 Ref：SMV 控制块：点击“14：PT2201A 1 号主变压器保护 A 套 PCS-978T2-DA-G”展开菜单中的“Ref：SMV”，窗口右边弹出 SMV 所有控制块信息，根据描述信息选择主变压器高压侧与主变压器低压侧合并单元控制块，选择控制块前面的复选框，即可添加到右下方“已选控制块信息”中，如图 3-12 所示。

2）CSC-103：点击 IED“15：PT2201B 1 号主变压器保护 B 套 CSC-326T2-DA-G”前面的“+”符号，展开“GOOSE”“Ref：GSE”“Ref：SMV”三个控制块，如图 3-10 所示。

选择 GOOSE 控制块：点击“15：PT2201B 1 号主变压器保护 B 套 CSC-326T2-DA-G”展开菜单中的“GOOSE”，窗口右边弹出 GOOSE 所有控制块信息，根据描述信息选择所使用的控制块，选择控制块前面的空格，即可添加到右下方“已选控制块信息”中，如图 3-13 所示。

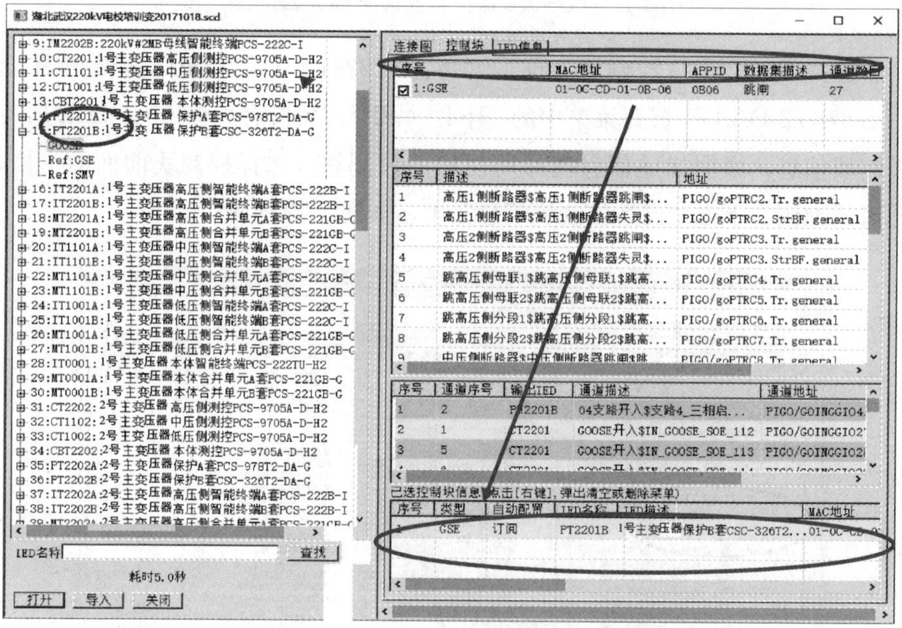

图 3-13　CSC-326 保护装置选择 GOOSE 信息

选择 Ref：GSE 控制块：点击“15：PT2201B 1 号主变压器保护 B 套 CSC-326T2-DA-G”展开菜单中的“Ref：GSE”，窗口右边弹出 GOOSE 所有控制块信息，根据描述信息选择所使用的控制块，选择控制块前面的空格，即可添加到右下方“已选控制块信息”中，如图 3-14 所示。

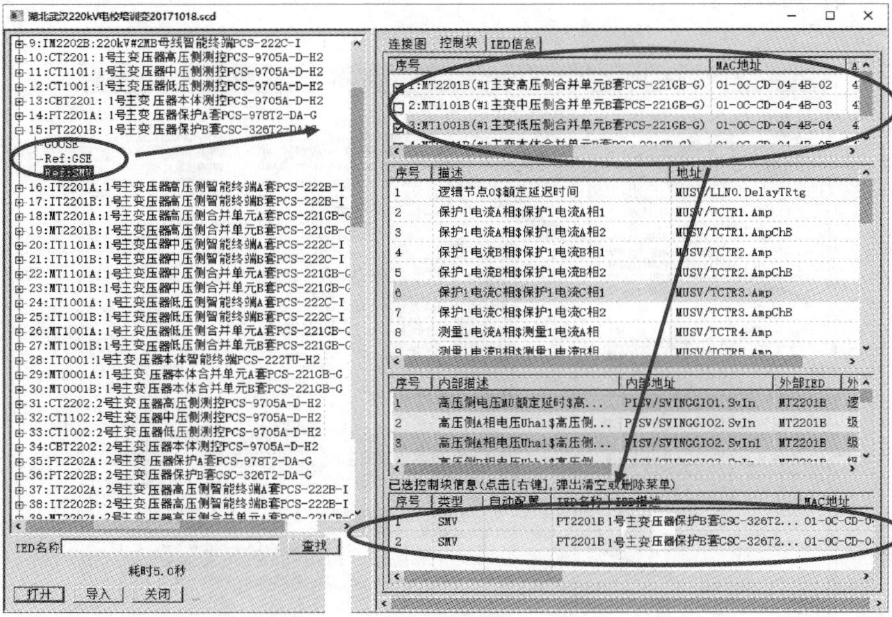


图 3-14　CSC-326 保护装置选择 Ref：SMV 信息

选择 Ref：SMV 控制块：点击“15：PT2201B 1 号主变压器保护 B 套 CSC-326T2-DA-G”展开菜单中的“Ref：SMV”，窗口右边弹出 SMV 所有控制块信息，根据描述信息选择所使用的控制块，选择控制块前面的空格，即可添加到右下方“已选控制块信息”中，如图 3-14 所示。

（3）导入控制块信息：点击窗口左下方“导入”按钮，将以上所选择的三类控制块导入到 61850 配置里，导入完成后提示“导入 2 个 GOOSE，1 个 SMV”，PCS-978 保护装置如图 3-15 所示，CSC-326 保护装置如图 3-16 所示，点击“导入”可关闭此界面再进行进一步的配置。

### 3. SMV 相关参数配置

（1）通道设置：通道默认选择为 1、2 单击数字，弹出其他通道选项，根据光纤连接关系选择对应的通道编号，PCS-978 保护装置和 CSC-326 保护装置光与测试仪光纤接线都是 1 通道为主变压器高压侧 SMV 点对点，2 通道主变压器低压侧 SMV 点对点，PCS-978 如图 3-17 所示，CSC-326 保护装置如图 3-18所示。

（2）状态字设置：默认为 0x00000000，本试验投入检修标志，所以状态字为 0x00000800，双击状态字各含义如图 3-19 所示。

（3）通道映射：

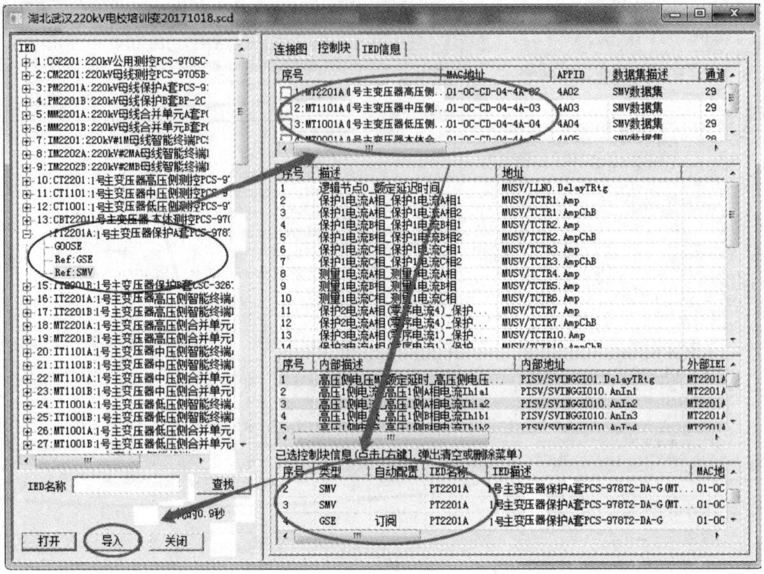


图 3-15　PCS-978 保护装置导入已选信息

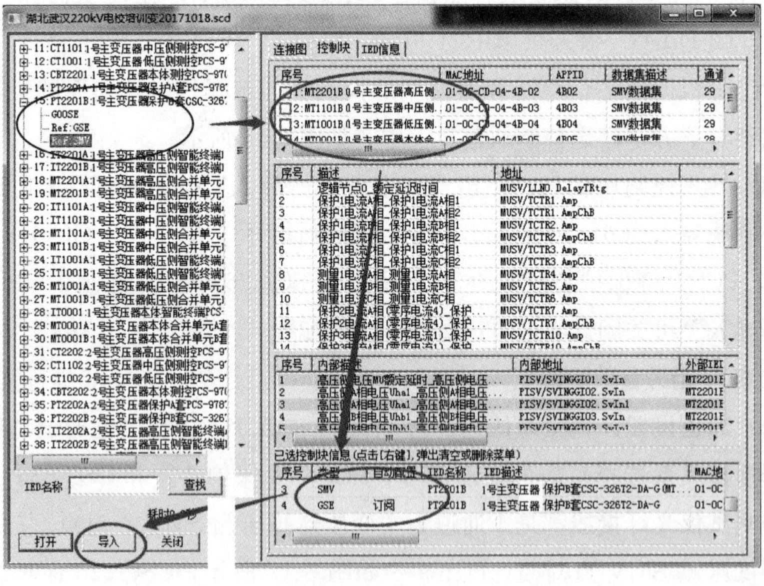


图 3-16　CSC-326 导入已选信息

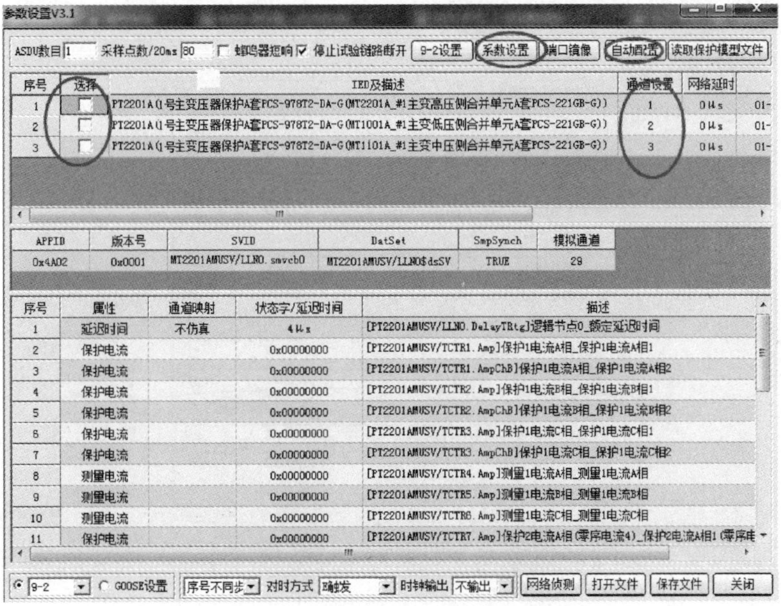


图 3-17　PCS-978 保护装置 SMV 通道设置

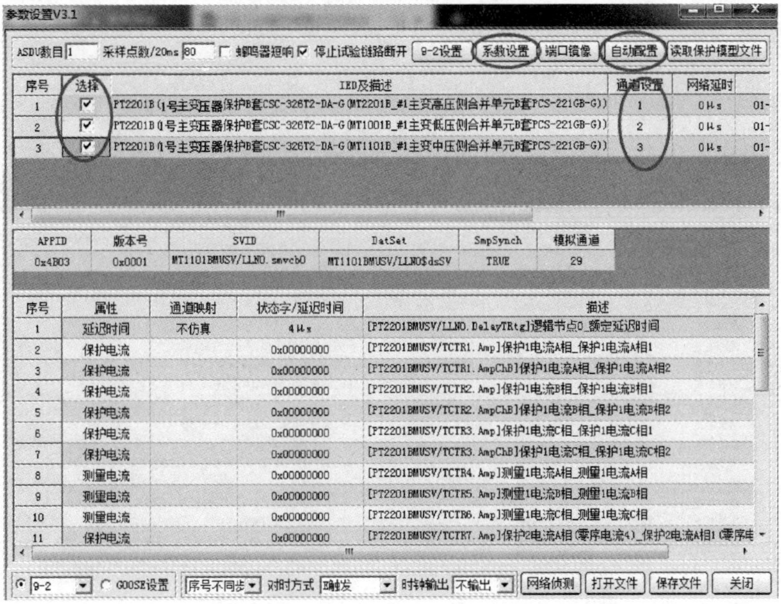


图 3-18　CSC-326 保护装置 SMV 通道设置

1）“延时时间”选项的“通道映射”选择“不仿真”和“状态字/延迟时间”选择“750μs”，PCS-978 保护装置如图 3-20 所示，CSC-326 保护装置如

图 3-21 所示。

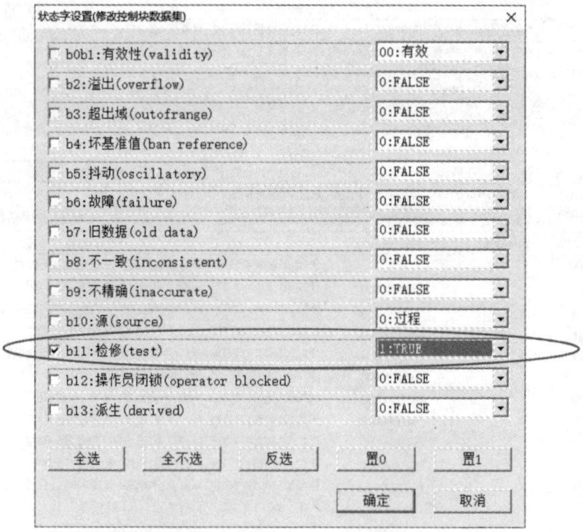


图 3-19　状态字设置

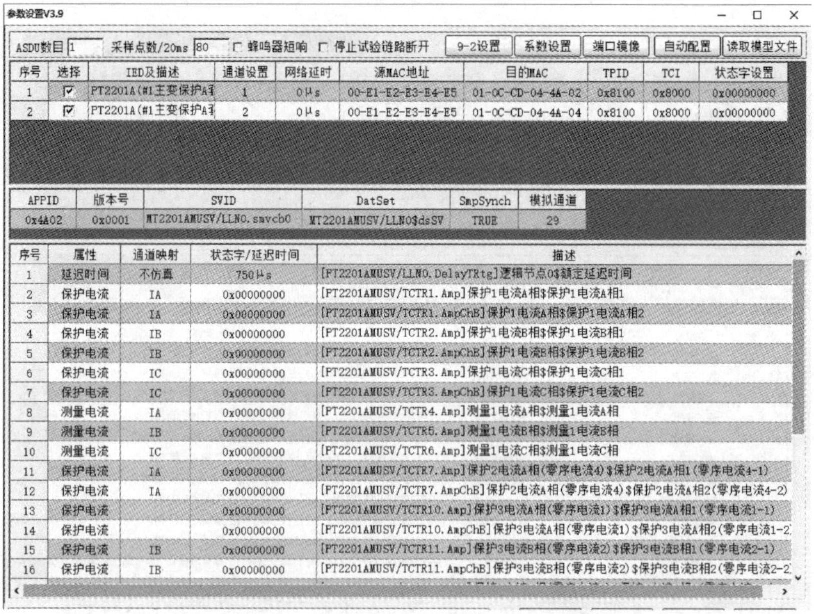


图 3-20　PCS-978 保护装置 SMV 通道映射

2）“保护电流、级联电压”等选项，继电保护测试仪根据光纤连接关系自动进行通道映射配置，将电流电压通道与试验界面下的相别相关联，点击弹出对话框自动配置一组 ABC 通道，如图 3-20 和图 3-21 所示。自动配置有可能映射出的结果与实际电压电流的对应关系不一致，或者与试验所需要的映射关系不对应时，需要人工选择映射关系。

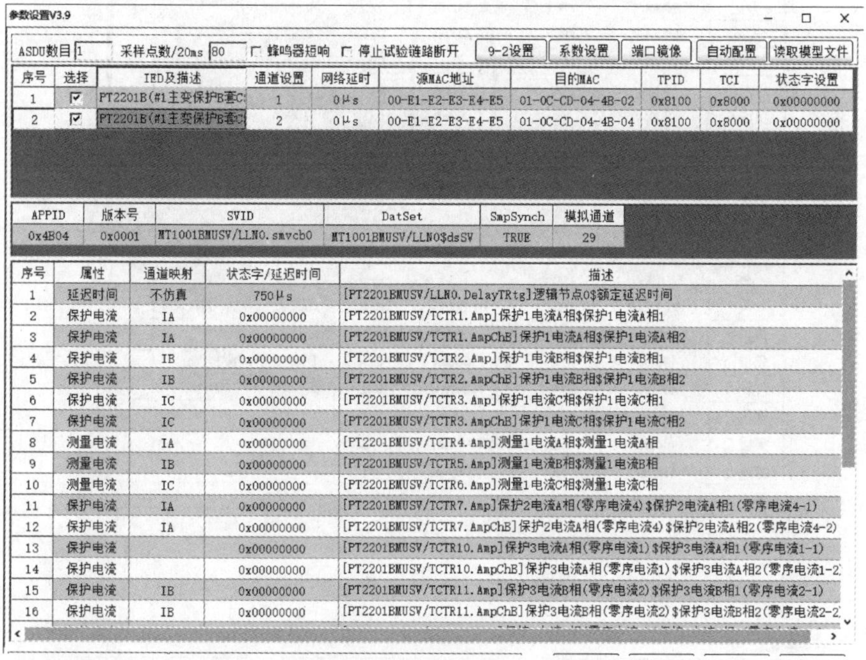


图 3-21 CSC-326 保护装置 SMV 通道映射

（4）系数设置：设置对应通道的电流电压一次值和二次值，TA、TV 变比，系数设置如图 3-22 所示。

SMV 通道信息配置完成后如图 3-23 和图 3-24 所示，点击“关闭”，进行采样值输出检测，如果没有采样值输出，请检查以上配置操作是否正确；其他值为配置文件内部默认信息，请勿随意修改。

### 4. GOOSE 相关参数配置

（1）通道选择：一般直跳信号包含了订阅和发布信息从同一个光纤传输，根据试验接线选择光口 3，如图 3-25 和图 3-26 所示。

（2）类型选择：点击“类型”出现“订阅”和“发布”选项。

（3）开入映射：订阅 GOOSE 对应“开入”映射，选择订阅进行开入设置，需对接收保护装置发来的跳闸命令和重合闸命令进行开入设置，设置如图 3-27 和图 3-28 所示。

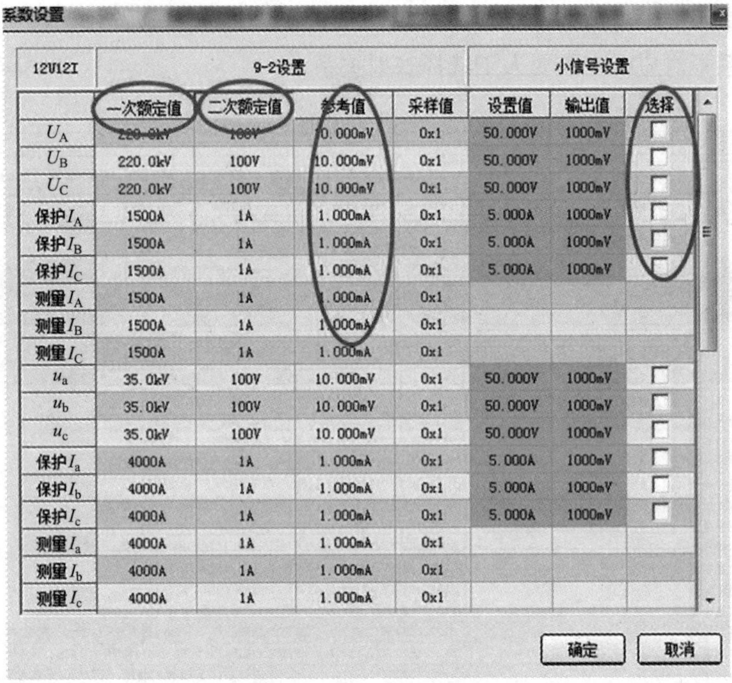


图 3-22　SMV 系数设置

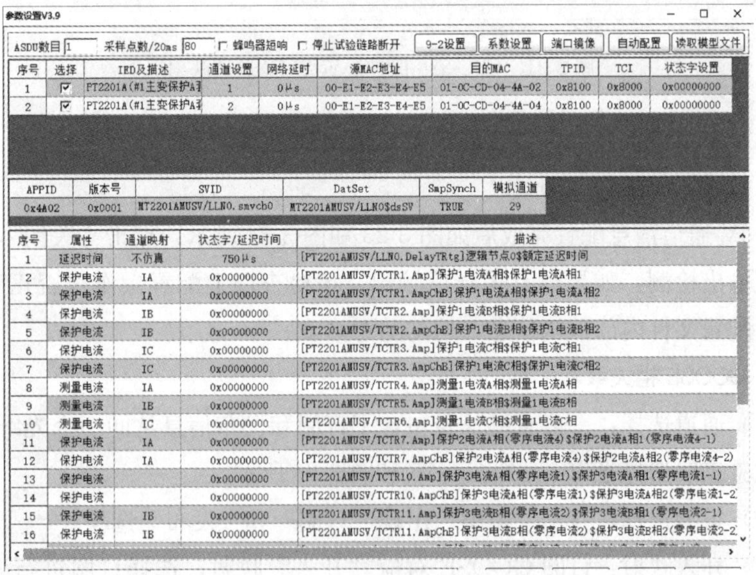


图 3-23　PCS-978 保护装置 SMV 最终配置界面

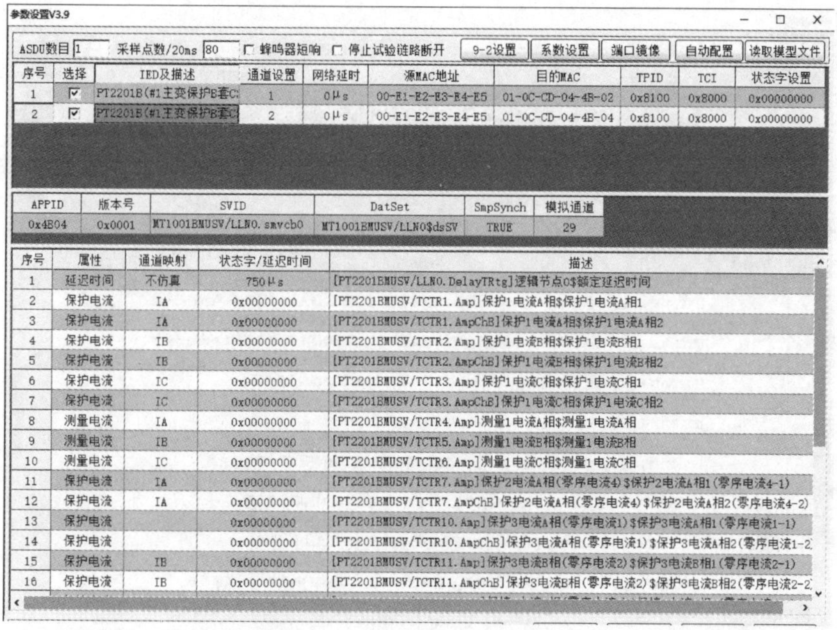


图 3-24 CSC-326 保护装置 SMV 最终配置界面

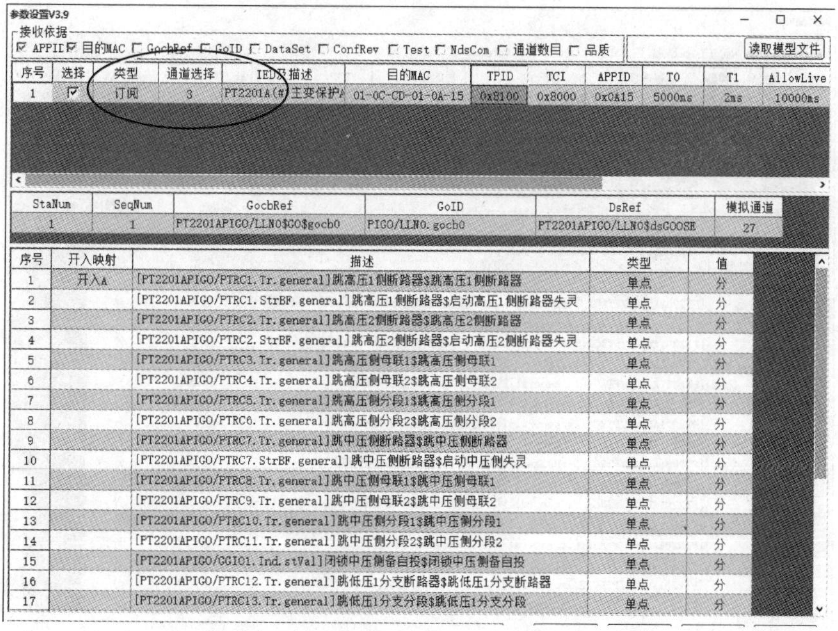


图 3-25 PCS-978 保护装置通道选择

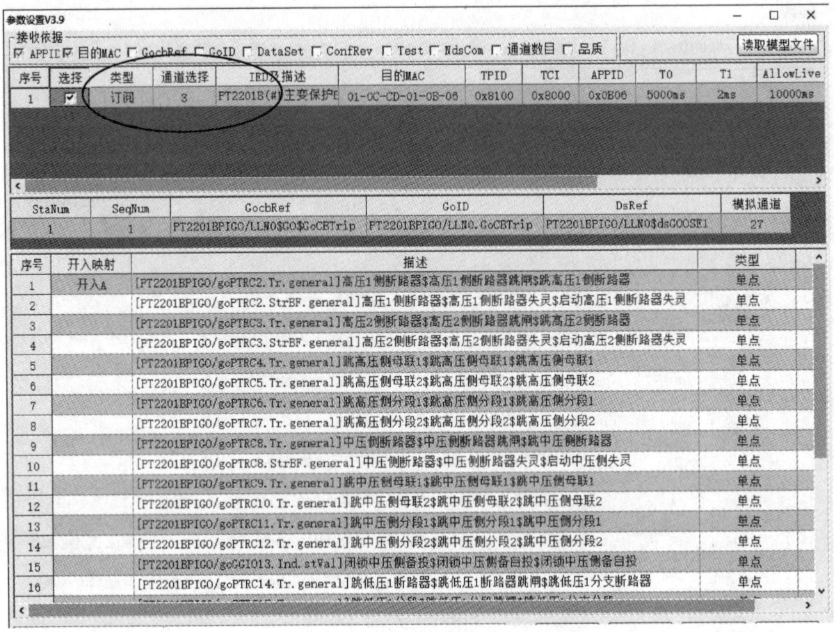


图 3-26　CSC-326 保护装置通道选择

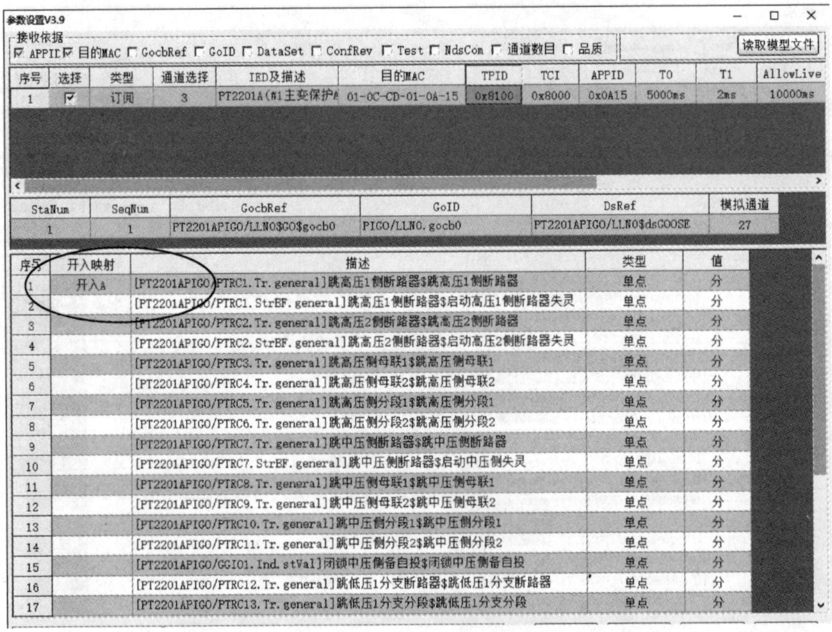


图 3-27　PCS-978 GOOSE 开入映射选择

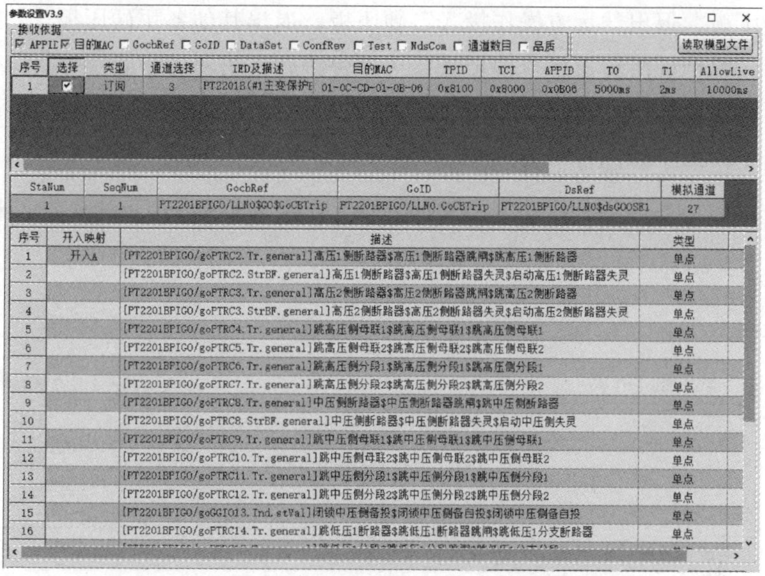


图 3-28　CSC-326GOOSE 开入映射选择

## 3.2　纵联电流差动保护校验

### 3.2.1　试验内容

1. 测试内容

纵联电流差动保护功能校验。纵联电流差动保护功能校验主要包括差动保护速断保护定值校验、纵联差动保护定值校验以及闭锁功能校验三个部分。

2. 技术要求

(1) 差动保护速断保护电流定值动作的准确度误差不大于 5%。

(2) 纵联电流差动保护电流定值动作的准确度误差不大于 5%。

(3) 二次谐波能闭锁纵联电流差动保护。

(4) 当 TA 断线闭锁差动保护控制字置 1 时，差动保护电流大于 1.2 倍 $I_e$ 时，差动保护能正确动作。

### 3.2.2　试验方法

1. 试验设置

(1) 保护硬压板设置。保护硬压板设置指投入保护装置上“检修状态投入”硬压板，退出“远方操作投入”硬压板，退出其他备用硬压板。

（2）保护软压板设置。保护软压板设置的软压板投入步骤为：

菜单选择→定值设置→软压板，按“↑↓←→”键选择压板，设置好之后再输入口令进行确认保存。

软压板包含功能软压板、GOOSE 发送软压板、SV 接收软压板，相关软压板设置见表 3-1。

**表 3-1　　差动保护软压板设置**

| 软压板 | 名称 | 设定值 |
|---|---|---|
| 功能软压板 | 主保护 | 1 |
| | 高压侧后备保护 | 0 |
| | 高压侧电压 | 0 |
| | 中压侧后备保护 | 0 |
| | 中压侧电压 | 0 |
| | 低压 1 分支后备保护 | 0 |
| | 低压 1 分支电压 | 0 |
| GOOSE 发送软压板 | 跳高 1 侧断路器 | 1 |
| SV 接收软压板 | 高压侧 SV | 1 |
| | 本体 SV | 1 |
| | 中压侧 SV | 1 |
| | 低压一分支 SV | 1 |

（3）设备参数计算。设备参数计算中设备参数查阅步骤：

菜单选择→定值设置→查看定值→设备参数，本节所述的设备参数计算按表 3-2 所列参数进行。

**表 3-2　　设备参数设置**

| 定值参数名称 | 参数值 | 控制字名称 | 参数值 |
|---|---|---|---|
| 定值区号 | 1 | 中压侧 TV 一次值 | 110.0kV |
| 被保护设备 | | 低压侧 TV 一次值 | 35.0kV |
| 主变压器高压侧、中压侧额定容量 | 180.0MVA | 高压侧 TA 一次值 | 1500A |
| 主变压器低压侧额定容量 | 90.0MVA | 高压侧 TA 二次值 | 1.0A |
| 中压侧接线方式钟点数 | 12 | 中压侧 TA 一次值 | 2000A |
| 低压侧接线方式钟点数 | 11 | 中压侧 TA 二次值 | 1.0A |
| 高压侧额定电压 | 220.0kV | 低压 1 分支 TA 一次值 | 4000A |
| 中压侧额定电压 | 110.0kV | 低压 1 分支 TA 二次值 | 1.0A |

续表

| 定值参数名称 | 参数值 | 控制字名称 | 参数值 |
|---|---|---|---|
| 低压侧额定电压 | 35.0kV | 低压电抗器 TA 一次值 | 600A |
| 高压侧 TV 一次值 | 220.0kV | 低压电抗器 TA 二次值 | 1.0A |

根据上述参数可得高压侧、中压侧和低压侧额定电流值为：

$$I_{2n.h}=\frac{S_n}{\sqrt{3}U_{1n.h}n_h}=\frac{180\times10^6}{\sqrt{3}\times220\times10^3\times1500}=0.315(A)$$

$$I_{2n.m}=\frac{S_n}{\sqrt{3}U_{1n.m}n_m}=\frac{180\times10^6}{\sqrt{3}\times110\times10^3\times2000}=0.472(A)$$

$$I_{2n.l}=\frac{S_n}{\sqrt{3}U_{1n.l}n_l}=\frac{180\times10^6}{\sqrt{3}\times35\times10^3\times4000}=0.742(A)$$

式中 $I_{2n.h}$、$I_{2n.m}$和$I_{2n.l}$——分别代表高、中和低压侧二次额定电流；

$U_{1n.h}$、$U_{1n.m}$和$U_{1n.l}$——分别代表高、中和低压一次额定电压；

$n_h$、$n_m$和$n_l$——分别代表变压器高、中和低压侧 TA 变比；

$S_n$——变压器的潮流侧额定容量，降压变中取变压器高压侧额定容量。

2. 差动保护速断保护功能校验

（1）本试验模拟三相电流在$1.05I_{cdsd}$时，差动保护速断保护可靠动作；三相电流在$0.95I_{cdsd}$时，差动保护速断保护可靠不动作。

南瑞 PCS-978 装置和四方 CSC-326 装置的差动保护速断保护功能校验，若采用模拟三相故障校验方法完全相同，本节采用四方 CSC-326 装置为例进行试验，试验步骤如下：

1）定值调阅：菜单选择→定值设置→保护定值→差动保护→确认；本节采用 $I_{cdsd}=5$。

2）控制字设置：菜单选择→定值设置→保护控制字→差动保护→更改控制字→输入密码→确认。其控制字设置表见图 3-3。

表 3-3 控制字设置表

| 控制字名称 | 参数值 | 控制字名称 | 参数值 |
|---|---|---|---|
| 纵联差动保护速断 | 1 | 二次谐波制动 | 0 |
| 纵联差动保护 | 0 | TA 断线闭锁差动保护 | 0 |

3）启动状态序列模块。启动状态序列模块是指鼠标点击桌面“继保之星”快捷方式→点击“状态序列”图标，进入状态序列模块，如图 3-29 所示。

4）按继保测试仪工具栏“＋”或“－”按键，确保状态数量为 2。

5）故障模拟参数设置：差动保护不判定电压，可以无须设置。加入电流相位按正序设置，电流幅值计算须按照故障模拟侧的额定电流进行计算，若采用高压侧进行校验，电流幅值为：

$$1.05\text{倍}: I = m \times I_{cdsd} \times I_{2n.h} = 1.05 \times 5 \times 0.315 = 1.654(\text{A})$$

$$0.95\text{倍}: I = m \times I_{cdsd} \times I_{2n.h} = 0.95 \times 5 \times 0.315 = 1.496(\text{A})$$

式中　$I_{2n.h}$——高压侧二次额定电流；

$I_{cdsd}$——差动速断定值，在定值单中可以查阅，本节按 $I_{cdsd}=5$ 进行计算；

$m$——系数，取 1.05 或 0.95。

分别按照 1.05 倍和 0.95 倍的故障态输入测试仪进行两组实验，其电流设置见表 3-4。

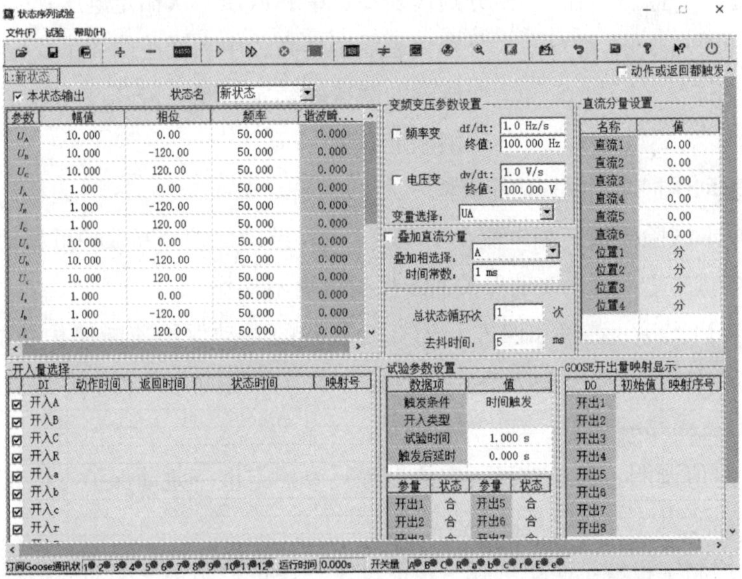


图 3-29　状态序列模块试验界面

**表 3-4　　　　差动保护速断保护功能校验参数设置**

| 项目 | 故障前态 | 故障态（1.05 倍定值） | 故障态（0.95 倍定值） |
|---|---|---|---|
| $I_A$（A） | 0 | 1.654∠0° | 1.496∠0° |
| $I_B$（A） | 0 | 1.654∠－120° | 1.496∠－120° |
| $I_C$（A） | 0 | 1.654∠120° | 1.496∠120° |
| 触发条件 | 按键触发 | 时间触发 | 时间触发 |
| 开入类型 | | | |
| 试验时间 | | 0.1s | 0.1s |

6）在工具栏中点击“▶”或按键盘中“run”键开始进行试验。观察保护装置面板信息，待“TV断线”告警灯熄灭后，点击工具栏中“▶▶”按钮或在键盘上按“Tab”键切换故障状态。

7）打印动作报文步骤为：菜单选择→打印→报告→动作报文→选择相应报文→确认，其1.05倍定值校验和0.95倍定值校验动作报文分别如图3-30和图3-31所示。

**CSC-326T2-DA-G保护装置（V1.00　2013.04 059C）动作报文**

故障绝对时间：2020-07-18 15：57：30.289　　打印时间：2020-07-18 15：59：02

| 时间 | 动作元件 | 动作参数 |
|---|---|---|
| 2020-07-18 15：57：30.289 | 保护启动 | |
| 22ms | 纵差保护 | A相　差动保护电流：$I_{\rm dIff}$＝1.649A　制动电流 $I_{\rm res}$＝0.825A |
| 22ms | 纵差保护 | B相　差动保护电流：$I_{\rm dIff}$＝1.649A　制动电流 $I_{\rm res}$＝0.825A |
| 22ms | 纵差保护 | C相　差动保护电流：$I_{\rm dIff}$＝1.649A　制动电流 $I_{\rm res}$＝0.825A |

图3-30　CSC-326保护装置1.05倍速断定值报告

**CSC-326T2-DA-G保护装置（V1.00　2013.04 059C）动作报文**

故障绝对时间：2020-07-18 15：47：23.152　　打印时间：2020-07-18 16：02：15

| 时间 | 动作元件 | 动作参数 |
|---|---|---|
| 2020-07-18 15：47：23.152 | 保护启动 | |

图3-31　CSC-326保护装置0.95倍速断定值报告

（2）本试验模拟三相电流在1.5$I_{\rm cdsd}$时，测量差动保护速断保护动作时间。

1）电流幅值计算：

$$1.5\text{倍}: I = m \times I_{\rm cdsd} \times I_{\rm 2n.h} = 1.5 \times 5 \times 0.315 = 2.363(\text{A})$$

2）将表3-4的参数设置更改见表3-5，重复上节差动保护速断保护功能校验过程，打印动作报文如图3-32所示。

**表3-5　　差动保护速断保护时间测试参数设置**

| 项目 | 故障前态 | 故障态（1.5倍定值） |
|---|---|---|
| $I_A$（A） | 0 | 2.363∠0° |
| $I_B$（A） | 0 | 2.363∠－120° |
| $I_C$（A） | 0 | 2.363∠120° |
| 触发条件 | 按键触发 | 时间触发 |
| 开入类型 | | |
| 试验时间 | | 0.1s |

3）记录装置开入A后的动作时间，时间小于20ms为时间校验合格。

**CSC-326T2-DA-G 保护装置（V1.00　2013.04 059C）动作报文**

故障绝对时间：2020-07-18 16：04：25.364　　打印时间：2020-07-18 16：10：02

| 时间 | 动作元件 | 动作参数 |
|---|---|---|
| 2020-07-18 16：04：25.364 | 保护启动 | |
| 16ms | 纵差保护 | A 相　差动保护电流：$I_{diff}$= 2.370A ；制动电流 $I_{res}$=1.187A |
| 16ms | 纵差保护 | B 相　差动保护电流：$I_{diff}$= 2.370A ；制动电流 $I_{res}$=1.187A |
| 16ms | 纵差保护 | C 相　差动保护电流：$I_{diff}$= 2.370A；制动电流 $I_{res}$=1.187A |

图 3-32　CSC-326 保护装置差动保护速断时间校验报告

### 3. 纵联差动保护功能校验

（1）在纵差比率制动曲线每段折线横坐标（制动电流）上选取三点，根据制动点计算对应差动保护值（本节在计算过程中第二折线的斜率 $K$ 取 0.5）。

1）根据南瑞 PCS-978 装置比率制动特征曲线，每段折线取三个制动点，计算可得对应所取制动电流的差动保护值见表 3-6。

**表 3-6　　PCS-978 纵差比率制动曲线取点表**

| 项目 | 第一折线 | | | 第二折线 | | | 第三折线 | | |
|---|---|---|---|---|---|---|---|---|---|
| 制动点 | 0.35 | 0.4 | 0.45 | 1 | 3 | 5 | 7 | 7.5 | 8 |
| 差动保护点 | 0.57 | 0.58 | 0.59 | 0.85 | 1.85 | 2.85 | 4.1 | 4.475 | 4.85 |

2）根据四方 CSC-326 装置比率制动特征曲线计算可得对应所取制动电流的差动保护值见表 3-7。

**表 3-7　　CSC-326 纵差比率制动曲线取点表**

| 项目 | 第一折线 | | | 第二折线 | | | 第三折线 | | |
|---|---|---|---|---|---|---|---|---|---|
| 制动点 | 0.35 | 0.45 | 0.55 | 1 | 3 | 4 | 6.5 | 7 | 7.5 |
| 差动保护点 | 0.57 | 0.59 | 0.61 | 0.82 | 1.82 | 2.32 | 3.87 | 4.22 | 4.57 |

（2）本试验各取值点模拟三相电流在 1.05 倍差动保护值时，纵联差动保护可靠动作；三相电流在 0.95 倍差动保护值时，纵联差动保护可靠不动作。本节选取 CSC-326 装置第二折线 $I_r = I_e$ 为例进行说明。

1）将保护装置控制字更改为如表 3-8 所示。

**表 3-8　　控 制 字 设 置**

| 控制字名称 | 参数值 | 控制字名称 | 参数值 |
|---|---|---|---|
| 纵联差动保护速断 | 0 | 二次谐波制动 | 0 |
| 纵联差动保护 | 1 | TA 断线闭锁差动保护 | 0 |

2）启动状态序列模块。启动状态序列模块的步骤为鼠标点击桌面“继保之星”快捷方式→点击“状态序列”图标，进入状态序列模块。

3）按继保测试仪工具栏“+”或“—”按键，确保状态数量为2。

4）故障模拟参数设置：差动保护不判定电压，可以无须设置。加入高压侧电流相位A相相角为0°按正序设置，低压侧电流相位A相相角为−150°按正序设置。电流幅值计算须按照故障模拟侧的额定电流进行计算，若采用高压侧、低压侧进行校验，电流幅值为：

1.05倍：

$$I_h=\frac{2I_r+1.05I_d}{2}=\frac{1\times2+0.82\times1.05}{2}\times0.315=0.451(A)$$

$$I_l=\frac{2I_r-1.05I_d}{2}=\frac{1\times2-0.82\times1.05}{2}\times0.742=0.423(A)$$

0.95倍：

$$I_h=\frac{2I_r+0.95I_d}{2}=\frac{1\times2+0.82\times0.95}{2}\times0.315=0.438(A)$$

$$I_l=\frac{2I_r-0.95I_d}{2}=\frac{1\times2-0.82\times0.95}{2}\times0.742=0.453(A)$$

式中 $I_h$、$I_l$——分别代表变压器高、低压侧输入电流幅值；

$I_r$——制动电流；

$I_d$——差动电流。

5）分别按照1.05倍和0.95倍的故障态输入测试仪进行两组实验，其电流设置见表3-9。

**表3-9 纵联保护功能校验参数设置**

| 项目 | 故障前态 | 故障态（1.05倍定值） | 故障态（0.95倍定值） |
|---|---|---|---|
| $I_A$（A） | 0 | 0.451∠0° | 0.438∠0° |
| $I_B$（A） | 0 | 0.451∠−120° | 0.438∠−120° |
| $I_C$（A） | 0 | 0.451∠120° | 0.438∠120° |
| $I_a$（A） | 0 | 0.423∠−150° | 0.453∠−150° |
| $I_b$（A） | 0 | 0.423∠90° | 0.453∠90° |
| $I_c$（A） | 0 | 0.423∠−30° | 0.453∠−30° |
| 触发条件 | 按键触发 | 时间触发 | 时间触发 |
| 开入类型 | | | |
| 试验时间 | | 0.1s | 0.1s |

6）在工具栏中点击“▶”或按键盘中“run”键开始进行试验。观察保护装置面板信息，待“TV断线”告警灯熄灭后，点击工具栏中“▶▶”按钮或

在键盘上按“Tab”键切换故障状态。

7）打印动作报文步骤为：菜单选择→打印→报告→动作报文→确认，其1.05倍定值校验和0.95倍定值校验动作报文分别如图3-33和图3-34所示。

**CSC-326T2-DA-G保护装置（V1.00　2013.04 059C）动作报文**

故障绝对时间：2020-07-18 16：23：14.262　　打印时间：2020-07-18 16：30：26

| 时间 | 动作元件 | 动作参数 |
| --- | --- | --- |
| 2020-07-18 16：23：14.262 | 保护启动 | |
| 27ms | 纵差保护 | A相　差动保护电流：$I_{diff}$= 0.252A；制动电流 $I_{res}$=0.312A |
| 27ms | 纵差保护 | B相　差动保护电流：$I_{diff}$= 0.252A；制动电流 $I_{res}$=0.312A |
| 27ms | 纵差保护 | C相　差动保护电流：$I_{diff}$= 0.252A；制动电流 $I_{res}$=0.312A |

图3-33　$I_r$=1，CSC-326保护装置1.05倍纵联差动保护动作报文

**CSC-326T2-DA-G保护装置（V1.00　2013.04 059C）动作报文**

故障绝对时间：2020-07-18 16：27：13.237　　打印时间：

| 时间 | 动作元件 | 动作参数 |
| --- | --- | --- |
| 2020-07-18 16：27：13.237 | 保护启动 | |

图3-34　$I_r$=1，CSC-326保护装置0.95倍纵联差动保护动作报文

8）按照表3-7的参数重复九次试验，若每个制动点对应的1.05倍差动保护值均动作，0.95倍差动保护值均不动作，说明纵联差动保护功能正常。

（3）高压侧三相电流从0增加至保护差动保护动作，根据动作值计算对应差动保护电流和制动电流，计算启动值及误差。

说明：四方CSC-326保护装置和南瑞PCS-978装置检验过程完全相同；本节采用四方CSC-326保护装置进行校验。

1）更改保护控制字见表3-8。

2）调阅定值：差动保护启动定值（本节取差动保护启动定值为0.5$I_e$）。

3）启动交流试验模块。

鼠标点击桌面“继保之星”快捷方式→点击“交流试验”图标，进入交流试验模块，如图3-35所示。

4）故障模拟参数设置：差动保护不判定电压，可以无须设置。其加入高压侧电流相位A相相角为0°按正序设置，初始值输入如图3-36所示。

5）在工具栏中点击“▶”或按键盘中“run”键开始进行试验。记录试验停止时高压侧的幅值（测量值为0.176A）。

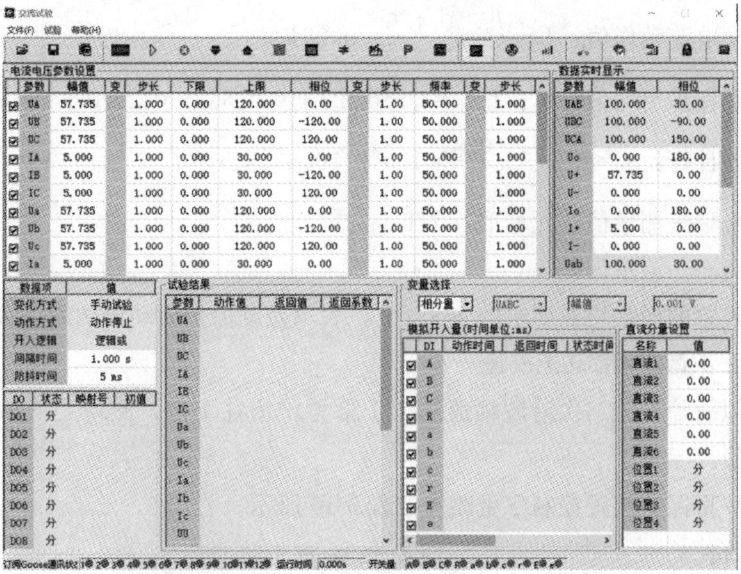


图 3-35 交流试验模块界面

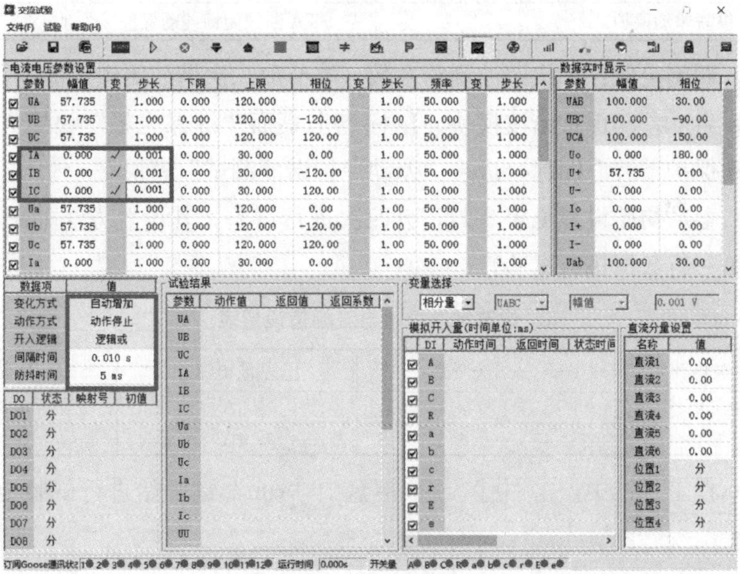


图 3-36 启动值校验初始参数设置

差动保护启动值校验为：

差动保护电流动作值：$I_d=\dfrac{I_m}{I_{2n.h}}=\dfrac{0.176}{0.315}=0.559I_e$

制动电流动作值：$I_r=\frac{I_d}{2}=\frac{0.176}{0.315}=0.28I_e$

差动保护启动值计算：$I_{cdqd}=I_d-0.2\times I_r=0.559-0.2\times0.28=0.503I_e$

误差计算：$\delta_1=\frac{0.503-0.5}{0.5}\times100\%=0.6\%<5\%$

式中 $I_m$——测量值，此处取0.176A；

$\delta_1$——测量误差。

两装置的误差均在要求的5%以下，表示差动保护启动值功能正常。

4. 二次谐波闭锁功能校验

模拟故障，使二次谐波幅值从1.1倍整定值往下降，测量二次谐波闭锁的临界值。

(1) 将保护装置控制字更改为如表3-10所示。

表3-10 控制字设置

| 控制字名称 | 参数值 | 控制字名称 | 参数值 |
|---|---|---|---|
| 纵联差动保护速断 | 0 | 二次谐波制动 | 1 |
| 纵联差动保护 | 1 | TA断线闭锁差动保护 | 0 |

(2) 调阅定值：二次谐波制动系数（本节取二次谐波闭锁定值为0.18）。

(3) 启动差动保护谐波模块。鼠标点击桌面“继保之星”快捷方式→点击“差动保护谐波”图标，进入“差动保护谐波测试”模块。

(4) 参数初始设置见表3-11，分四次进行试验，其设置方法如图3-37所示（取第一行数据进行试验）。

表3-11 谐波制动校验电流幅值设置表

| 基波电流 | 二次谐波 | 基波电流 | 二次谐波 |
|---|---|---|---|
| 1A | 0.2 | 3A | 0.6 |
| 2A | 0.4 | 4A | 0.8 |

(5) 在工具栏中点击“▶”或按键盘中“run”键开始进行试验至试验自动结束。

(6) 打印动作报文步骤为：菜单选择→打印→报告→动作报文→确认，其1.05倍定值校验和0.95倍定值校验动作报文分别如图3-38所示。

(7) 记录差动保护动作时测试仪中二次谐波电流的幅值，并计算误差（基波幅值为1A时二次谐波解除闭锁幅值为0.179）。

$$\delta_1=\frac{0.18-0.179}{0.18}\times100\%=0.55\%<5\%$$

(8) 按照如表 3-11 所示的参数设置重复四次试验，记录相应的二次谐波电流幅值，并计算误差，四次的平均误差小于 5%，说明二次谐波制动功能正常。

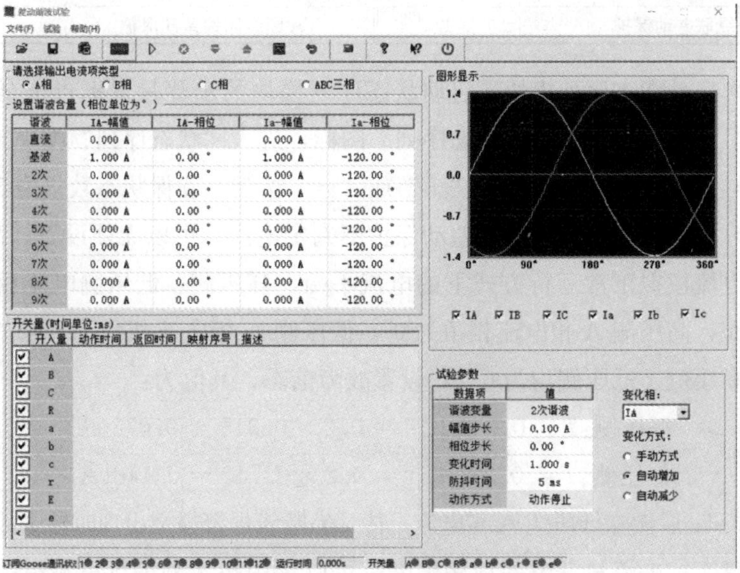


图 3-37　差动保护谐波参数设置图

**CSC-326T2-DA-G 保护装置（V1.00　2013.04 059C）动作报文**

故障绝对时间：2020-07-18 16：52：19.237　　打印时间：2020-07-18 16：55：31

| 时间 | 动作元件 | 动作参数 |
|---|---|---|
| 2020-07-18 16：52：19.237 | 保护启动 | |
| 897ms | 纵差保护 | A 相　差动保护电流：$I_{diff}$= 0.501A；制动电流 $I_{res}$=0.994A |
| 897ms | 纵差保护 | B 相　差动保护电流：$I_{diff}$= 0.501A；制动电流 $I_{res}$=0.994A |
| 897ms | 纵差保护 | C 相　差动保护电流：$I_{diff}$= 0.501A；制动电流 $I_{res}$=0.994A |

图 3-38　CSC-326 保护装置二次谐波功能校验报告

### 5. TA 断线闭锁功能校验

TA 断线闭锁差动保护控制字置“1”，差动保护电流小于 1.2$I_e$，差动保护可靠不动作；TA 断线闭锁差动保护控制字置“1”，差动保护电流大于 1.2$I_e$，差动保护可靠动作。

说明：对南瑞 PCS-978 装置 TA 断线闭锁差动保护置“1”闭锁差动保护低值，不闭锁高值。本节采用 CSC-326 装置进行 TA 断线闭锁功能逻辑校验。

(1) 将保护装置控制字更改为如表 3-12 所示。

表 3-12　　控 制 字 设 置

| 控制字名称 | 参数值 | 控制字名称 | 参数值 |
|---|---|---|---|
| 纵联差动保护速断 | 0 | 二次谐波制动 | 0 |
| 纵联差动保护 | 1 | TA 断线闭锁差动保护 | 1 |

（2）启动状态序列模块。启动状态序列模块的步骤是鼠标点击桌面“继保之星”快捷方式→点击“状态序列”图标，进入“状态序列”模块。

（3）按继保测试仪工具栏“+”或“−”按键，确保状态数量为 3。

（4）故障模拟参数设置：差动保护不判定电压，可以无须设置。高压侧、低压侧电流模拟正常运行方式下的电流平衡，高压侧、低压侧电流相角满足正序分布，高压侧 A 相电流相角为 0°，低压侧 A 相电流相角为−150°，电流幅值按高压侧、低压侧均为 $0.2I_e$ 设置故障前态，其值为：

$$\text{高压侧}: I = 0.2 \times I_{2n.h} = 0.2 \times 0.315 = 0.073(\text{A})$$

$$\text{低压侧}: I = 0.2 \times I_{2n.l} = 0.2 \times 0.742 = 0.148(\text{A})$$

运行 5s 后撤除低压侧 A 相电流，待 TA 断线告警报文出现时输入故障态。

故障态的电流只考虑差动保护电流可以仅用高压侧进行三相模拟，其电流幅值为

$$1.05\text{ 倍}: I = 1.2m \times I_{2n.h} = 1.2 \times 1.05 \times 0.315 = 0.4(\text{A})$$

$$1.05\text{ 倍}: I = 1.2m \times I_{2n.h} = 1.2 \times 0.95 \times 0.315 = 0.359(\text{A})$$

分别按照 1.05 倍和 0.95 倍的故障态输入测试仪进行两组实验，其电流幅值设置见表 3-13。

表 3-13　　TA 断线闭锁差动保护功能校验参数设置

| 项目 | 故障前态 | 断线态 | 故障态（1.05 倍） | 故障态（0.95 倍） |
|---|---|---|---|---|
| $I_A$（A） | 0.073∠0° | 0.073∠0° | 0.4∠0° | 0.359∠0° |
| $I_B$（A） | 0.073∠−120° | 0.073∠−120° | 0.4∠−120° | 0.359∠−120° |
| $I_C$（A） | 0.073∠120° | 0.073∠120° | 0.4∠120° | 0.359∠120° |
| $I_a$（A） | 0.148∠−150° | 0 | | |
| $I_b$（A） | 0.148∠90° | 0.148∠90° | | |
| $I_c$（A） | 0.148∠−30° | 0.148∠−30° | | |
| 触发条件 | 时间触发 | 按键触发 | 时间触发 | 时间触发 |
| 开入类型 | | | | |
| 试验时间 | 5s | | 0.1s | 0.1s |

（5）在工具栏中点击“▶”或按键盘中“run”键开始进行试验。观察保护装置面板信息，待“TA断线”报文出现后，点击工具栏中“▶▶”按钮或在键盘上按“Tab”键切换故障状态。

（6）打印动作报文步骤为：

菜单选择→打印→报告→动作报文→选择相应报文→确认，其1.05倍定值校验和0.95倍定值的校验动作报文分别如图3-39和图3-40所示。

**CSC-326T2-DA-G保护装置（V1.00　2013.04 059C）动作报文**

故障绝对时间：2020-07-19 15：30：39.277　　打印时间：2020-07-19 15：37：02

| 时间 | 动作元件 | 动作参数 |
|---|---|---|
| 2020-07-19 15：30：39.277 | 保护启动 | |
| 22ms | 纵差保护 | A相　差动保护电流：$I_{dfff}$＝0.395A；制动电流 $I_{res}$＝0.197A |
| 22ms | 纵差保护 | B相　差动保护电流：$I_{dfff}$＝0.395A；制动电流 $I_{res}$＝0.197A |
| 22ms | 纵差保护 | C相　差动保护电流：$I_{dfff}$＝0.395A；制动电流 $I_{res}$＝0.197A |

图3-39　CSC-326保护装置TA断线闭锁报文1

**CSC-326T2-DA-G保护装置（V1.00　2013.04 059C）动作报文**

故障绝对时间：2020-07-19 15：33：21.389　　打印时间：2020-07-19 15：39：15

| 时间 | 动作元件 | 动作参数 |
|---|---|---|
| 2020-07-19 15：33：21.389 | 保护启动 | |

图3-40　CSC-326保护装置TA断线闭锁报文2

## 6. 差动保护时间校验

该校验过程为：使用2倍整定值测量纵联差动保护动作时间。

（1）高压侧、低压侧幅值计算：

$$I_{\mathrm{h}} = \frac{2I_{\mathrm{r}} + 2I_{\mathrm{d}}}{2} = \frac{1 \times 2 + 0.82 \times 2}{2} \times 0.315 = 0.573(\mathrm{A})$$

$$I_{\mathrm{l}} = \frac{2I_{\mathrm{r}} - 1.05I_{\mathrm{d}}}{2} = \frac{1 \times 2 - 0.82 \times 2}{2} \times 0.742 = 0.134(\mathrm{A})$$

（2）重复本节“纵联差动保护功能校验”的调试过程，将其中表3-9“纵联保护功能校验参数设置”更改为见表3-14的参数设置。其动作报文如图3-41所示。

**表3-14　　纵联保护时间校验参数设置**

| 参数 | 故障前态 | 故障态（2倍定值） |
|---|---|---|
| $I_A$（A） | 0 | 0.573∠0° |

续表

| 参数 | 故障前态 | 故障态（2倍定值） |
|---|---|---|
| $I_B$（A） | 0 | 0.573∠−120° |
| $I_C$（A） | 0 | 0.573∠120° |
| $I_a$（A） | 0 | 0.134∠−150° |
| $I_b$（A） | 0 | 0.134∠90° |
| $I_c$（A） | 0 | 0.134∠−30° |
| 触发条件 | 按键触发 | 时间触发 |
| 开入类型 | | |
| 试验时间 | | 0.1s |

**CSC-326T2-DA-G 保护装置（V1.00　2013.04 059C）动作报文**

故障绝对时间：2020-07-19 15：30：39.277　　打印时间：2020-07-19 15：37：02

| 时间 | 动作元件 | 动作参数 |
|---|---|---|
| 2020-07-19 15：30：39.277 | 保护启动 | |
| 20ms | 纵差保护 | A相　差动保护电流：$I_{dlff}$= 0.521A；制动电流 $I_{res}$=0.315A |
| 20ms | 纵差保护 | B相　差动保护电流：$I_{dlff}$= 0.521A；制动电流 $I_{res}$=0.315A |
| 20ms | 纵差保护 | C相　差动保护电流：$I_{dlff}$= 0.521A；制动电流 $I_{res}$=0.315A |

图 3-41　CSC-326 保护装置纵联保护时间测试报告

（3）读取开入 A 后保护动作时间，若该时间小于 30ms，说明时间测试校验正确。

### 3.2.3　试验记录

将上述试验结果记录至表 3-15 中，并根据表中空白项，选取故障相别和故障类型，重复 3.2.3 节过程，并将试验结果补充至表 3-15 中。

**表 3-15　　差动保护功能校验数据记录表**

| 故障类别 | 次数 | 制动值 | 差动保护值 | 故障量 | 动作情况记录 | |
|---|---|---|---|---|---|---|
| | | | | | 保护跳闸 | 保护启动 |
| 差动保护速断保护定值校验 | 1 | | | $1.05I_{cdsd}$ | √ | |
| | | | | $0.95I_{cdsd}$ | | √ |
| 联纵差动保护定值校验 | 1 | | | $1.05I_d$ | | |
| | | | | $0.95I_d$ | | |
| | 2 | | | $1.05I_d$ | | |
| | | | | $0.95I_d$ | | |
| | 3 | | | $1.05I_d$ | | |
| | | | | $0.95I_d$ | | |

续表

| 故障类别 | 次数 | 制动值 | 差动保护值 | 故障量 | 动作情况记录 | |
|---|---|---|---|---|---|---|
| | | | | | 保护跳闸 | 保护启动 |
| 联纵差动保护定值校验 | 4 | | | $1.05I_d$ | | |
| | | | | $0.95I_d$ | | |
| | 5 | | | $1.05I_d$ | | |
| | | | | $0.95I_d$ | | |
| | 6 | | | $1.05I_d$ | | |
| | | | | $0.95I_d$ | | |
| | 7 | | | $1.05I_d$ | | |
| | | | | $0.95I_d$ | | |
| | 8 | | | $1.05I_d$ | | |
| | | | | $0.95I_d$ | | |
| | 9 | | | $1.05I_d$ | | |
| | | | | $0.95I_d$ | | |

### 3.2.4 本节说明

若模拟单相故障校验差动保护定值，南瑞 PCS-978 装置和四方 CSC-326 装置的校验方法有较大的区别：

（1）南瑞 PCS-978 装置差动保护速断建议采用模拟高压侧故障进行校验；四方 CSC-326 装置差动保护速断建议模拟低压侧进行校验。

（2）调试时需要考虑相应装置的幅值和相角的补偿方式。

（3）使用南瑞 PCS-978 装置校验时，须考虑零序电流补偿方式。

## 3.3 复合电压闭锁过电流保护校验

### 3.3.1 试验内容

#### 1. 测试内容

检查复压过电流保护逻辑、复压过电流保护动作值、电压闭锁值。

#### 2. 技术要求

（1）电流定值误差不大于 5%。

（2）电压定值误差不大于 5%。

### 3.3.2 试验方法

1. 试验设置

(1) 保护硬压板设置。PCS-978 和 CSC-326 保护硬压板设置相同：投入保护装置上“检修状态投入”硬压板，退出“远方操作投入”硬压板，退出其他备用硬压板。

(2) 保护软压板设置。软压板投入步骤为：菜单选择→定值设置→软压板，按“↑↓←→”键选择压板→设置定值→输入口令→确认保存。

软压板包含功能软压板、GOOSE 发送软压板、SV 接收软压板，相关软压板设置见表 3-16。

表 3-16　复压闭锁过流保护软压板设置

| 软压板 | 名称 | 设定值 |
|---|---|---|
| 功能软压板 | 主保护 | 0 |
| | 高压侧后备保护 | 1 |
| | 高压侧电压 | 1 |
| | 中压侧后备保护 | 1 |
| | 中压侧电压 | 1 |
| | 低压 1 分支后备保护 | 1 |
| | 低压 1 分支电压 | 1 |
| GOOSE 发送软压板 | 跳高 1 侧断路器 | 1 |
| SV 接收软压板 | 高压侧 SV | 1 |
| | 本体 SV | 1 |
| | 中压侧 SV | 1 |
| | 低压一分支 SV | 1 |

定值调阅：菜单选择→定值设置→保护定值→高压侧后备保护→确认。

1) 根据校验项目调阅该项目相应的定值，本节选取高压侧复压过流保护Ⅰ段 1 时限为例进行功能校验，所取定值见表 3-17。

表 3-17　高压侧复压过流Ⅰ段 1 时限相关定值

| 定值名称 | 参数值 | 定值名称 | 参数值 |
|---|---|---|---|
| 低电压闭锁定值 | 70.000V | 复压闭锁过流Ⅰ段定值 | 2.000A |
| 负序电压闭锁定值 | 4.000V | 复压闭锁过流Ⅰ段 1 时限 | 0.400s |

2) 控制字设置：菜单选择→定值设置→保护控制字→高压侧后备保护→

更改控制字→输入密码→确认。其相关控制字设置见表 3-18。

表 3-18　　高压侧复压过流Ⅰ段 1 时限相关控制字

| 控制字名称 | 参数值 | 控制字名称 | 参数值 |
|---|---|---|---|
| 复压过流Ⅰ段带方向 | 0 | 复压过流Ⅰ段经复压闭锁 | 1 |
| 复压过流Ⅰ段指向母线 | 0 | 复压过流Ⅰ段 1 时限 | 1 |

若需要保证动作报文中无相关报文还需要将零序电流保护的所有控制字均置 0。

2. 过流元件调试

本试验模拟三相电流在 $1.05I_d$ 时，复压闭锁过流保护可靠动作；模拟三相电流在 $0.95I_d$ 时，复压闭锁过流保护可靠不动作。试验步骤如下：

（1）启动状态序列模块。

（2）按继保测试仪工具栏“+”或“−”按键，确保状态数量为 2。

（3）故障模拟参数设置：模拟三相故障校验复压闭锁过流保护，故障电压电流三相对称，其中 A 相电压相角取 0°，电流 A 相相角取−45°；为了满足低电压定值，取系数 $m=0.8$，其电压幅值取值为：

$$U_\varphi=\frac{m\times U_d}{\sqrt{3}}=\frac{0.8\times 70}{\sqrt{3}}=32.33(\mathrm{V})$$

式中　$U_\varphi$——故障态电压幅值；

$U_d$——低电压闭锁定值。

根据复压闭锁过流保护Ⅰ段定值可得，其故障电流幅值取值为：

$$1.05\text{ 倍}:I=m\times I_d=1.05\times 2=2.1(\mathrm{A})$$

$$0.95\text{ 倍}:I=m\times I_d=0.95\times 2=1.9(\mathrm{A})$$

（4）分别按照 1.05 倍和 0.95 倍的故障态输入测试仪进行两组实验，测试仪参数设置见表 3-19。

表 3-19　　复压闭锁过流功能校验参数设置

| 项目 | 故障前态 | 故障态（1.05 倍定值） | 故障态（0.95 倍定值） |
|---|---|---|---|
| $U_A$（V） | 57.735∠0° | 32.33∠0° | 32.33∠0° |
| $U_B$（V） | 57.735∠−120° | 32.33∠−120° | 32.33∠−120° |
| $U_C$（V） | 57.735∠120° | 32.33∠120° | 32.33∠120° |
| $I_A$（A） | 0 | 2.1∠−45° | 1.9∠−45° |
| $I_B$（A） | 0 | 2.1∠−165° | 1.9∠−165° |
| $I_C$（A） | 0 | 2.1∠75° | 1.9∠75° |

续表

| 项目 | 故障前态 | 故障态（1.05 倍定值） | 故障态（0.95 倍定值） |
|---|---|---|---|
| 触发条件 | 按键触发 | 开入量触发 | 开入量触发 |
| 开入类型 | | 触发或 | 触发或 |

（5）在工具栏中点击“▶”或按键盘中“run”键开始进行试验。观察保护装置面板信息，待“TV 断线”告警灯熄灭后，点击工具栏中“▶▶”按钮或在键盘上按“Tab”键切换故障状态。

（6）打印动作报文步骤为：菜单选择→打印→报告→动作报文→确认，其 1.05 倍定值校验的校验动作报文如图 3-42 所示（PCS-978 不动作无报文）。

**PCS-978T2-DA-G 变压器成套保护—整组动作报文**

被保护设备：1 号主变压器　　版本号：V3.00　　管理序号：00424484.001

打印时间：2020-07-18 19：25：54

<table>
<tr><th>序号</th><th>启动时间</th><th>相对时间</th><th>动作相别</th><th>动作元件</th></tr>
<tr><td rowspan="3">0334</td><td rowspan="3">2020 年 07 月 18 日<br>19h03min21s524</td><td>0000ms</td><td></td><td>保护启动</td></tr>
<tr><td rowspan="2">423</td><td></td><td>高复流Ⅰ段 1 时限</td></tr>
<tr><td></td><td>跳高压侧母联</td></tr>
<tr><td colspan="3">纵差最大电流<br>高压侧自产零序电压<br>中压侧自产零序电压<br>高压侧开口三角零序电压<br>中压侧开口三角零序电压<br>高压侧最大电流<br>中压侧最大电流<br>低压 1 分支最大电流<br>低压 2 分支最大电流</td><td colspan="2">4.079$I_e$<br>0.000V<br>0.017V<br>0.000V<br>0.036V<br>2.098 A<br>0.001A<br>0.001A<br>0.000A</td></tr>
</table>

图 3-42　PCS-978 保护装置高复压 1.05 倍过电流定值报告

### 3. 低电压闭锁元件调试

本试验模拟三相电压在 0.95$U_d$ 时，复压闭锁过流保护解除闭锁可靠动作；模拟三相电流在 1.05$U_d$ 时，复压闭锁过流保护闭锁可靠不动作。低电压闭锁元件调试的试验步骤如下：

（1）启动状态序列模块。

（2）按继保测试仪工具栏“＋”或“－”按键，确保状态数量为 2。

（3）故障模拟参数设置：模拟三相故障校验复压闭锁过流保护，故障电压电流三相对称，其中 A 相电压相角取 0°，电流 A 相相角取－45°；为了满足过电流定值，取系数 $m$=1.2，其电流幅值取值为：

$$I = m \times I_{d} = 1.2 \times 2 = 2.4(A)$$

$$U_{\varphi} = \frac{m \times U_{d}}{\sqrt{3}} = \frac{0.7 \times 70}{\sqrt{3}} = 28.29(V)$$

根据复压闭锁过流保护低电压定值可得，其故障电压幅值取值为：

$$1.05 倍: U_{\varphi} = \frac{m \times U_{d}}{\sqrt{3}} = \frac{1.05 \times 70}{\sqrt{3}} = 42.44(V)$$

$$0.95 倍: U_{\varphi} = \frac{m \times U_{d}}{\sqrt{3}} = \frac{0.95 \times 70}{\sqrt{3}} = 38.39(V)$$

（4）分别按照 1.05 倍和 0.95 倍的故障态输入测试仪进行两组实验，其电流设置见表 3-20。

**表 3-20　　低电压闭锁功能校验参数设置**

| 项目 | 故障前态 | 故障态（1.05 倍定值） | 故障态（0.95 倍定值） |
|---|---|---|---|
| $U_A$（V） | 57.735∠0° | 42.44∠0° | 38.39∠0° |
| $U_B$（V） | 57.735∠−120° | 42.44∠−120° | 38.39∠−120° |
| $U_C$（V） | 57.735∠120° | 42.44∠120° | 38.39∠120° |
| $I_A$（A） | 0 | 2.4∠−45° | 2.4∠−45° |
| $I_B$（A） | 0 | 2.4∠−165° | 2.4∠−165° |
| $I_C$（A） | 0 | 2.4∠75° | 2.4∠75° |
| 触发条件 | 按键触发 | 开入量触发 | 开入量触发 |
| 开入类型 | | 触发或 | 触发或 |

（5）在工具栏中点击“▶”或按键盘中“run”键开始进行试验。观察保护装置面板信息，待“TV 断线”告警灯熄灭后，点击工具栏中“▶▶”按钮或在键盘上按“Tab”键切换故障状态。

（6）打印动作报文步骤为：菜单选择→打印→报告→动作报文→确认，其 0.95 倍定值校验动作报文如图 3-43 所示。

#### 4. 负序电压闭锁元件调试

本试验模拟 A 相故障时，负序电压在 $0.95U_{2d}$时，复压闭锁过流保护可靠闭锁不动作；负序电压在 $1.05U_{2d}$时，复压闭锁过流保护解除闭锁可靠动作。负序电压闭锁元件调试的试验步骤如下：

（1）启动状态序列模块。

（2）按继保测试仪工具栏“＋”或“－”按键，确保状态数量为 2。

（3）故障模拟参数设置：模拟 A 相故障校验复压闭锁过流保护，故障

**PCS-978T2-DA-G 变压器成套保护—整组动作报文**

被保护设备：1号主变压器　　版本号：V3.00　　管理序号：00424484.001

打印时间：2020-07-18 19：24：21

| 序号 | 启动时间 | 相对时间 | 动作相别 | 动作元件 |
|---|---|---|---|---|
| 0336 | 2020-07-18 19：07：26：375 | 0000ms | | 保护启动 |
| | | 422 | | 高复流Ⅰ段1时限 |
| | | | | 跳高压侧母联 |
| 纵差最大电流 | | | $4.161I_e$ | |
| 高压侧自产零序电压 | | | 0.000V | |
| 中压侧自产零序电压 | | | 0.013V | |
| 高压侧开口三角零序电压 | | | 0.000V | |
| 中压侧开口三角零序电压 | | | 0.032V | |
| 高压侧最大电流 | | | 2.398 A | |
| 中压侧最大电流 | | | 0.001A | |
| 低压1分支最大电流 | | | 0.001A | |
| 低压2分支最大电流 | | | 0.000A | |

图 3-43　PCS-978 保护装置高复压 0.95 倍低电压闭锁定值报告

电压角度满足正序分布，其中A相电压相角取0°，电流A相相角取−45°；为了满足过电流定值，取系数$m$=1.2，其电流幅值取值为：

$$I = m \times I_{\mathrm{d}} = 1.2 \times 2 = 2.4(\mathrm{A})$$

根据复压闭锁过流保护负电压定值可得，其故障电压幅值取值为：

$$1.05\text{倍}:U_{\varphi} = U_{\mathrm{N}} - m \times 3U_{2\mathrm{d}} = 57.735 - 1.05 \times 3 \times 4 = 45.135(\mathrm{V})$$

$$0.95\text{倍}:U_{\varphi} = U_{\mathrm{N}} - m \times 3U_{2\mathrm{d}} = 57.735 - 0.95 \times 3 \times 4 = 46.335(\mathrm{V})。$$

（4）分别按照1.05倍和0.95倍的故障态输入测试仪进行两组实验，其电流设置见表3-21。

**表 3-21　　低电压闭锁功能校验参数设置**

| 项目 | 故障前态 | 故障态（1.05倍定值） | 故障态（0.95倍定值） |
|---|---|---|---|
| $U_A$（V） | 57.735∠0° | 45.135∠0° | 46.335∠0° |
| $U_B$（V） | 57.735∠−120 | 57.735∠−120 | 57.735∠−120 |
| $U_C$（V） | 57.735∠120° | 57.735∠120° | 57.735∠120° |
| $I_A$（A） | 0 | 2.4∠−45° | 2.4∠−45° |
| $I_B$（A） | 0 | 2.4∠−165° | 2.4∠−165° |
| $I_C$（A） | 0 | 2.4∠75° | 2.4∠75° |
| 触发条件 | 按键触发 | 开入量触发 | 开入量触发 |
| 开入类型 | | 触发或 | 触发或 |

（5）在工具栏中点击“▶”或按键盘中“run”键开始进行试验。观察保护装置面板信息，待“TV断线”告警灯熄灭后，点击工具栏中“▶▶”按钮

或在键盘上按“Tab”键切换故障状态。

（6）打印动作报文步骤为：菜单选择→打印→报告→动作报文→确认，其 1.05 倍定值校验动作报文如图 3-44 所示。

**PCS-978T2-DA-G 变压器成套保护—整组动作报文**

被保护设备：1 号主变压器　　版本号：V3.00　　管理序号：00424484.001

打印时间：2020-07-18 19：27：15

| 序号 | 启动时间 | 相对时间 | 动作相别 | 动作元件 |
|---|---|---|---|---|
| 0338 | 2020-07-18 19：10：32：773 | 0000ms | | 保护启动 |
| | | 424 | | 高复流Ⅰ段 1 时限 |
| | | | | 跳高压侧母联 |

| | |
|---|---|
| 纵差最大电流 | 4.161$I_e$ |
| 高压侧自产零序电压 | 12.536V |
| 中压侧自产零序电压 | 0.013V |
| 高压侧开口三角零序电压 | 0.000V |
| 中压侧开口三角零序电压 | 0.032V |
| 高压侧最大电流 | 2.398 A |
| 中压侧最大电流 | 0.001A |
| 低压 1 分支最大电流 | 0.001A |
| 低压 2 分支最大电流 | 0.000A |

图 3-44　PCS-978 保护装置高复压 1.05 倍负序电压闭锁定值报告

### 5. 复压闭锁过流保护时间测试

本试验模拟三相故障时，测试复压闭锁过流保护时间。试验步骤为：

（1）电流值计算：

$$I = m \times I_{\mathrm{d}} = 1.2 \times 2 = 2.4(\mathrm{A})$$

（2）重复本节“过流元件调试”步骤，并将测试参数表 3-19“复压闭锁过流功能校验参数设置”更改为表 3-22“复压闭锁过流时间校验参数设置”，其动作报文如图 3-45 所示。

**表 3-22　复压闭锁过流时间校验参数设置**

| 项目 | 故障前态 | 故障态（1.2 倍定值） |
|---|---|---|
| $U_A$（V） | 57.735∠0° | 32.33∠0° |
| $U_B$（V） | 57.735∠−120° | 32.33∠−120° |
| $U_C$（V） | 57.735∠120° | 32.33∠120° |
| $I_A$（A） | 0 | 2.4∠−45° |
| $I_B$（A） | 0 | 2.4∠−165° |
| $I_C$（A） | 0 | 2.4∠75° |
| 触发条件 | 按键触发 | 开入量触发 |
| 开入类型 | | 触发或 |

**PCS-978T2-DA-G 变压器成套保护—整组动作报文**

被保护设备：1 号主变压器　　版本号：V3.00　　管理序号：00424484.001
打印时间：2020-07-18 19：29：35

| 序号 | 启动时间 | 相对时间 | 动作相别 | 动作元件 |
|---|---|---|---|---|
| 0340 | 2020-07-18 19：13：20：552 | 0000ms | | 保护启动 |
| | | 420 | | 高复流Ⅰ段 1 时限 |
| | | | | 跳高压侧母联 |
| 纵差最大电流 | | | 4.163$I_e$ | |
| 高压侧自产零序电压 | | | 0.000V | |
| 中压侧自产零序电压 | | | 0.013V | |
| 高压侧开口三角零序电压 | | | 0.000V | |
| 中压侧开口三角零序电压 | | | 0.032V | |
| 高压侧最大电流 | | | 2.401 A | |
| 中压侧最大电流 | | | 0.001A | |
| 低压 1 分支最大电流 | | | 0.001A | |
| 低压 2 分支最大电流 | | | 0.000A | |

图 3-45　PCS-978 保护装置高复压时间测试报告

（3）读取开入 A 后保护动作时间，若该时间小于 440ms，说明时间检测正确。

### 3.3.3　试验记录

将上述试验结果记录至表 3-23 中，并根据表中空白项，选取故障相别和故障类型，重复 3.2.2 节过程，并将试验结果补充至表 3-23 中。

**表 3-23　　过流元件调试实验数据**

| 保护名称 | 校验内容 | 整定值 | 检验项目 | 检验结果 |
|---|---|---|---|---|
| 高压侧复压闭锁过流 | 低电压闭锁定值 | | 1.05 倍定值 | |
| | | | 0.95 倍定值 | |
| | 负序电压闭锁定值 | | 1.05 倍定值 | |
| | | | 0.95 倍定值 | |
| | Ⅰ段定值 | | 1.05 倍定值 | |
| | | | 0.95 倍定值 | |
| | Ⅱ段定值 | | 1.05 倍定值 | |
| | | | 0.95 倍定值 | |
| | Ⅲ段定值 | | 1.05 倍定值 | |
| | | | 0.95 倍定值 | |
| 中压侧复压闭锁过流 | 低电压闭锁定值 | | 1.05 倍定值 | |
| | | | 0.95 倍定值 | |

续表

| 保护名称 | 校验内容 | 整定值 | 检验项目 | 检验结果 |
| --- | --- | --- | --- | --- |
| 中压侧复压闭锁过流 | 负序电压闭锁定值 |  | 1.05 倍定值 |  |
|  |  |  | 0.95 倍定值 |  |
|  | Ⅰ段定值 |  | 1.05 倍定值 |  |
|  |  |  | 0.95 倍定值 |  |
|  | Ⅱ段定值 |  | 1.05 倍定值 |  |
|  |  |  | 0.95 倍定值 |  |
|  | Ⅲ段定值 |  | 1.05 倍定值 |  |
|  |  |  | 0.95 倍定值 |  |
| 低压侧复压闭锁过流 | 低电压闭锁定值 |  | 1.05 倍定值 |  |
|  |  |  | 0.95 倍定值 |  |
|  | 负序电压闭锁定值 |  | 1.05 倍定值 |  |
|  |  |  | 0.95 倍定值 |  |
|  | Ⅰ段定值 |  | 1.05 倍定值 |  |
|  |  |  | 0.95 倍定值 |  |
|  | Ⅱ段定值 |  | 1.05 倍定值 |  |
|  |  |  | 0.95 倍定值 |  |

### 3.3.4 本节说明

由于调试规程未要求检验方向元件，因此本节未描述方向元件的校验过程，当需要校验方向元件时，须投入该段控制字“复压过流 $n$ 段带方向”，此时须注意：

（1）南瑞 PCS-978 装置复压过流方向元件采用 0°接线方式；四方 CSC-326 装置采用 90°接线方式。

（2）电流的最灵敏角度受控制字“复压过流 $n$ 段指向母线”的影响，当其置“0”和置“1”时，最灵敏角反向。

（3）当采用相间故障校验方向元件的动作区时，须考虑各相动作区的重叠。

## 3.4 零序方向电流保护校验

### 3.4.1 试验内容

1. 测试内容

检查零序方向过流保护逻辑、过流元件动作值、零序方向元件动作区。

2. 技术要求

(1) 电流定值误差不大于5%。

(2) 方向边界误差不大于±3°。

### 3.4.2 试验方法

1. 试验设置

(1) 保护硬压板设置。PCS-978和CSC-326保护硬压板设置相同：投入保护装置上“检修状态投入”硬压板，退出“远方操作投入”硬压板，退出其他备用硬压板。

(2) 保护软压板设置。软压板投入步骤为：菜单选择→定值设置→软压板，按“↑↓←→”键选择压板→设置定值→输入口令→确认保存。

软压板包含功能软压板、GOOSE发送软压板、SV接收软压板，相关软压板设置见表3-24。

**表3-24 零序方向过流保护软压板设置**

| 软压板 | 名称 | 设定值 |
|---|---|---|
| 功能软压板 | 主保护 | 0 |
| | 高压侧后备保护 | 1 |
| | 高压侧电压 | 1 |
| | 中压侧后备保护 | 1 |
| | 中压侧电压 | 1 |
| | 低压侧1分支后备保护 | 1 |
| | 低压侧1分支电压 | 1 |
| GOOSE发送软压板 | 跳高1侧断路器 | 1 |
| SV接收软压板 | 高压侧SV | 1 |
| | 本体SV | 1 |
| | 中压侧SV | 1 |
| | 低压一分支SV | 1 |

(3) 定值调阅：菜单选择→定值设置→保护定值→高压侧后备保护→确认。

根据校验项目调阅该项目相应的定值，本节选取高压侧零序方向过流保护I段1时限为例进行功能校验，所取定值见表3-25。

(4) 控制字设置：菜单选择→定值设置→保护控制字→高压侧后备保护→

更改控制字→输入密码→确认。其相关控制字设置见表 3-26。

**表 3-25　零序方向过流保护Ⅰ段 1 时限相关定值**

| 定值名称 | 参数值 | 定值名称 | 参数值 |
| --- | --- | --- | --- |
| 零序过流Ⅰ段定值 | 2.000A | 零序过流Ⅰ段 1 时限 | 0.600s |

**表 3-26　零序方向过流Ⅰ段 1 时限相关控制字**

| 控制字名称 | 参数值 | 控制字名称 | 参数值 |
| --- | --- | --- | --- |
| 零序过流Ⅰ段带方向 | 1 | 零序过流Ⅰ段采用自产零流 | 1 |
| 零序过流Ⅰ段指向母线 | 0 | 零序过流Ⅰ段 1 时限 | 1 |

若需要保证动作报文中无相关报文还需要将复压闭锁电流保护的所有控制字均置 0。

2. 零序过流元件调试

本试验模拟 A 相电流在 $1.05I_d$ 时，零序过流保护可靠动作；A 相电流在 $0.95I_d$ 时，零序过流保护可靠不动作。试验步骤如下：

（1）启动状态序列模块。

（2）按继保测试仪工具栏“＋”或“－”按键，确保状态数量为 2。

（3）故障模拟参数设置：模拟 A 相故障校验零序方向过流保护，故障电压角度满足正序分布，其中 A 相电压相角取 0°，为满足方向元件开放的条件，从装置说明书可知，四方 CSC-326 装置校验时电流 A 相相角取－80°；南瑞 PCS-978 装置校验时电流 A 相相角取－75°；为了能取得零序电压，A 相电压幅值须有所降低，建议取 30V；根据零序过流保护Ⅰ段定值可得，其故障电流幅值取值为：

$$1.05\text{倍}: I = m \times I_d = 1.05 \times 2 = 2.1(\text{A})$$

$$0.95\text{倍}: I = m \times I_d = 0.95 \times 2 = 1.9(\text{A})$$

（4）分别按照 1.05 倍和 0.95 倍的故障态输入测试仪进行两组实验，本节选取南瑞 PCS-978 装置校验，其电流设置见表 3-27。

（5）在工具栏中点击“▶”或按键盘中“run”键开始进行试验；观察保护装置面板信息，待“TV 断线”告警灯熄灭后，点击工具栏中“▶▶”按钮或在键盘上按“Tab”键切换故障状态。

（6）打印动作报文步骤为：

菜单选择→打印→报告→动作报文→确认，其 1.05 倍定值校验校验动作报文如图 3-46 所示。

**表 3-27　　零序方向过流功能校验参数设置**

| 项目 | 故障前态 | 故障态（1.05 倍定值） | 故障态（0.95 倍定值） |
|---|---|---|---|
| $U_A$（V） | 57.735∠0° | 30∠0° | 30∠0° |
| $U_B$（V） | 57.735∠−120° | 57.735∠−120° | 57.735∠−120° |
| $U_C$（V） | 57.735∠120° | 57.735∠120° | 57.735∠120° |
| $I_A$（A） | 0 | 2.1∠−80° | 1.9∠−80° |
| $I_B$（A） | 0 | 0 | 0° |
| $I_C$（A） | 0 | 0 | 0 |
| 触发条件 | 按键触发 | 开入量触发 | 开入量触发 |
| 开入类型 | | 触发或 | 触发或 |

**PCS-978T2-DA-G 变压器成套保护—整组动作报文**

被保护设备：1 号主变压器　　版本号：V3.00 管理序号：00424484.001

打印时间：2020-07-18 19：57：13

| 序号 | 启动时间 | 相对时间 | 动作相别 | 动作元件 |
|---|---|---|---|---|
| 0344 | 2020-07-18 19：42：13：324 | 0000ms | | 保护启动 |
| | | 625 | | 高零流Ⅰ段 1 时限 |
| | | | | 跳高压侧母联 |

| | |
|---|---|
| 纵差最大电流 | 4.072$I_e$ |
| 高压侧自产零序电压 | 27.784V |
| 中压侧自产零序电压 | 0.017V |
| 高压侧开口三角零序电压 | 0.000V |
| 中压侧开口三角零序电压 | 0.015V |
| 高压侧最大电流 | 2.100A |
| 中压侧最大电流 | 0.001A |
| 低压 1 分支最大电流 | 0.001A |
| 低压 2 分支最大电流 | 0.000A |

图 3-46　PCS-978 保护装置零序过流 1.05 倍过电流定值报告

### 3. 零序方向动作区调试

本试验模拟单相故障时，计算的动作边界向正方向偏移 3°时，零序方向过流保护可靠动作；计算动作边界向反方向偏移 3°时，保护可靠不动作。零序方向动作区调试的试验步骤如下：

（1）启动状态序列模块。

（2）按继保测试仪工具栏“＋”或“－”按键，确保状态数量为 2。

（3）故障模拟参数设置：

模拟 A 相故障校验零序方向过流保护动作边界，故障电压角度满足正序分布，其中 A 相电压相角取 0°，为了保证可以取到零序电压，建议 A 相电压幅值降为 30V；为了满足过电流定值，取系数 $m=1.2$，其电流幅值取值为：

$$I = m \times I_d = 1.2 \times 2 = 2.4(\mathrm{A})$$

为满足方向元件开放的条件，从装置说明书可知，四方 CSC-326 装置零序方向元件指向变压器时最大灵敏角为 $-100°$，指向母线时最大灵敏角为 80°；南瑞 PCS-978 装置零序方向元件指向变压器时最大灵敏角为 255°，指向母线时最大灵敏角为 75°。根据灵敏角的计算可得，各种情况下零序方向元件的动作边界角度见表 3-28。

**表 3-28　　零序方向元件的动作边界角度**

| 项目 | 方向元件指向 | 正方向角度 | 边界 1/边界 2 | 正方向偏移 3° | 反方向偏移 3° |
|---|---|---|---|---|---|
| CSC-326 | 变压器 | −80° | 0°/−160° | −3°/−157° | 3°/−163° |
| | 母线 | 100° | 20°/180° | 23°/177° | 17°/−177° |
| PCS-978 | 变压器 | −75° | 15°/−165° | 12°/−162° | 18°/−168 |
| | 母线 | 105° | 15°/−165° | 18°/−168° | 12°/−162° |

（4）按照表 3-28，本节选取南瑞 PCS-978 装置，零序方向元件指向变压器时 15°边界进行校验，测试仪参数设置见表 3-29。

**表 3-29　　零序方向元件动作边界校验参数设置**

| 项目 | 故障前态 | 故障态（+3°） | 故障态（−3°） |
|---|---|---|---|
| $U_A$（V） | 57.735∠0° | 30∠0° | 30∠0° |
| $U_B$（V） | 57.735∠−120 | 57.735∠−120 | 57.735∠−120° |
| $U_C$（V） | 57.735∠120° | 57.735∠120° | 57.735∠120° |
| $I_A$（A） | 0 | 2.4∠12° | 2.4∠18° |
| $I_B$（A） | 0 | 0° | 0 |
| $I_C$（A） | 0 | 0° | 0 |
| 触发条件 | 按键触发 | 开入量触发 | 开入量触发 |
| 开入类型 | | 触发或 | 触发或 |

（5）在工具栏中点击“▶”或按键盘中“run”键开始进行试验；观察保护装置面板信息，待“TV 断线”告警灯熄灭后，点击工具栏中“▶▶”按钮或在键盘上按“Tab”键切换故障状态。

（6）打印动作报文步骤为：

菜单选择→打印→报告→动作报文→确认，其 12°边界校验动作报文如

图 3-47所示。

**PCS-978T2-DA-G 变压器成套保护—整组动作报文**

被保护设备：1 号主变压器　版本号：V3.00 管理序号：00424484.001

打印时间：2020-07-18 19：59：46

| 序号 | 启动时间 | 相对时间 | 动作相别 | 动作元件 |
|---|---|---|---|---|
| 0347 | 2020-07-18 19：48：26：332 | 0000ms | | 保护启动 |
| | | 624 | | 高零流Ⅰ段1时限 |
| | | | | 跳高压侧母联 |
| 纵差最大电流 | | | $4.162I_e$ | |
| 高压侧自产零序电压 | | | 27.741V | |
| 中压侧自产零序电压 | | | 0.017V | |
| 高压侧开口三角零序电压 | | | 0.000V | |
| 中压侧开口三角零序电压 | | | 0.015V | |
| 高压侧最大电流 | | | 2.400A | |
| 中压侧最大电流 | | | 0.001A | |
| 低压 1 分支最大电流 | | | 0.001A | |
| 低压 2 分支最大电流 | | | 0.000A | |

图 3-47　PCS-978 保护装置零序边界 12°校验报告

### 4. 零序过流保护时间校验

本试验模拟 A 相电流在 $1.2I_d$ 时，零序过流保护可靠动作并测试保护动作时间。

（1）重复本节“过流元件调试”内容，将测试参数表 3-27“零序方向过流功能校验参数设置”更改为表 3-30“零序方向过流时间校验参数设置”，其动作报文如图 3-48 所示。

**表 3-30　　零序方向元件时间校验参数设置**

| 项目 | 故障前态 | 故障态（1.05 倍定值） |
|---|---|---|
| $U_A$（V） | 57.735∠0° | 30∠0° |
| $U_B$（V） | 57.735∠−120° | 57.735∠−120° |
| $U_C$（V） | 57.735∠120° | 57.735∠120° |
| $I_A$（A） | 0 | 2.4∠−80° |
| $I_B$（A） | 0 | 0 |
| $I_C$（A） | 0 | 0 |
| 触发条件 | 按键触发 | 开入量触发 |
| 开入类型 | | 触发或 |

（2）查阅开入 A 后保护动作时间，若该时间小于 640ms，说明时间元件功能正常。

**PCS-978T2-DA-G 变压器成套保护—整组动作报文**

被保护设备：1号主变压器 版本号：V3.00　　管理序号：00424484.001

打印时间：2020-07-18 22：03：27

| 序号 | 启动时间 | 相对时间 | 动作相别 | 动作元件 |
|---|---|---|---|---|
| 0349 | 2020-07-18<br>19：52：37：674 | 0000ms | | 保护启动 |
| | | 622 | | 高零流Ⅰ段1时限 |
| | | | | 跳高压侧母联 |
| 纵差最大电流 | | | 4.159$I_e$ | |
| 高压侧自产零序电压 | | | 27.741V | |
| 中压侧自产零序电压 | | | 0.017V | |
| 高压侧开口三角零序电压 | | | 0.000V | |
| 中压侧开口三角零序电压 | | | 0.015V | |
| 高压侧最大电流 | | | 2.400A | |
| 中压侧最大电流 | | | 0.001A | |
| 低压1分支最大电流 | | | 0.001A | |
| 低压2分支最大电流 | | | 0.000A | |

图 3-48　零序方向过流保护时间校验报告

### 3.4.3　试验记录

将上述试验结果记录至表 3-22 中，并根据表中空白项，选取故障相别和故障类型，重复 3.3.2 节过程，并将试验结果补充至表 3-31 中。

**表 3-31　　过流元件调试实验数据**

| 保护名称 | 校验内容 | 整定值 | 检验项目 | 检验结果 |
|---|---|---|---|---|
| 高压侧零序方向过流 | 指向变压器边界 | — | +3° | — |
| | | — | −3° | — |
| | 指向母线边界 | — | +3° | |
| | | — | −3° | |
| | Ⅰ段定值 | | 1.05 倍定值 | |
| | | | 0.95 倍定值 | |
| | Ⅱ段定值 | | 1.05 倍定值 | |
| | | | 0.95 倍定值 | |
| | Ⅲ段定值 | | 1.05 倍定值 | |
| | | | 0.95 倍定值 | |
| 中压侧零序方向过流 | 指向变压器边界 | — | +3° | — |
| | | — | −3° | — |
| | 指向母线边界 | — | +3° | |
| | | — | −3° | |

续表

| 保护名称 | 校验内容 | 整定值 | 检验项目 | 检验结果 |
|---|---|---|---|---|
| 中压侧零序方向过流 | Ⅰ段定值 | | 1.05 倍定值 | |
| | | | 0.95 倍定值 | |
| | Ⅱ段定值 | | 1.05 倍定值 | |
| | | | 0.95 倍定值 | |
| | Ⅲ段定值 | | 1.05 倍定值 | |
| | | | 0.95 倍定值 | |
| 低压侧复压闭锁过流 | 定值 | | 1.05 倍定值 | |
| | | | 0.95 倍定值 | |

# 第4章

# 智能化母线保护装置调试

本章介绍智能化母线保护装置典型调试项目的调试内容与方法。调试主要包括差动保护、复合电压闭锁差动保护逻辑、TA 断线逻辑、母联（分段）失灵保护、母联（分段）死区保护、断路器失灵保护、复合电压闭锁断路器失灵保护等功能的校验。本章以南瑞继保 PCS-915D-DA-G 母线保护装置和长园深瑞 BP-2CD-F 母线保护装置为例，介绍各调试项目的具体操作方法。继电保护测试仪采用继保之星-7000A。

## 4.1 试验准备

### 4.1.1 试验说明

#### 1. 运行方式

本章的调试内容设定初始运行方式如下：Ⅰ母线、Ⅱ母线并列运行，支路4（变压器1）运行于Ⅰ母线，支路6（线路1）、支路7（线路2）运行于Ⅱ母线，主接线如图4-1所示。

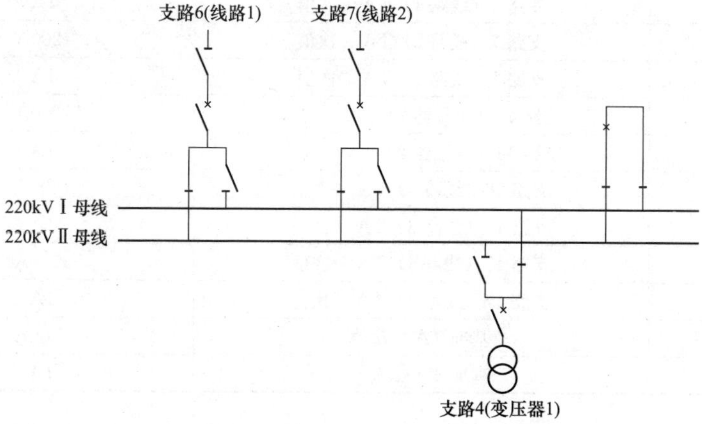


图4-1　始运行方式主接线图

本节根据该运行方式，介绍试验接线和参数设置等试验准备工作。本章其他小节的试验中，如果运行方式变化，需要相应修改试验接线和参数设置等内容，具体修改将在后续内容中详细说明。

PCS-915D-DA-G 保护装置对 TA 极性的要求支路 TA 的同名端在母线侧，母联 TA 同名端在Ⅰ母线侧。BP-2CD-F 保护装置对 TA 极性的要求支路 TA 的同名端在母线侧，母联 TA 同名端在Ⅱ母线侧。

2. 基本设置

（1）系统参数。本章试验的系统参数设置见表 4-1。查看保护装置系统参数步骤：菜单选择→定值设置→保护定值→设备参数定值。

表 4-1　保护装置系统参数

| 序号 | 描述 | 实际值 |
|---|---|---|
| 1 | 定制区号 | 1 |
| 2 | 被保护设备 | 南瑞母线保护 |
| 3 | TV 一次额定值 | 220kV |
| 4 | 支路 1（Ⅱ母线 A）TA 一次值 | 1200A |
| 5 | 支路 1（Ⅱ母线 A）TA 二次值 | 1A |
| 6 | 支路 2（Ⅰ母线）TA 一次值 | 1200A |
| 7 | 支路 2（Ⅰ母线）TA 二次值 | 1A |
| 8 | 支路 3（Ⅱ母线 B）TA 一次值 | 1200A |
| 9 | 支路 3（Ⅱ母线 B）TA 二次值 | 1A |
| 10 | 支路 4（变压器 1）TA 一次值 | 1200A |
| 11 | 支路 4（变压器 1）TA 二次值 | 1A |
| 12 | 支路 6（线路 1）TA 一次值 | 1200A |
| 13 | 支路 6（线路 1）TA 二次值 | 1A |
| 14 | 支路 7（线路 2）TA 一次值 | 1200A |
| 15 | 支路 7（线路 2）TA 二次值 | 1A |
| 16 | 支路 14（变压器 2）TA 一次值 | 1200A |
| 17 | 支路 14（变压器 2）TA 二次值 | 1A |
| 18 | 支路 16（线路 3）TA 一次值 | 1200A |
| 19 | 支路 16（线路 3）TA 二次值 | 1A |
| 20 | 支路 17（线路 4）TA 一次值 | 1200A |
| 21 | 支路 17（线路 4）TA 二次值 | 1A |
| 22 | 基准 TA 一次值 | 1200A |
| 23 | 基准 TA 二次值 | 1A |

（2）保护硬压板设置。保护硬压板设置指投入保护装置上“检修状态投

入”硬压板，退出“远方操作投入”硬压板，退出其他备用硬压板。

### 4.1.2 试验接线

#### 1. 测试仪接地

将测试仪装置接地端口与被试屏接地铜牌相连[97]，如图 4-2 所示。

【97】地线需接至装置铜牌，不能接至装置外壳，防止外壳地线和装置接地铜牌虚接，造成测试仪无接地。

图 4-2 继电保护测试仪接地示意图

#### 2. 光纤接线[98]

【98】根据测试仪输出光口类型选择光纤，小圆头为 ST 口，小方头为 LC 口，PCS-915D-DA-G 保护装置为 LC 口。

本节根据初始运行方式和选取的试验间隔，介绍继电保护测试仪和母线保护装置的试验接线。本章其他小节的试验中，如果运行方式或选取的试验间隔变化，需要相应修改试验接线和参数设置等内容，具体修改将在后续内容中详细说明。

将继电保护测试仪的 IEC 61850 接口与母线保护装置的 SMV 点对点接口及 GOOSE 点对点接口相连接。调试时可以根据实际情况选择需要连接的继电保护测试仪的 IEC 61850 接口。

测试仪的 IEC 61850 接口的 RX 对应于母线保护装置点对点接口的 TX，测试仪的 IEC 61850 接口的 TX 对应于母线保护装置点对点接口的 RX。

【99】光纤弯折幅度不能过大，使用前应检查光纤接口是否有污渍或损坏，使用完毕后应用相应的光纤保护套套上。

连接光纤后，对应的光口指示灯常亮，表示物理链路接通；对应的光口指示灯不亮，表示物理链路没有接通。此时可以检查光纤的 TX/RX 是否接反或者光纤是否损坏[99]。

以南瑞继保 PCS-915D-DA-G 母线保护装置和继保之星-7000A 为例，实际连接图如图 4-3 所示。

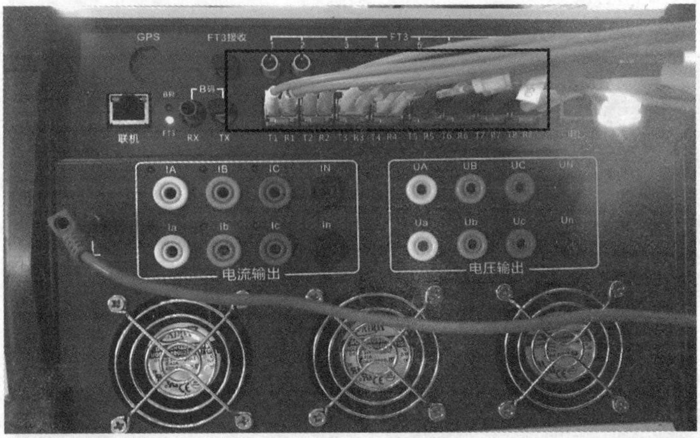


(a)

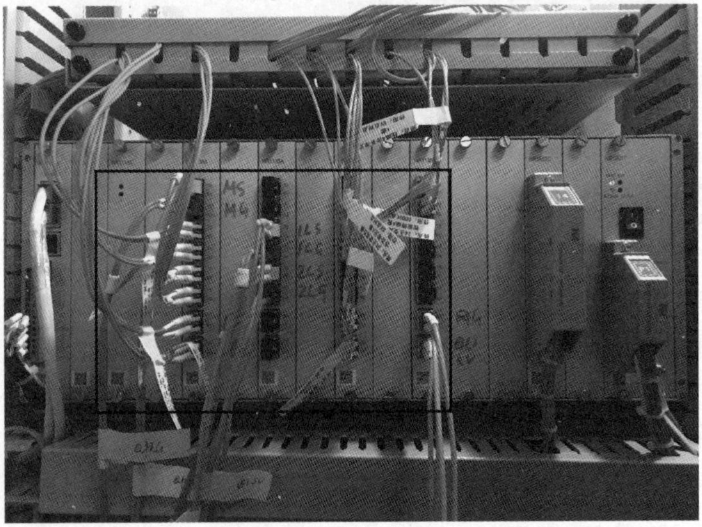

(b)

图 4-3　实际装置连接图

(a) 继保之星-7000A 的光口；(b) PCS-915D-DA-G 光口

(1) SMV 接线。根据初始运行方式和选取的试验间隔，母线保护调试设置的 SMV 接线对应关系见表 4-2。南瑞继保 PCS-915D-DA-G 母线保护装置连接如图 4-4 所示[100]，长园深瑞 BP-2CD-F 母线保护连接如图 4-5 所示[101]。

表 4-2 SMV 接线光口对应关系

| 序号 | 测试仪的 IEC 61850 接口 | 母线保护装置接口 |
|---|---|---|
| 1 | 光口 1 | 母联 SMV 点对点口 |
| 2 | 光口 2 | 支路 6（线路 1）SMV 点对点口 |
| 3 | 光口 3 | 支路 7（线路 2）SMV 点对点口 |
| 4 | 光口 4 | 支路 4（变压器 1）SMV 点对点口[102] |

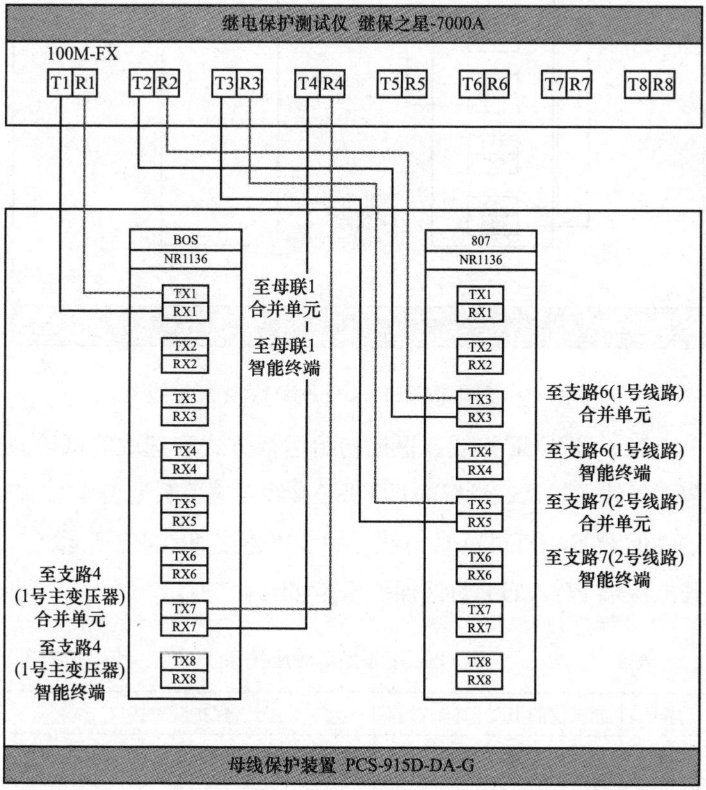


图 4-4 南瑞继保 PCS-915D-DA-G SMV 光纤接线图

【100】在进行不同试验时 SV 接的光纤不一定相同，需根据需求重新接线。

【101】在进行不同试验时 SV 接的光纤不一定相同，需根据需求重新接线。

【102】后文中的试验项目根据所用的支路信息，该光口可能会改为对应母线电压 SMV 点对点口，具体说明见后文的试验。

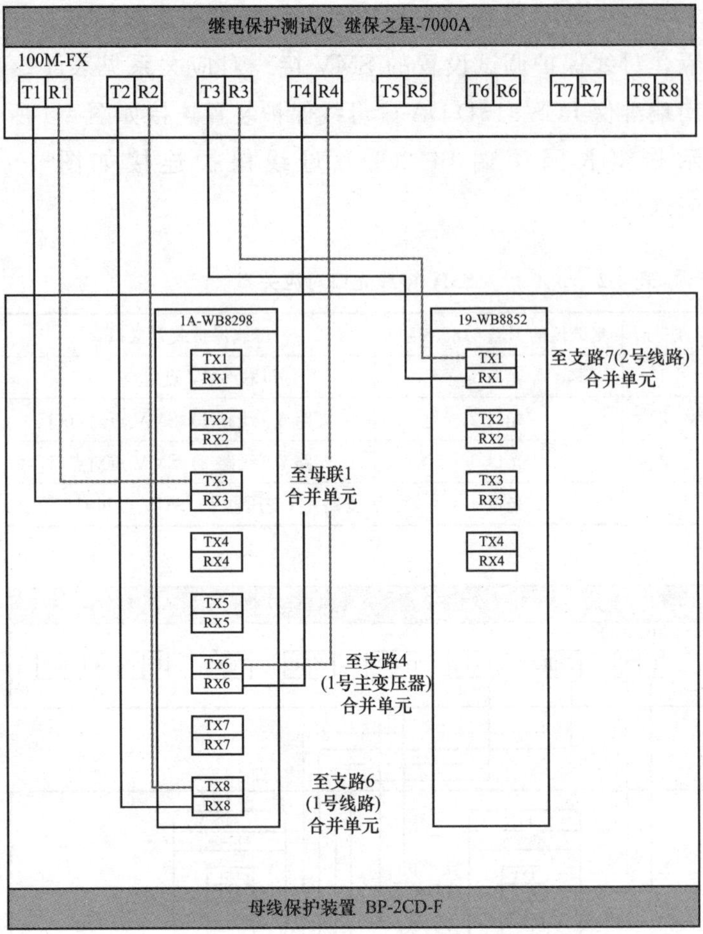


图 4-5 长园深瑞 BP-2CD-F SMV 光纤接线图

【103】在进行不同试验时 GOOSE 接的光纤不一定相同，需根据要求重新接线。

【104】在进行不同试验时 GOOSE 接的光纤不一定相同，需根据要求重新接线。

(2) GOOSE 接线。根据初始运行方式和选取的试验间隔，母线保护调试设置的 GOOSE 接线对应关系见表 4-3。南瑞继保 PCS-915D-DA-G 母线保护装置连接如图 4-6 所示[103]，长园深瑞 BP-2CD-F 母线保护连接如图 4-7 所示[104]。

**表 4-3　　GOOSE 接线光口对应关系**

| 序号 | 测试仪的 IEC 61850 接口 | 母线保护装置接口 |
|---|---|---|
| 1 | 光口 5 | 母联 GOOSE 点对点口 |
| 2 | 光口 6 | 支路 6（线路 1）GOOSE 点对点口 |
| 3 | 光口 7 | 支路 7（线路 2）GOOSE 点对点口 |
| 4 | 光口 8 | 支路 4（变压器 1）GOOSE 点对点口 |

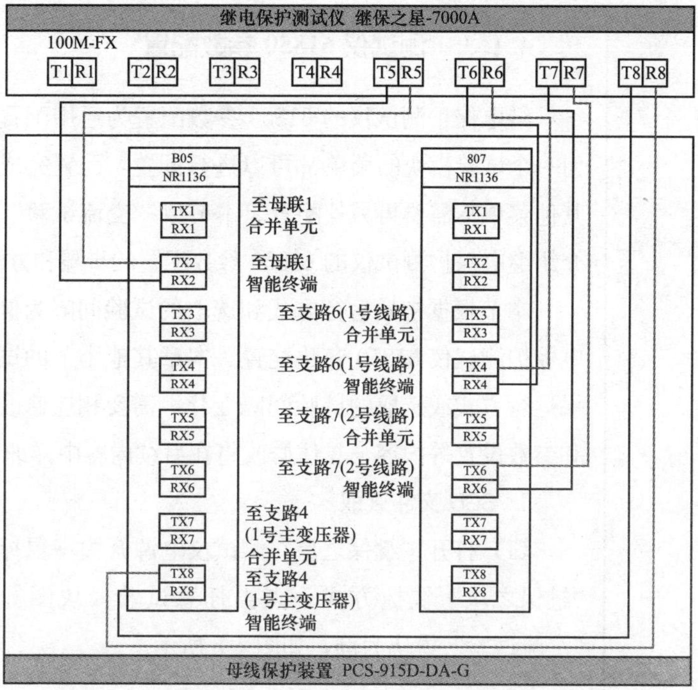


图 4-6 南瑞继保 PCS-915D-DA-G GOOSE 光纤接线图

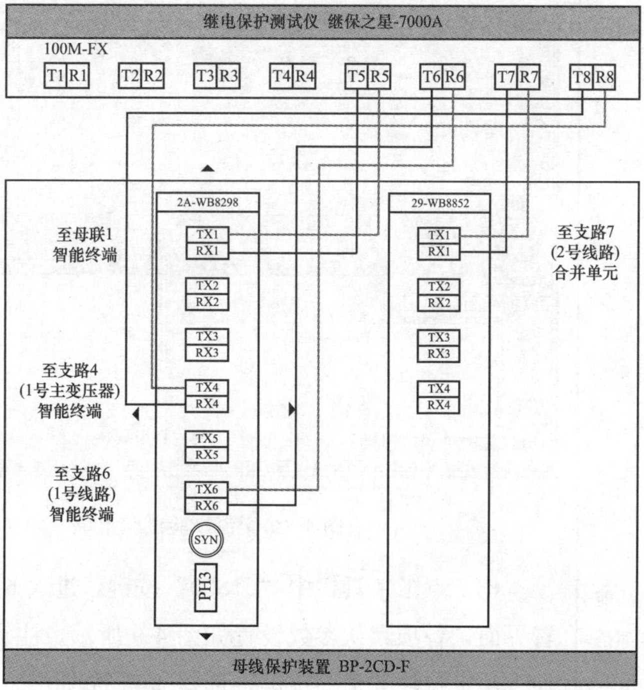


图 4-7 长园深瑞 BP-2CD-F GOOSE 光纤接线图

### 4.1.3 测试仪 61850 参数配置

继电保护测试仪的 61850 参数配置为通用配置，进入任何一个试验模块的菜单都可以进行配置，配置完成后切换至其他菜单不需要再另外配置。本节以“交流试验”模块为例介绍继电保护测试仪的 61850 参数配置的步骤和方法。

本节根据初始运行方式和选取的试验间隔为例，介绍继电保护测试仪 61850 参数配置。本章其他小节的试验中，如果运行方式或选取的试验间隔变化，需要相应修改试验接线和参数设置等内容，具体修改将在后续内容中详细说明。

1. SCD 文件读取

（1）打开“继保之星”测试仪电源开关→鼠标点击桌面“继保之星”快捷方式→点击任意试验模块图标，本节以“交流试验”模块为例，如图 4-8 所示。

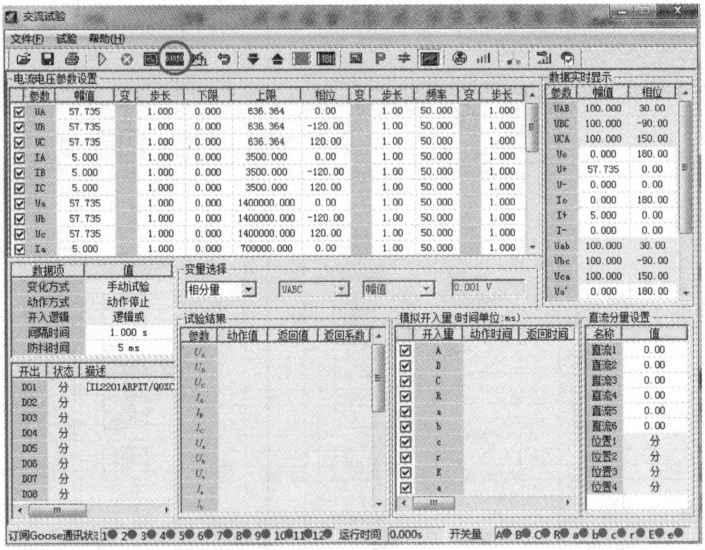


图 4-8 交流试验试验菜单

（2）点击工具栏中“61850”按键，进入 61850 参数设置界面，各项默认参数设置如图 4-9 所示。注意检查图 4-9 左下角下拉栏“▼”按键，选择“9-2”选项[105]。

【105】数字保护采样值有 9-1/9-2/FT3 等多种协议，目前国网/南网基本都是采用 9-2 数字报文协议。

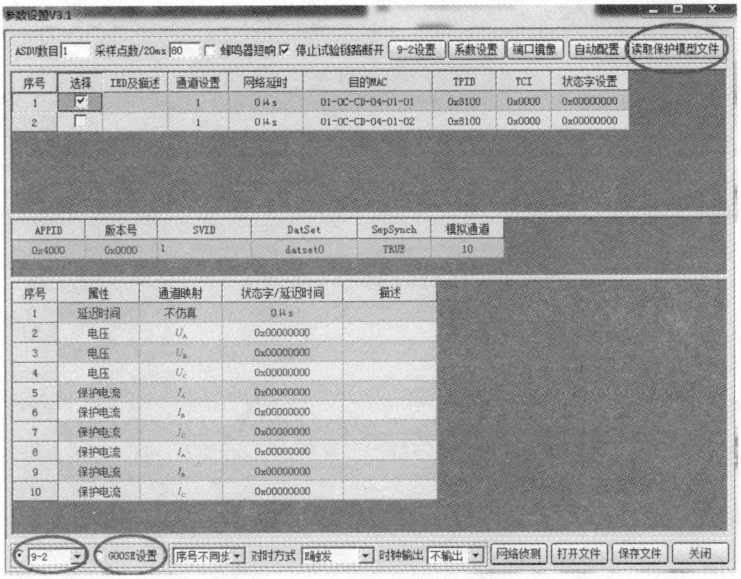

图 4-9 61850 参数设置界面

(3) 点击图 4-9 右上角“读取保护模型文件”按键，进入“SCD 数据分析”界面，如图 4-10 所示。

(4) 点击图 4-10 左下角“打开”按键，选择对应的 SCD 文件，如图 4-11 所示。

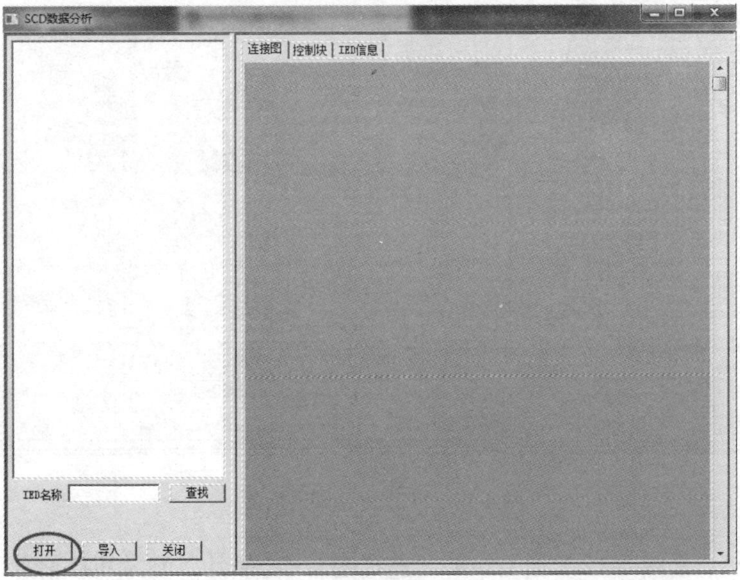


图 4-10 SCD 数据分析界面

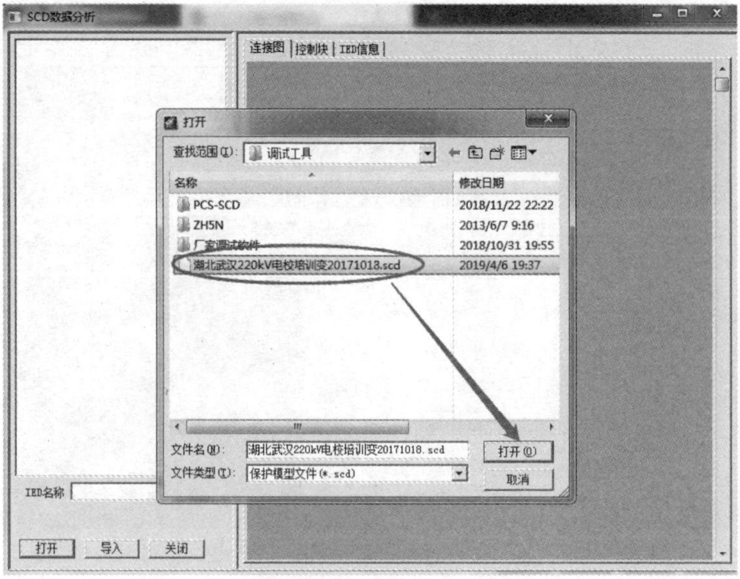

图 4-11 SCD 文件导入

（5）点击图 4-11“打开”按键，导入 SCD 文件后界面如图 4-12 所示。

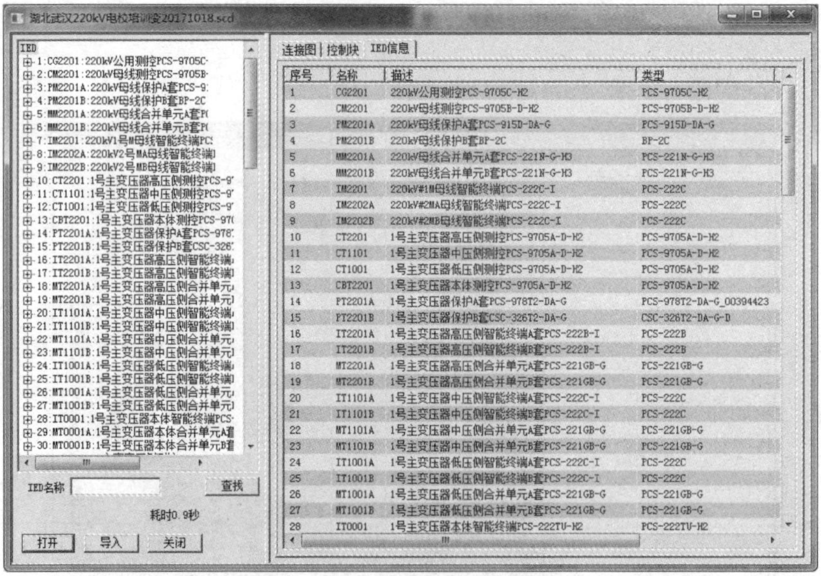

图 4-12 SCD 文件导入后界面

（6）点击图 4-12 界面右边的“连接图”“控制块”与“IED 信息”菜单，可查看 IED 装置虚端子连线图、控制块信息及 IED 信息。

2. 导入 GOOSE/SMV 控制块

导入 GOOSE/SMV 控制块是将 SCD 文件中不同 IED 装置的各种 GOOSE/SMV 数据集导入到继电保护测试仪中，使继电保护测试仪能够模拟不同 IED 装置，与继电保护装置建立联系，交互试验所用的数据信息。

下面以 220kV 母线保护 A 套 PCS-915D-DA-G 保护装置配置为例来进行讲解。

（1）点击左边 IED 序号 3，选择“PM2201A：220kV 母线保护 A 套 PCS-915D-DA-G 保护装置”[106]，弹出该装置信息如图 4-13 所示。箭头流入 PCS-915D-DA-G 表示接收 SMV 和 GOOSE 信息，箭头流出 PCS-915D-DA-G 表示发送 SMV 和 GOOSE 信息，点击图中四边形，可显示内部虚端子具体连接关系。该图直观地展示了 IED 设备的 SMV 与 GOOSE 信息的来源与去处。

（2）点击 IED“3：PM2201A：220kV 母线保护 A 套 PCS-915D-DA-G 保护装置”前面的“+”符号，展开有“GOOSE”“Ref：GSE”“Ref：SMV”三个控制块[107]，如图 4-13 所示。

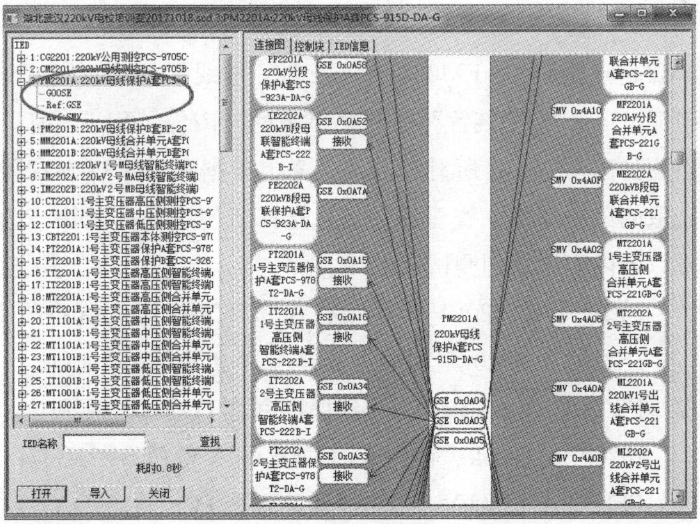


图 4-13　SCD 文件解析

【106】在调试某一个保护单体加采样值信息时，可以采用本保护装置的“Ref：SMV”文件，或者对应合并单元发送的“SMV”文件，此时测试仪模拟合并单元，两者的 APPID/MAC 地址是相同的。

【107】“GOOSE”表示该 IED 发送的 GOOSE 信息，点击右边列表即显示对应信息；“Ref：GSE”表示该 IED 接收的 GOOSE 信息，点击右边列表中显示对应信息；“SMV”表示该 IED 发送的 SMV 信息，点击右边列表中显示对应信息；“Ref：SMV”表示该 IED 接收的 SMV 信息，点击右边列表中显示对应信息。

1）选择 GOOSE 控制块。选择 GOOSE 控制块的步骤是点击“3：PM2201A：220kV 母线保护 A 套 PCS-915D-DA-G 保护装置”展开菜单中的“GOOSE”，窗口右边弹出 GOOSE 所有控制块信息。根据初始运行方式和选取的试验间隔，查看描述信息选择所使用的控制块，选择“2：GSE”导入到测试仪中，选择控制块前面的空格，即可添加到右下方“已选控制块信息”中[108]，如图 4-14 所示。

【108】将鼠标放在序号 1 位置，点击鼠标右键，弹出“删除”“添加”“清空”，点击“删除”即可删除无关的控制块。

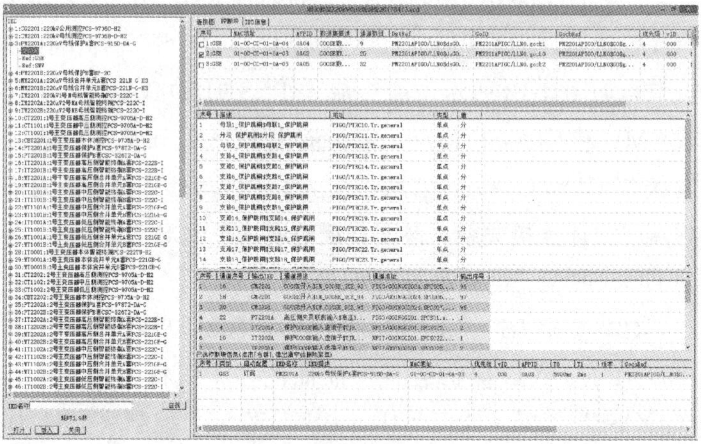

图 4-14　母线保护 A 套选择 GOOSE 控制块

2）选择 Ref：GSE 控制块。选择 Ref：GSE 控制块的步骤是点击“3：PM2201A：220kV 母线保护 A 套 PCS-915D-DA-G 保护装置”展开菜单中的“Ref：GSE”，窗口右边弹出 GOOSE 所有控制块信息。根据初始运行方式和选取的试验间隔，查看描述信息选择所使用的控制块，选择以下内容导入到测试仪中：

PE2201A（220kV 母线保护 A 套 PCS-923A-DA-G）；

IE2201A（220kV 母联智能终端 A 套 PCS-222B-I）；

PL2201A（220kV 1 号出线保护 A 套 PCS-931A-DA-G）；

IL2201A（220kV 1 号出线智能终端 A 套 PCS-222B-I）；

PL2202A（220kV 2 号出线保护 A 套 PCS-931A-DA-G）；

IL2202A（220kV 2 号出线智能终端 A 套 PCS-222B-I）；

PT2201A（1 号变压器保护 A 套 PCS-978T2-DA-G）；

IT2201A（1号变压器高压侧智能终端A套PCS-222B-I）。

选择控制块前面的空格，即可添加到右下方“已选控制块信息”中，如图4-15所示。

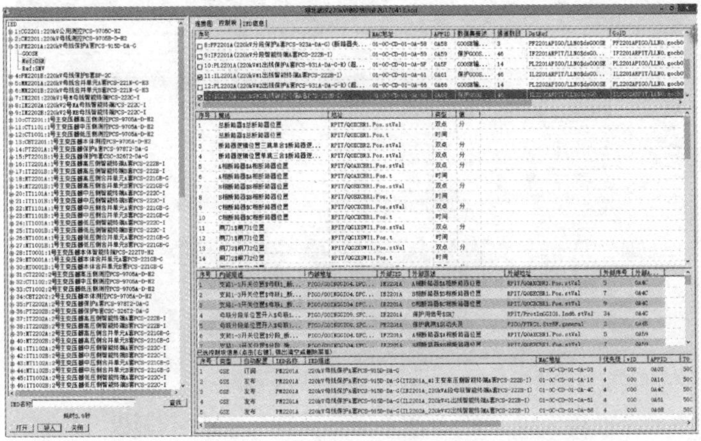

图4-15　母线保护A套选择Ref：GSE控制块

3）选择Ref：SMV控制块：点击“3：PM2201A：220kV母线保护A套PCS-915D-DA-G保护装置”展开菜单中的“Ref：SMV”，窗口右边弹出SMV所有控制块信息，根据初始运行方式和选取的试验间隔，查看描述信息选择所使用的控制块，选择以下内容导入到测试仪中：

MM2201A（220kV母线合并单元A套PCS-221N-G-H3）；

ME2201A（220kV母联合并单元A套PCS-221GB-G）；

ML2201A（220kV 1号出线合并单元A套PCS-221GB-G）；

ML2202A（220kV 2号出线合并单元A套PCS-221GB-G）；

MT2201A（1号变压器合并单元A套PCS-221GB-G）。

选择控制块前面的空格，即可添加到右下方“已选控制块信息”中，如图4-16所示。

（3）导入控制块信息：点击窗口左下方“导入”按钮，将以上所选择的三类控制块导入到61850配置里。导入完成后提示“导入9个GOOSE，5个SMV”[109]，如图4-17所示，点击“确定”可关闭此界面再进行进一步的配置。

【109】加入几个SMV控制块、GOOSE控制块即显示对应数量。

3. GOOSE/SMV 参数配置

GOOSE/SMV 相关参数配置是对 4.1.2 中已经连接好的光纤，设置测试仪输出数据与保护装置接收数据之间的对应关系。

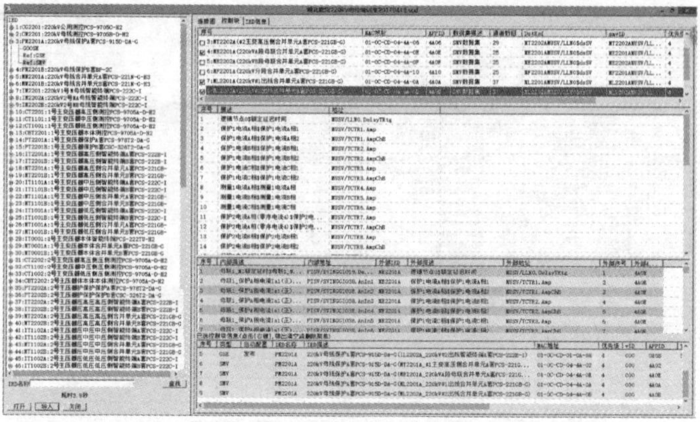

图 4-16　母线保护 A 套选择 Ref：SMV 控制块

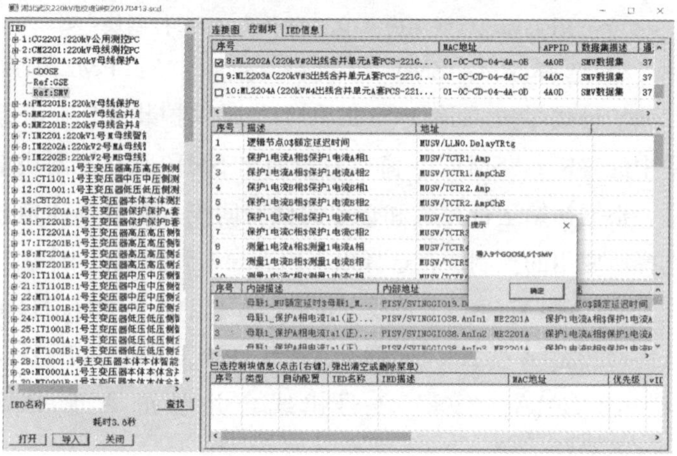

图 4-17　母线保护 A 套导入控制块信息

【110】当发送 SMV 报文需要带检修标志时，将 b11：检修（test）选择，改为 1TRUE，确定后状态字为 0x00000800；若发送 SMV 报文不带检修标志时，将 b11：检修（test）选择，改为 0FALSE，确定后状态字为 0x00000000。

（1）SMV 参数配置。

1）通道设置：通道默认选择为 1、2、3，单击数字，弹出其他通道选项。根据“表 4-2 SMV 接线光口对应关系”设置的光纤连接关系，选择对应的通道编号，然后关闭窗口，如图 4-18 所示。

2）状态字设置：双击状态字可以进行修改默认为 0x00000000。调试过程中，发送 SMV 报文需要带检修标志，将 b11：检修（test）改为 1TRUE，确定后状态字为 0x00000800[110]。

3）通道映射：传统变电站中，一根电缆只能传输一路信息，比如一相电压，电流或者位置信号。智能变电站与传统变电站不同，变电站中一根光纤可以传输多路信息，比如一根光纤可以传输 6 路电压和 6 路电流，或者多个隔离开关和断路器的位置信号等。那么，一条光纤中，到底发送了哪些信息，发送端子和接收端子分别是什么？就通过通道映射来确定。

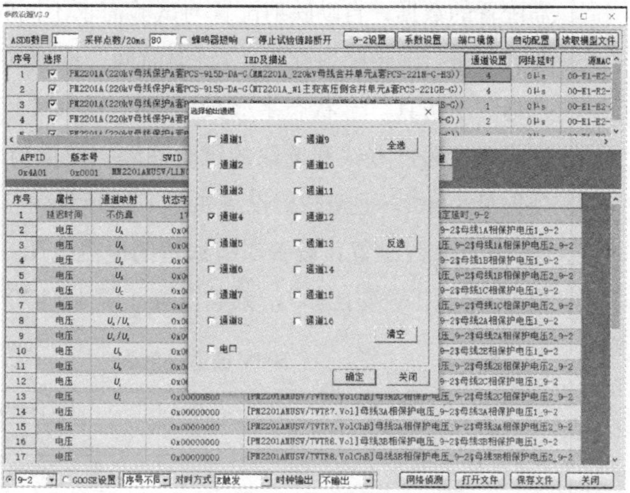

图 4-18 SMV 通道设置

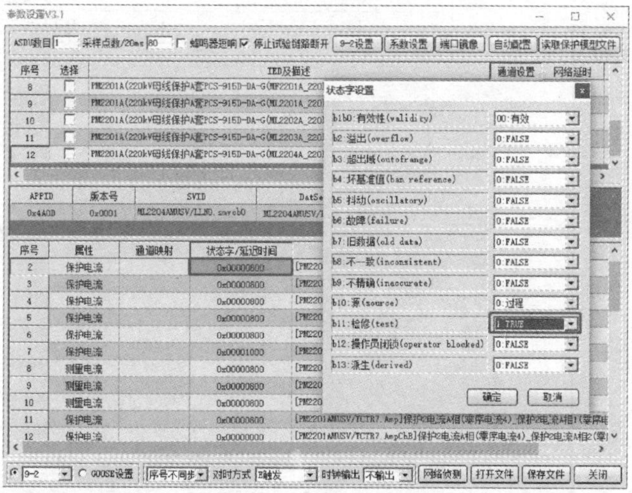

图 4-19 状态字设置

通道映射就是对已经连接继电保护测试仪 IEC 61850 光口与继电保护装置端口的光纤，进行数据传输关系的匹配，确定继电保护测试仪输出的数据（比如 $I_A$、$U_B$ 或者开出量）具体是发送给哪个 IED 的哪个“虚端子”上，也确定不同IED的不同“虚端子”把数据（比如跳闸信号、合闸信号等）发送给继电保护测试仪的哪个开入量上。

对于“保护电流、测试电流、电压”等选项，继电保护测试仪根据光纤连接关系自动进行通道映射配置，将电流电压通道与试验界面下的相别相关联；点击弹出对话框选择所需配置的数据；自动映射配置与试验需求不同时，需根据需要人工进行通道映射配置；“延时时间”选项的“通道映射”选择“不仿真”，“状态字/延迟时间”选择“1750μs”。本节根据初始运行方式和选取的试验间隔，设置初始SMV通道映射见表4-4，通道映射设置如图4-20所示。

4）系数设置：设置对应通道的电流电压一次值和二次值，TA、TV变比[111]，系数设置如图4-21所示。

【111】在9-2采样协议中电压的参考值单位为10mV，电流的参考值单位为1mA，此处不需要修改。小信号设置选择表示对应通道输出的是模拟小信号而非数字信号，本章调试不需要选择。

**表4-4　SMV通道映射表**

| 序号 | 测试仪的IEC 61850映射 | 母线保护装置映射 |
|---|---|---|
| 1 | $I_A$ | 母联1A相电流 |
| 2 | $I_B$ | 支路6（线路1）A相电流 |
| 3 | $I_C$ | 支路7（线路2）A相电流 |
| 4 | $U_A$、$U_B$、$U_C$ | Ⅰ母线三相电压 |
|  | $U_a$、$U_b$、$U_c$ | Ⅱ母线三相电压 |

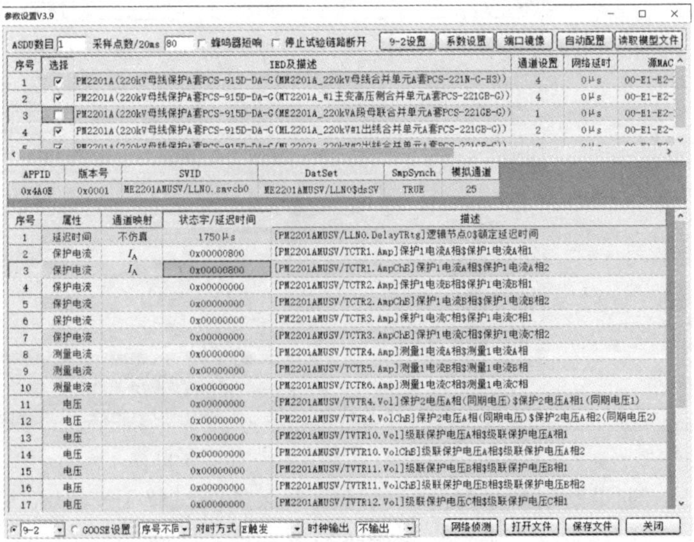


(a)

图4-20　SMV通道映射（一）

(a) A段母联合并单元A套SMV通道映射

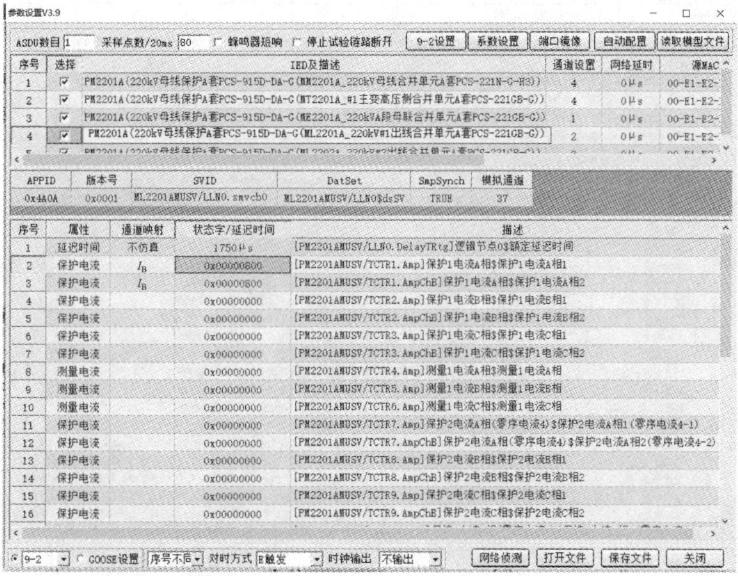


(b)

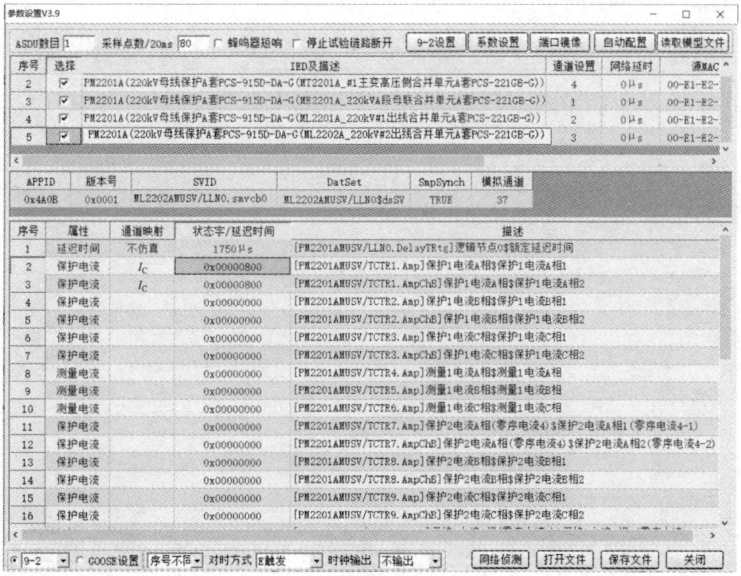


(c)

图 4-20 SMV 通道映射（二）

（b）1 号出线合并单元 A 套 SMV 通道映射；（c）2 号出线合并单元 A 套 SMV 通道映射

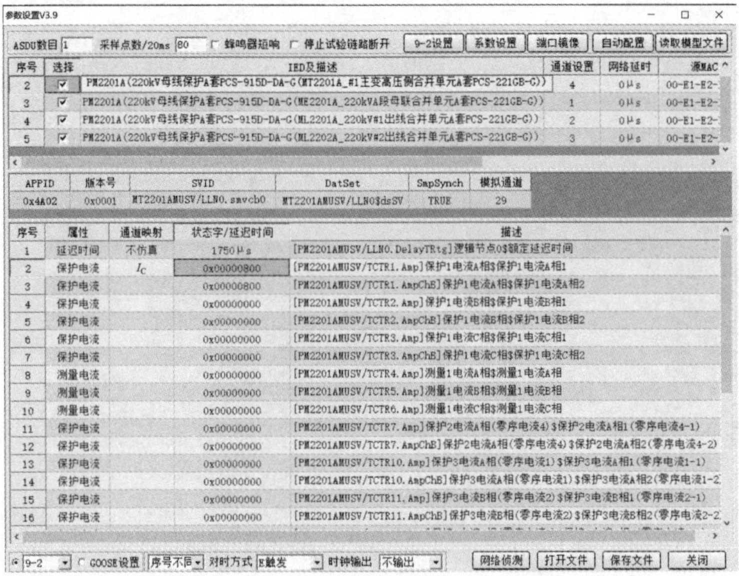


(d)

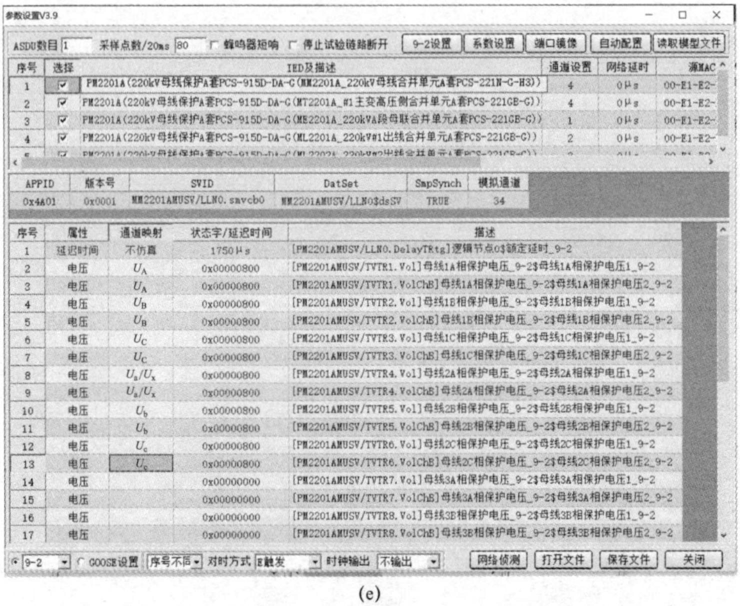


(e)

图 4-20 SMV 通道映射（三）

（d）1 号变压器高压侧合并单元 A 套 SMV 通道映射；（e）母线合并单元 A 套 SMV 通道映射

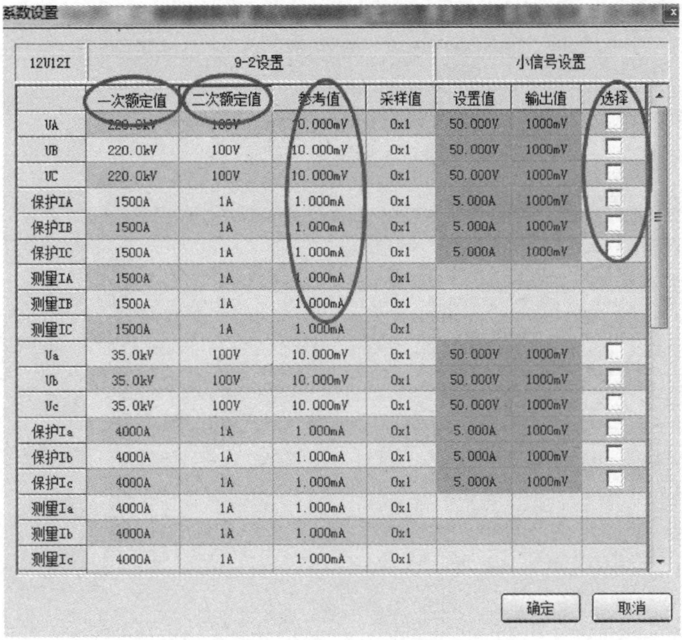


| 12U12I | 9-2设置 | | | | 小信号设置 | | |
|---|---|---|---|---|---|---|---|
| | 一次额定值 | 二次额定值 | 参考值 | 采样值 | 设置值 | 输出值 | 选择 |
| UA | 220.0kV | 100V | 10.000mV | 0x1 | 50.000V | 1000mV | ☐ |
| UB | 220.0kV | 100V | 10.000mV | 0x1 | 50.000V | 1000mV | ☐ |
| UC | 220.0kV | 100V | 10.000mV | 0x1 | 50.000V | 1000mV | ☐ |
| 保护IA | 1500A | 1A | 1.000mA | 0x1 | 5.000A | 1000mV | ☐ |
| 保护IB | 1500A | 1A | 1.000mA | 0x1 | 5.000A | 1000mV | ☐ |
| 保护IC | 1500A | 1A | 1.000mA | 0x1 | 5.000A | 1000mV | ☐ |
| 测量IA | 1500A | 1A | 1.000mA | 0x1 | | | |
| 测量IB | 1500A | 1A | 1.000mA | 0x1 | | | |
| 测量IC | 1500A | 1A | 1.000mA | 0x1 | | | |
| Ua | 35.0kV | 100V | 10.000mV | 0x1 | 50.000V | 1000mV | ☐ |
| Ub | 35.0kV | 100V | 10.000mV | 0x1 | 50.000V | 1000mV | ☐ |
| Uc | 35.0kV | 100V | 10.000mV | 0x1 | 50.000V | 1000mV | ☐ |
| 保护Ia | 4000A | 1A | 1.000mA | 0x1 | 5.000A | 1000mV | ☐ |
| 保护Ib | 4000A | 1A | 1.000mA | 0x1 | 5.000A | 1000mV | ☐ |
| 保护Ic | 4000A | 1A | 1.000mA | 0x1 | 5.000A | 1000mV | ☐ |
| 测量Ia | 4000A | 1A | 1.000mA | 0x1 | | | |
| 测量Ib | 4000A | 1A | 1.000mA | 0x1 | | | |
| 测量Ic | 4000A | 1A | 1.000mA | 0x1 | | | |



图 4-21　SMV 系数设置

SMV 通道信息配置完成后如图 4-21 所示，点击“关闭”，进行采样值输出检测[112]。如果没有采样值输出，请检查以上配置操作是否正确。其他值为配置文件内部默认信息，请勿随意修改。

（2）GOOSE 相关参数配置。点击图 4-20 左下角“GOOSE 设置”，出现 GOOSE 参数设置界面。

1）类型选择：点击“类型”出现“订阅”和“发布”选项，“订阅”指测试仪接收母线保护装置发送的各种信息，比如跳闸、动作时间的等信息；“发布”指测试仪输出的信号，比如隔离开关、断路器分合的位置信号等。GOOSE 类型选择如图 4-22 所示。

2）通道设置：根据表 4-3 进行 GOOSE 通道设置，GOOSE 通道选择如图 4-23 所示。

3）开入/开出映射：订阅 GOOSE 对应“开入”映射，发布 GOOSE 对应“开出”映射。本节根据初始运行方式和选取的试验间隔，设置初始 GOOSE 通道映射见表 4-5，设置通过映射如图 4-24 所示。

【112】此处 ABC 映射为母联，abc 映射为线路 1，UVW 映射为线路，为方便试验也可以用 IA 映射为母联 A 相，IB 映射为线路 1 的 A 相，用 IC 映射为线路 2 的 A 相。多个 SV 同时输出时一定要注意每个 SV 的通道 1 的延时时间一致，一般设置为保护原延时 1750$\mu$s，否则可能会由于不同延时导致在设置一样的相角进行矢量相加时与标量值不一样，甚至会闭锁某些保护功能。

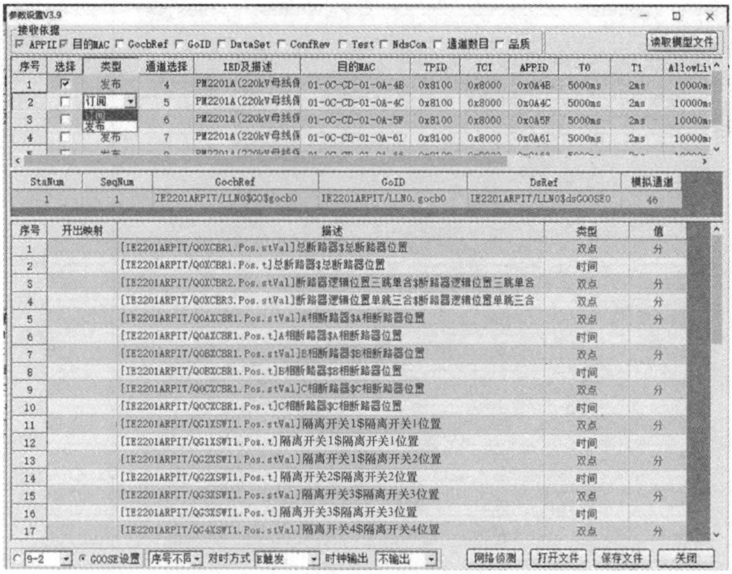

图 4-22　GOOSE 类型选择

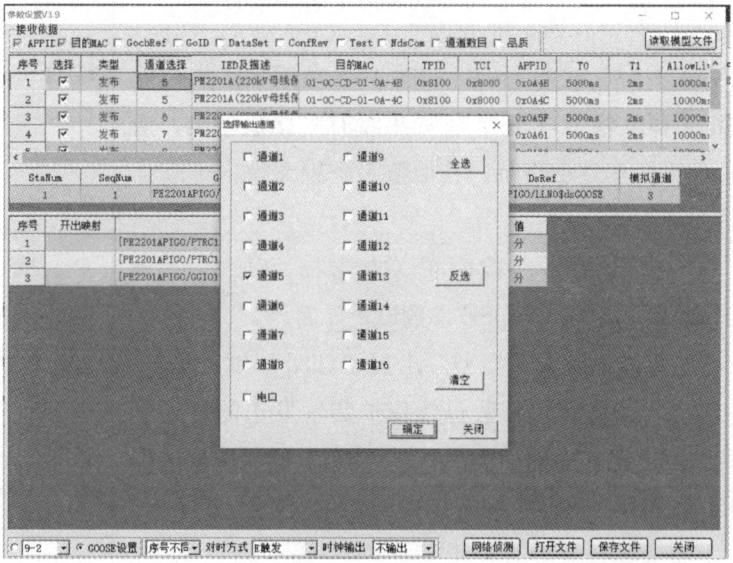

图 4-23　GOOSE 通道选择

**表 4-5　　GOOSE 通道映射表**

| 序号 | 测试仪的 IEC 61850 映射 | 母线保护装置映射 |
|---|---|---|
| 1 | GOOSE 开出 1 | 母联断路器位置 |
| 2 | GOOSE 开出 2 | 支路 6（线路 1）隔离开关 1 |
| 3 | GOOSE 开出 3 | 支路 6（线路 1）隔离开关 2 |
| 4 | GOOSE 开出 4 | 支路 7（线路 2）隔离开关 1 |

续表

| 序号 | 测试仪的 IEC 61850 映射 | 母线保护装置映射 |
|---|---|---|
| 5 | GOOSE 开出 5 | 支路 7（线路 2）隔离开关 2 |
| 6 | GOOSE 开出 6 | 支路 4（变压器 1）隔离开关 1 |
| 7 | GOOSE 开出 7 | 支路 4（变压器 1）隔离开关 2 |
| 8 | GOOSE 开出 8 | 母联启动失灵 |
| 9 | GOOSE 开入 A | 母线保护跳闸 |
| 10 | GOOSE 开入 B | 支路 6（线路 1）保护跳闸 |
| 11 | GOOSE 开入 C | 支路 7（线路 2）保护跳闸 |
| 12 | GOOSE 开入 R | 支路 4（变压器 1）保护跳闸 |
| 13 | GOOSE 开入 a | Ⅰ母线保护动作 |
| 14 | GOOSE 开入 b | Ⅱ母线保护动作 |

以上 SMV 与 GOOSE 所有配置完成后点击图 4-24（f）母线保护 A 套开入映射右下角“关闭”按钮，即完成所有 61850 的数字信号配置。

4. **采样测试**

在交流试验界面加任意电流电压值，查看母线保护装置采样值信息，如果电流电压采样正确，表示所有 61850 配置无误；如果采样值不正确请重新检查所有的配置信息[113]。完成采样值检查后即可进行后续试验操作。

【113】数字信号无法使用普通万用表检查，完成配置后可通过保护装置的采样值来检查接线是否正确。如果采样值不对主要可能有以下方面的原因：

（1）对应通道的变比设置错误。

（2）导入的 SCD 配置与保护装置内部下载的 CID 文件不匹配。

（3）导入的控制块间隔错误。

（4）光纤的衰减过大可更换光纤。

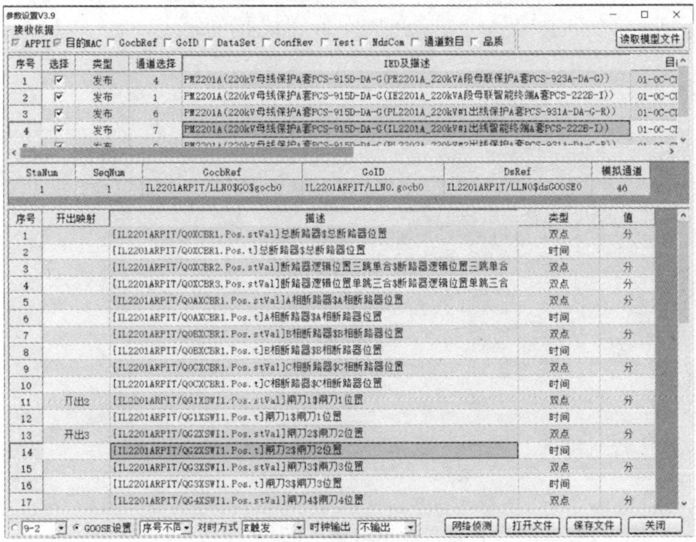


(a)

图 4-24　GOOSE 开入开出映射（一）

（a）1 号出线智能终端 A 套开出映射

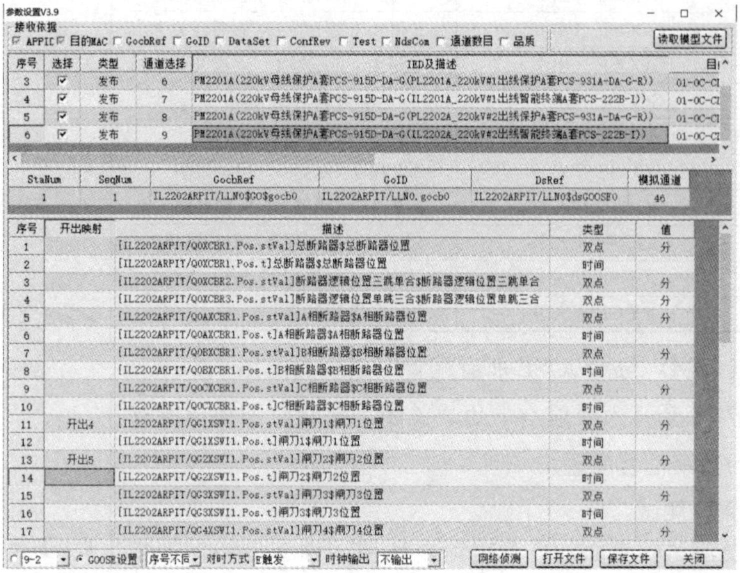


(b)

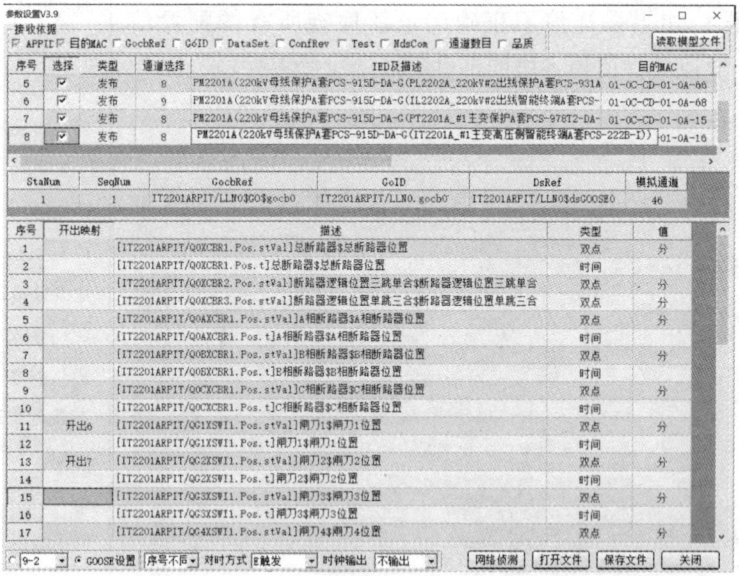


(c)

图 4-24 GOOSE 开入开出映射（二）

(b) 2 号出线智能终端 A 套开出映射；(c) 1 号变压器高压侧智能终端 A 套开出映射

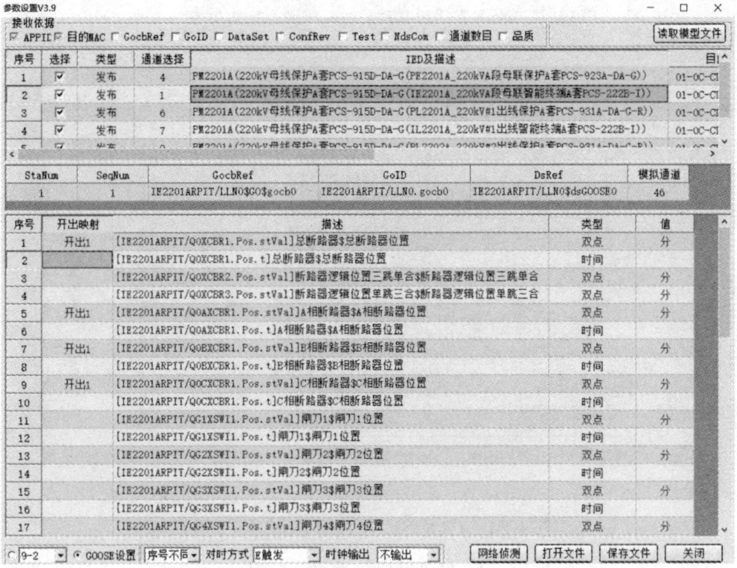


(d)

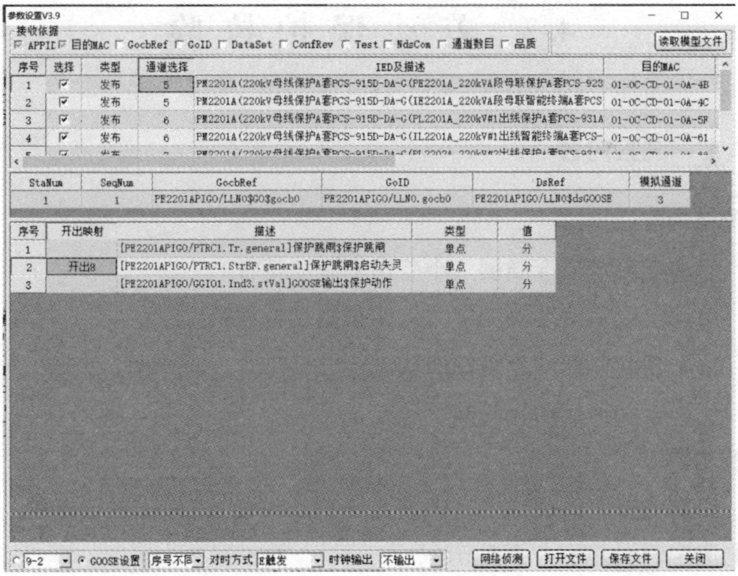


(e)

图 4-24　GOOSE 开入开出映射（三）

（d）母联智能终端 A 套开出映射；（e）母联智能终端 A 套开出映射

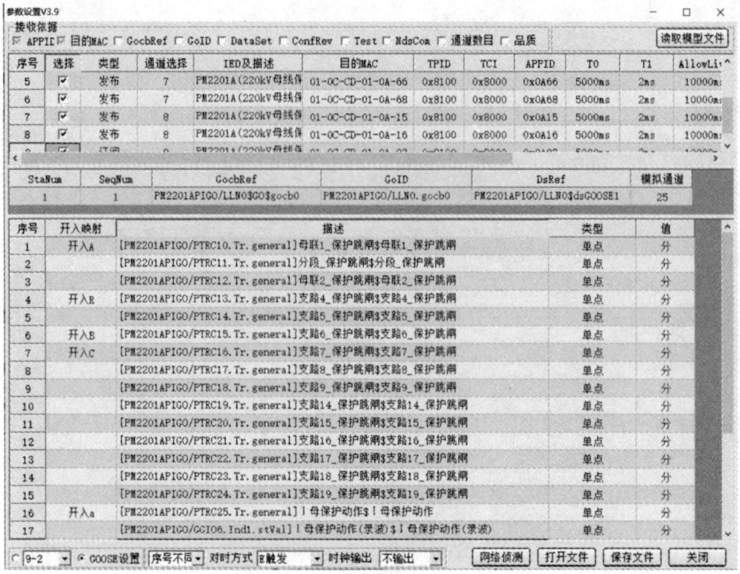


(f)

图 4-24　GOOSE 开入开出映射（四）

（f）母线保护 A 套开入映射

# 4.2　差动保护校验

## 4.2.1　试验内容

### 1. 测试内容

（1）启动电流定值准确度（小差比率制动特性）。

（2）启动电流定值准确度（大差比率制动特性）。

（3）比率差动保护动作特性曲线。

（4）比率差动保护动作时间。

### 2. 技术要求

（1）启动电流定值准确度（小差比率制动特性）：保护逻辑正确，差动保护启动电流定值误差不大于 5.0%。

（2）启动电流定值准确度（大差比率制动特性）：保护逻辑正确，差动保护启动电流定值误差不大于 5.0%。

（3）比率差动保护动作值误差不大于 5.0%。

（4）动作时间（2 倍的差流定值）不大于 20ms。

### 4.2.2 试验方法

母线保护中的差动保护主要有两种，常规比率差动保护和复合比率差动保护，南瑞继保 PCS-915D-DA-G 采用常规比率差动保护，长园深瑞 BP-2CD-F 采用复合比率差动保护。本节以 PCS-915D-DA-G 母线保护装置为例，介绍校验差动保护功能的试验方法和步骤。BP-2CD-F 母线保护装置的试验方法和步骤，可参考本节内容，不同之处详见本节对 BP-2CD-F 的具体说明。

**1. 启动电流定值准确度（小差比率制动特性）**

（1）测试方法。

选取同一母线上两条支路，其中一条支路电流为变化量，另一条支路电流不变，差动保护电流从 90%整定值递变增大至保护动作。单步变化时间不小于 200ms。

本试验选择母联、支路 6（线路 1）、支路 7（线路 2）进行试验，母线并列运行，支路 6（线路 1）、支路 7（线路 2）运行于Ⅱ母线，运行方式如图 4-25所示。

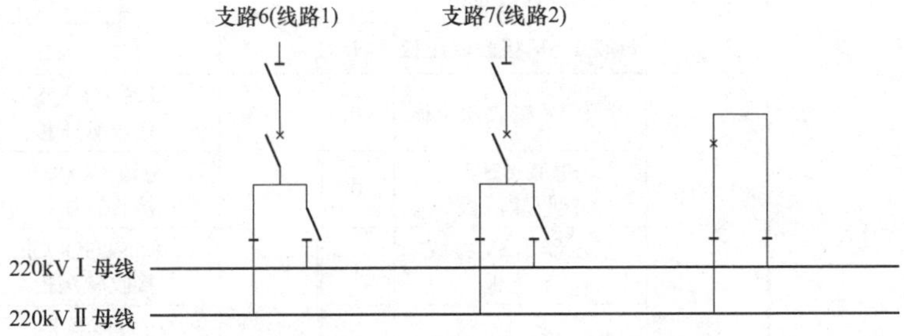


图 4-25 运行方式图

（2）母线保护装置硬压板设置。母线保护装置硬压板设置是指投入保护装置上“检修状态投入”硬压板，退出“远方操作投入”硬压板，退出其他备用硬压板。

（3）母线保护装置软压板设置。母线保护装置软压板设置是根据测试方法及选取的试验支路来进行软压板设置。差动保护软压板整定为“1”，选择母联 1、支路 6（线路 1）、支路 7（线路 2）进行试验，将“母联 1 SV 接收软压板”“线路 1 SV 接收软压板”“线路 2 SV 接收软压板”整定为“1”。“GOOSE 发送软压板”和“GOOSE 接收软压板”均整定为 1。

软压板设置步骤：菜单选择→定值设置→软压板，按“↑↓←→”键选择压板，设置完成后输入口令进行确认保存[114]。

【114】南瑞继保 PCS-915D-DA-G 保护装置密码为“+←↑−”，长园深瑞 BP-2CD-F 保护装置密码为“800”。在进行压板、控制字与定值修改都使用此密码确认。

母线保护软压板设置见表 4-6。

**表 4-6　母线保护软压板设置**

| 软压板 | 名称 | 设定值 | 软压板 | 名称 | 设定值 |
|---|---|---|---|---|---|
| 功能软压板 | 差动保护软压板 | 1 | GOOSE 发送软压板 | 母联 1 保护跳闸软压板 | 1 |
| | 失灵保护软压板 | 0 | | 分段保护跳闸软压板 | 0 |
| | 母联 1 互联软压板 | 0 | | 母联 2 保护跳闸软压板 | 0 |
| | 母联 2 互联软压板 | 0 | | 变压器 1 保护跳闸软压板 | 1 |
| | 分段互联软压板 | 0 | | 线路 1 保护跳闸软压板 | 1 |
| | 母联 1 分列软压板 | 0 | | 线路 2 保护跳闸软压板 | 1 |
| | 母联 2 分列软压板 | 0 | | 变压器 2 保护跳闸软压板 | 0 |
| | 分段分列软压板 | 0 | | 线路 3 保护跳闸软压板 | 0 |
| | 远方投退压板 | 0 | | 线路 4 保护跳闸软压板 | 0 |
| | 远方切换定值区 | 0 | | | |
| | 远方修改定值 | 0 | | | |
| | 母联 1 SV 接收软压板 | 1 | | | |
| SV 接收软压板 | 分段 SV 接收软压板 | 0 | GOOSE 接收软压板 | 母联 1GOOSE 接收软压板 | 1 |
| | 母联 2 SV 接收软压板 | 0 | | 分段 GOOSE 接收软压板 | 0 |
| | 变压器 1 SV 接收软压板 | 1 | | 母联 2GOOSE 接收软压板 | 0 |
| | 线路 1 SV 接收软压板 | 1 | | 变压器 1 GOOSE 接收软压板 | 1 |
| | 线路 2 SV 接收软压板 | 1 | | 线路 1 GOOSE 接收软压板 | 1 |
| | 变压器 2 SV 接收软压板 | 0 | | 线路 2 GOOSE 接收软压板 | 1 |
| | 线路 3 SV 接收软压板 | 0 | | 变压器 2 GOOSE 接收软压板 | 0 |
| | 线路 4 SV 接收软压板 | 0 | | 线路 3 GOOSE 接收软压板 | 0 |
| | 电压 SV 接收软压板 | 1 | | 线路 4 GOOSE 接收软压板 | 0 |

（4）母线保护装置定值与控制字设置。

1）系统参数设置。系统参数设置见4.1.1“系统参数设置”。

2）保护参数设置。

定值（控制字）设置步骤：菜单选择→定值设置→保护定值→保护定值（控制字），按“↑↓←→”键选择定值与控制字，设置完成后输入口令进行确认保存[115]。

母线保护定值与控制字设置见表4-7。

**表4-7 母线保护定值与控制字设置**

| 项目 | 名称 | 设定值 | 项目 | 名称 | 设定值 |
|---|---|---|---|---|---|
| 母线保护定值 | 差动保护启动电流定值 | 0.3A | 控制字 | 差动保护 | 1 |
| | TA断线告警定值 | 10A[116] | | 失灵保护 | 0 |
| | TA断线闭锁定值 | 10A | | | |
| | 母联分段失灵电流定值 | 0.5A | | | |
| | 母联分段失灵时间 | 0.2s | | | |
| 失灵保护定值 | 低电压闭锁定值 | 40V | | | |
| | 零序电压闭锁定值 | 6V | | | |
| | 负序电压闭锁定值 | 4V | | | |
| | 三相失灵相电流定值 | 0.24A | | | |
| | 失灵零序电流定值 | 0.2A | | | |
| | 失灵负序电流定值 | 0.1A | | | |
| | 失灵保护1时限 | 0.2s | | | |
| | 失灵保护2时限 | 0.3s | | | |

（5）试验接线。试验接线方法见4.1.2试验接线。

本试验选择母联、支路6（线路1）、支路7（线路2）进行试验，继电保护测试仪的IEC 61850接口与母线保护装置的SMV点对点接口及GOOSE点对点接口连接对应关系见表4-8。

**表4-8 光纤接线光口对应表**

| 序号 | 测试仪的IEC 61850接口 | 母线保护装置接口 |
|---|---|---|
| 1 | 光口1 | 母联SMV点对点口 |
| 2 | 光口2 | 支路6（线路1）SMV点对点口 |
| 3 | 光口3 | 支路7（线路2）SMV点对点口 |
| 4 | 光口4 | 母线电压SMV点对点口 |
| 5 | 光口5 | 母联GOOSE点对点口 |
| 6 | 光口6 | 支路6（线路1）GOOSE点对点口 |
| 7 | 光口7 | 支路7（线路2）GOOSE点对点口 |
| 8 | 光口8 | |

【115】南瑞继保PCS-915D-DA-G保护装置密码为“+←↑-”，长园深瑞BP-2CD-F保护装置密码为“800”。在进行压板、控制字与定值修改都使用此密码确认。

【116】为了防止TA断线闭锁差动保护，此处可以将TA断线闭锁定值设置的大一点。

(6) 继电保护测试仪与母线保护装置的映射关系。根据继电保护测试仪与母线保护装置的连接关系，本次试验时测试仪通道与母线保护装置的映射关系见表4-9。

**表4-9　本次试验时测试仪通道与母线保护装置的映射关系**

| 序号 | 测试仪的IEC 61850映射 | 母线保护装置映射 |
|---|---|---|
| 1 | $I_A$ | 母联1A相电流 |
| 2 | $I_B$ | 支路6（线路1）A相电流 |
| 3 | $I_C$ | 支路7（线路2）A相电流 |
| 4 | $U_A$、$U_B$、$U_C$ | Ⅰ母线三相电压 |
|  | $U_a$、$U_b$、$U_c$ | Ⅱ母线三相电压 |
| 5 | GOOSE开出1 | 母联断路器位置 |
| 6 | GOOSE开出2 | 支路6（线路1）隔离开关1 |
|  | GOOSE开出3 | 支路6（线路1）隔离开关2 |
| 7 | GOOSE开出4 | 支路7（线路2）隔离开关1 |
|  | GOOSE开出5 | 支路7（线路2）隔离开关2 |

(7) 试验计算。差动保护启动电流定值为0.3A，二次电流额定值$I_N$为1A。

模拟Ⅱ母线区内故障，选取支路7（线路2）电流不变，设定为0A，支路6（线路1）电流从0.27A开始增大，步长为0.003A。

(8) 试验加量。

1) 点击桌面“继保之星”快捷方式→点击“交流试验”图标，进入“交流试验”模块。

2) 各状态中的电压、电流设置见表4-10。

**表4-10　启动电流定值准确度（小差比率制动特性）参数设置**

| 参数 | 幅值 | 是否变化 | 步长 |
|---|---|---|---|
| $U_a$ (V) | $0\angle 0°$ |  |  |
| $U_b$ (V) | $0\angle -120°$ |  |  |
| $U_c$ (V) | $0\angle 120°$ |  |  |
| $I_A$ (A) | 0 |  |  |
| $I_B$ (A) | $0.27\angle 0°$ | √ | 0.003 |
| $I_C$ (A) | 0 |  |  |
| 变化方式 | 自动试验 |  |  |

续表

| 参数 | 幅值 | 是否变化 | 步长 |
| --- | --- | --- | --- |
| 动作方式 | 动作停止 | | |
| 间隔时间 | 0.2s | | |
| 开入 | | | |
| 开出 1 | 合 | | |
| 开出 2 | 分 | | |
| 开出 3 | 合 | | |
| 开出 4 | 分 | | |
| 开出 5 | 合[117] | | |

3）在工具栏中点击▶或按键盘中“run”键开始进行试验，保护动作后，测试仪停止输出，记录此时的 $I_B$，即为保护动作时支路 6（线路 1）的电流。

4）动作报文如图 4-26 所示。

PCS-915D-DA-G 母线保护—整组动作报文

被保护设备：设备编号　版本号：V2.61　管理序号：00428456.001

打印时间：2020-07-07 16：59：54

| 序号 | 启动时间 | 相对时间 | 动作相别 | 动作元件 |
| --- | --- | --- | --- | --- |
| 0958 | 2020-07-07 16：58：04：636 | 0000ms | | 保护启动 |
| | | 0024ms | | 差动保护跳母联 1 |
| | | 0025ms | A | 稳态量差动保护跳Ⅱ母线 |
| | | | | Ⅱ母线差动保护动作 |
| | | | | 母联 1，1、2 号出线 |
| 保护动作相别 | | | | A |
| 最大差比率电流 | | | | 0.31A |

图 4-26　差动保护启动定值试验报告

（9）试验分析。

大差电流

$$\dot{I}_{d}=|\dot{I}_{6}+\dot{I}_{7}|=|0.309\angle 0°+0\angle 0°|=0.309\ (\mathrm{A}) \tag{4-1}$$

Ⅰ母线小差电流

$$\dot{I}_{d1}=|\dot{I}_{m1}|=|0\angle 0°+0\angle 0°|=0\ (\mathrm{A}) \tag{4-2}$$

Ⅱ母线小差电流

$$\dot{I}_{d2}=|\dot{I}_{6}+\dot{I}_{7}|=|0.309\angle 0°+0\angle 0°|=0.309\ (\mathrm{A}) \tag{4-3}$$

【117】即表示支路 6（线路 1）的隔离开关 1 断开，隔离开关 2 闭合，支路 6 运行于Ⅱ母线；支路 7（线路 2）的隔离开关 1 断开，隔离开关 2 闭合，支路 7 运行于Ⅱ母线。母联断路器初始在合位，差动保护动作后为分位。

式中 $\dot{I}_d$——大差差动电流；

$\dot{I}_{d1}$——Ⅰ母线小差差动电流；

$\dot{I}_{d2}$——Ⅱ母线小差差动电流；

$\dot{I}_6$——6 支路电流；

$\dot{I}_7$——7 支路电流；

$I_{ml}$——母联电流。

从图 4-26 差动保护启动定值试验报告可以看出，电压闭锁条件开放，当支路 6（线路 1）电流从 0.27A 开始增大到 0.309A 时，Ⅱ母线区内故障，保护可靠动作，跳开母联断路器，切除Ⅱ母线上所有支路［支路 6（线路 1）、支路 7（线路 2）］。

差动保护逻辑正确，差动保护启动定值为 0.3A，动作电流 0.309A，误差不大于 5.0%，满足要求。

**2. 启动电流定值准确度（大差比率制动特性）**

（1）测试方法。在两母线上分别选取一条支路，其中一条支路电流为变化量，另一条支路电流不变，差动保护电流从 90%整定值递变增大至保护动作。

本试验选择母联、支路 6（线路 1）、支路 7（线路 2）进行试验，母线并列运行，支路 6（线路 1）运行于Ⅰ母线，支路 7（线路 2）运行于Ⅱ母线，运行方式如图 4-27 所示。

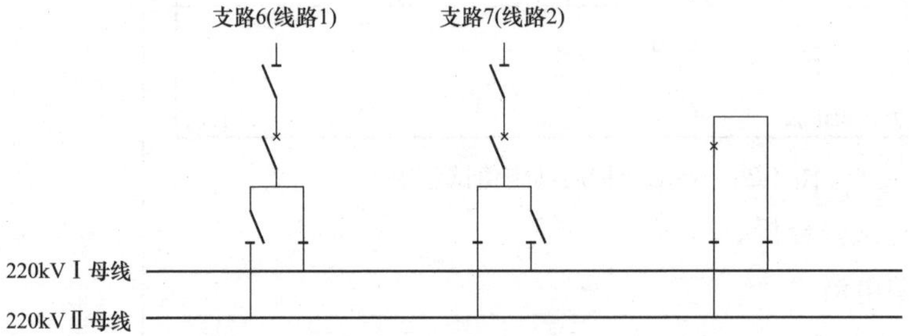


图 4-27　运行方式图

（2）母线保护装置硬压板设置。母线保护装置硬压板设置同“启动电流定值准确度（小差比率制动特性）”的设置。

（3）母线保护装置软压板设置。母线保护装置软压板设置同“启动电流定值准确度（小差比率制动特性）”的设置。

（4）母线保护装置定值与控制字设置。母线保护装置定值与控制字设置同“启动电流定值准确度（小差比率制动特性）”的设置。

(5) 试验接线。试验接线同“启动电流定值准确度(小差比率制动特性)”的设置。

(6) 继电保护测试仪与母线保护装置的映射关系。继电保护测试仪与母线保护装置的映射关系同“启动电流定值准确度(小差比率制动特性)”的设置。

(7) 试验计算。

模拟Ⅱ母线区内故障。

支路6(线路1)电流不变，设定为0A;

支路7(线路2)电流从0.27A开始增大，步长为0.003A。

(8) 试验加量。

1) 点击桌面“继保之星”快捷方式→点击“交流试验”图标，进入“交流试验”模块。

2) 各状态中的电压、电流设置见表4-11。

**表4-11 启动电流定值准确度(大差比率制动特性)参数设置**

| 参数 | 幅值 | 是否变化 | 步长 |
|---|---|---|---|
| $U_a$ (V) | 0 | | |
| $U_b$ (V) | 0 | | |
| $U_c$ (V) | 0 | | |
| $I_A$ (A) | 0 | | |
| $I_B$ (A) | 0 | | |
| $I_C$ (A) | 0.27∠0° | √ | 0.003 |
| 变化方式 | 自动试验 | | |
| 动作方式 | 动作停止 | | |
| 间隔时间 | 0.2s | | |
| 开入 | | | |
| 开出1 | 合 | | |
| 开出2 | 合 | | |
| 开出3 | 分 | | |
| 开出4 | 分 | | |
| 开出5 | 合[118] | | |

3) 在工具栏中点击“▶”或按键盘中“run”键开始进行试验，保护动作后，测试仪停止输出，记录此时的$I_C$;即为保护动作时支路7(线路2)的电流。

4) 动作报文如图4-28所示。

【118】即表示支路6(线路1)的隔离开关2断开，隔离开关1闭合，支路6运行于Ⅰ母线；支路7(线路2)的隔离开关2闭合，隔离开关1断开，支路7运行于Ⅱ母线。母线联断路器初始在合位，差动保护动作后为分位。

PCS-915D-DA-G 母线保护—整组动作报文

被保护设备：设备编号　版本号：V2.61　管理序号：00428456.001

打印时间：2020-07-07 17：02：54

| 序号 | 启动时间 | 相对时间 | 动作相别 | 动作元件 |
|---|---|---|---|---|
| 0960 | 2020-07-07 17：02：07：432 | 0000ms | | 保护启动 |
| | | 0024ms | | 差动保护跳母联 1 |
| | | 0025ms | A | 稳态量差动保护跳Ⅱ母线 |
| | | | | Ⅱ母线差动保护动作 |
| | | | | 母联 1，2 号出线 |
| 保护动作相别 | | | | A |
| 最大差比率电流 | | | | 0.31A |

图 4-28　差动保护启动定值试验报告

（9）试验分析。

大差比率电流

$$\dot{I}_{d}=|\dot{I}_{6}+\dot{I}_{7}|=|0.306\angle 0°+0\angle 0°|=0.306\text{ (A)} \quad (4\text{-}4)$$

Ⅰ母线小差比率电流

$$\dot{I}_{d1}=|\dot{I}_{m1}+\dot{I}_{6}|=|0\angle 0°+0\angle 0°|=0\text{ (A)} \quad (4\text{-}5)$$

Ⅱ母线小差比率电流

$$\dot{I}_{d2}=|\dot{I}_{m1}+\dot{I}_{7}|=|0\angle 0°+0.306\angle 0°|=0.306\text{ (A)} \quad (4\text{-}6)$$

当支路 7（线路 2）电流从 0.27A 开始增大到 0.30A 时，大于差动保护启动定值后，大差电流 $\dot{I}_{d}$ 为 0.306A，Ⅰ母线小差电流 $\dot{I}_{d1}$ 为 0，Ⅱ母线小差电流 $\dot{I}_{d2}$ 为 0.306A，电压闭锁条件开放，Ⅱ母线区内故障。从报告看出，保护可靠动作，跳开母联断路器，切除Ⅱ母线上所有支路即支路 7（线路 2）；差动保护逻辑正确，误差不大于 5.0%，满足要求。

**3. 比率差动保护动作特性曲线**

母线保护中的差动保护主要有两种，常规比率差动保护和复合比率差动保护，两种比率差动保护均有大差比率系数高值与低值（后文简称大差高值、大差低值），小差比率系数高值与低值（后文简称小差高值、小差低值）之分，不同保护装置的各个系数取值不尽相同。南瑞继保 PCS-915D-DA-G 母线保护装置采用常规比率差动保护，长园深瑞 BP-2CD-F 母线保护装置采用复合比率差动保护，本节以这两种母线保护装置为例，分别介绍常规比率差动保护和复合比率差动保护中比率系数高值与低值的验证方法。

（1）常规比率差动保护。

动作判据为：

$$\left|\sum_{j=1}^{m}\dot{I}_j\right| > I_{\mathrm{cdzd}} \tag{4-7}$$

$$\left|\sum_{j=1}^{m}\dot{I}_j\right| > K\sum_{j=1}^{m}|\dot{I}_j| \tag{4-8}$$

式中 $K$——比率制动系数；

$\dot{I}_j$——第 $j$ 个连接元件的电流；

$I_{\mathrm{cdzd}}$——差动保护电流启动定值。

比率差动保护动作特性曲线如图 4-29 所示。

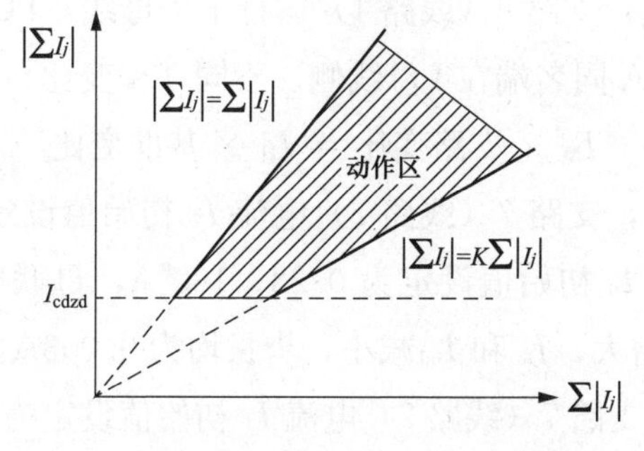


图 4-29 比率差动保护元件动作特性曲线

为防止在母联断路器断开的情况下，弱电源侧母线发生故障时大差比率差动保护元件的灵敏度不够，比率差动保护元件的比率制动系数设高、低两个定值。母线并列运行时，大差高值和小差低值同时动作，比率差动元件动作；母线分列运行时，大差低值和小差高值同时动作时，比率差动元件动作。

PCS-915D-DA-G 母线保护装置中，大差高值固定取 0.5，小差高值固定取 0.6；大差低值固定取 0.3，小差低值固定取 0.5。

1）校验常规比率差动保护大差高值和小差低值（PCS-915D-DA-G 母线保护装置）。

a. 测试方法。模拟Ⅱ母线区内故障，在比率差动特性曲线的折线上，从横坐标（制动电流）上任选两点（本试验取制动电流 $I_r$ 分别为 0.6、1A 进行校验），测试该点差动保护动作时比率差动系数值。本试验选择母联、支路 6（线路 1）、支路 7（线路 2）进行试验，运行方式如图 4-27 所示。

b. 母线保护装置硬压板设置。母线保护装置硬压板设置同“启动电流定值准确度（小差比率制动特性）”的设置。

c. 母线保护装置软压板设置。母线保护装置软压板设置同“启动电流定值准确度（小差比率制动特性）”的设置。

d. 母线保护装置定值与控制字设置。母线保护装置定值与控制字设置同“启动电流定值准确度（小差比率制动特性）”的设置。

e. 试验接线。试验接线同“启动电流定值准确度（小差比率制动特性）”的设置。

f. 继电保护测试仪与母线保护装置的映射关系。继电保护测试仪与母线保护装置的映射关系同“启动电流定值准确度（小差比率制动特性）”的设置。

g. 试验计算。本试验模拟Ⅱ母线区内故障，母线并列运行，支路 7（线路 2）运行于Ⅱ母线，支路 6（线路 1）运行于Ⅰ母线，PCS-915D-DA-G 母线保护装置中母联 1TA 同名端在Ⅰ母线侧。不同 TA 变比，计算公式为：

$$I_{测} \times 支路变比 = I_{计} \times 基准变比 \tag{4-9}$$

当 $I_r=0.6$A 时，支路 7（线路 2）电流 $I_7$ 初始值设定为 $0.32\angle 0°$A，支路 6（线路 1）电流 $I_6$ 初始值设定为 $0.28\angle 180°$A，母联电流 $I_{ml}$ 初始值设定为 $0.28\angle 0°$A，$I_7$ 增大，$I_6$ 和 $I_{ml}$ 减小，步长均为 0.003A。

当 $I_r=1$A 时，支路 7（线路 2）电流 $I_7$ 初始值设定为 $0.52\angle 0°$A，支路 6（线路 1）电流 $I_6$ 初始值设定为 $0.48\angle 180°$A，母联电流 $I_{ml}$ 初始值设定为 $0.48\angle 0°$A，$I_7$ 增大，$I_6$ 和 $I_{ml}$ 减小，步长均为 0.003A。

h. 试验加量。试验加量指点击桌面“继保之星”快捷方式→点击“交流试验”图标，进入“交流试验”模块。

各电压、电流设置见表 4-12。

**表 4-12　　常规比率差动保护大差高值参数设置**

| 项目 | 电压/电流值 | | 是否变化 | 步长 |
|---|---|---|---|---|
| | $I_r=0.6$A | $I_r=1$A | | |
| $U_A$（V） | 0 | 0 | | |
| $U_B$（V） | 0 | 0 | | |
| $U_C$（V） | 0 | 0 | | |
| $U_a$（V） | 0 | 0 | | |
| $U_b$（V） | 0 | 0 | | |
| $U_c$（V） | 0 | 0 | | |
| $I_A$（A） | $0.28\angle 0°$ | $0.48\angle 0°$ | √ | −0.003 |
| $I_B$（A） | $0.28\angle 180°$ | $0.48\angle 180°$ | √ | −0.003 |
| $I_C$（A） | $0.32\angle 0°$ | $0.52\angle 0°$ | √ | +0.003 |
| 变化方式 | 自动试验 | | | |

续表

| 项目 | 电压/电流值 | | 是否变化 | 步长 |
|---|---|---|---|---|
| | $I_r$=0.6A | $I_r$=1A | | |
| 动作方式 | 动作停止 | | | |
| 间隔时间 | 0.2s | | | |
| 开入 | | | | |
| 开出1 | 合[119] | | | |
| 开出2 | 合 | | | |
| 开出3 | 分 | | | |
| 开出4 | 分 | | | |
| 开出5 | 合 | | | |

【119】即表示支路6（线路1）的隔离开关2断开，隔离开关1闭合，支路6运行于Ⅰ母线；支路7（线路2）的隔离开关2闭合，隔离开关1断开，支路7运行于Ⅱ母线。母线联断路器初始在合位，差动保护动作后为分位。

在工具栏中点击“▶”或按键盘中“run”键开始进行试验，同时观察保护装置面板指示灯，直到“母线差动保护动作”指示灯亮，记录此时各支路的电流值，见表4-13。

**表4-13　常规比率差动保护大差高值试验记录表**

| 参数 | 电流值 | |
|---|---|---|
| | $I_r$=0.6A | $I_r$=1A |
| $I_{ml}/I_A$ | 0.148A | 0.249A |
| $I_6/I_B$ | 0.148A | 0.249A |
| $I_7/I_C$ | 0.452A | 0.751A |

差动保护动作，动作报文如图4-30所示。

PCS-915D-DA-G母线保护装置—整组动作报文

被保护设备：保护设备　版本号：V2.61　管理序号：00428456.001

打印时间：2019-06-26 19:38:29

| 序号 | 启动时间 | 相对时间 | 动作相别 | 动作元件 |
|---|---|---|---|---|
| 0343 | 2019-06-26 19:36:50:286 | 0000ms | | 保护启动 |
| | | 0000ms | | 差动保护启动 |
| | | 6800ms | | 差动保护跳母联1 |
| | | 6800ms | A | 稳态量差动保护跳Ⅱ母线 |
| | | | | Ⅱ母线差动保护动作 |
| | | | | 母联1，2号出线 |
| 保护动作相别 | | | | A |
| 最大差比率电流 | | | | 0.30A |

(a)

图4-30　常规比率差动保护大差高值动作报文图（一）

(a) $I_r$=0.6A

| 序号 | 启动时间 | 相对时间 | 动作相别 | 动作元件 |
|---|---|---|---|---|
| 0344 | 2019-06-26 19：36：58：526 | 0000ms | | 保护启动 |
| | | 0000ms | | 差动保护启动 |
| | | 8800ms | | 差动保护跳母联 1 |
| | | 8800ms | A | 稳态量差动保护跳Ⅱ母线 |
| | | | | Ⅱ母线差动保护动作 |
| | | | | 母联 1，2 号出线 |
| 保护动作相别 | | | | A |
| 最大差比率电流 | | | | 0.51A |

（b）

图 4-30　常规比率差动保护大差高值动作报文图（二）

（b）$I_r=1A$

i. 试验分析。常规比率差动保护大差高值计算方法见表 4-14。

**表 4-14　　　　常规比率差动保护大差高值计算表**

| $I_r=0.6A$ | $I_r=1A$ |
|---|---|
| $I_r=\|I_6\|+\|I_7\|=0.148+0.452=0.6$（A）<br>$I_d=\|I_7-I_6\|=0.452-0.148=0.304$（A）<br>$K=\frac{I_d}{I_r}=\frac{0.304}{0.6}=0.5$ | $I_r=\|I_6\|+\|I_7\|=0.249+0.751=1$（A）<br>$I_d=\|I_7-I_6\|=0.751-0.249=0.502$（A）<br>$K=\frac{I_d}{I_r}=\frac{0.502}{1}=0.5$ |

Ⅱ母线小差低值计算方法见表 4-15。

**表 4-15　　　　常规比率差动保护Ⅱ母线小差低值计算表**

| $I_r=0.6A$ | $I_r=1A$ |
|---|---|
| $I_{rII}=\|I_7\|+\|I_{ml}\|=0.452+0.148=0.6$（A）<br>$I_{dII}=\|I_7-I_{ml}\|=0.452-0.148=0.304$（A）<br>$K=\frac{I_d}{I_r}=\frac{0.304}{0.6}=0.5$ | $I_{rII}=\|I_7\|+\|I_{ml}\|=0.751+0.249=1$（A）<br>$I_{dII}=\|I_7-I_{ml}\|=0.751-0.249=0.502$（A）<br>$K=\frac{I_d}{I_r}=\frac{0.502}{1}=0.5$ |

从表 4-14 常规比率差动保护大差高值计算表和表 4-15 常规比率差动保护Ⅱ母线小差低值计算表可以看出，在制动电流取不同情况下，计算的比率差动保护大差高值为 0.5，小差低值为 0.5，与装置说明书“大差高值固定取 0.5，小差高值固定取 0.6；大差低值固定取 0.3，小差低值固定取 0.5，当大

差高值和小差低值同时动作，或大差低值和小差高值同时动作时，比率差动保护元件动作”一致。

2）校验常规比率差动保护大差低值（PCS-915D-DA-G 母线保护装置）。

a. 测试方法。在母线分列运行时，校验常规比率差动保护大差低值。

本试验选择支路 6（线路 1）、支路 7（线路 2）进行试验，母线分列运行，支路 6（线路 1）运行于Ⅰ母线，支路 7（线路 2）运行于Ⅱ母线。

模拟Ⅱ母线区内故障。制动电流分别取 $I_r=1$、2A 时，同时改变两条支路电流的大小，保持制动电流 $I_r$ 不变，增大差动保护电流 $I_d$ 直到保护动作，记录各条支路的电流值，计算大差比率比例系数低值。由于每条母线上只加了一条支路电流，所以每条支路的小差比率判别条件自动满足，当大差比率判别条件满足时，差动保护动作。

b. 母线保护装置硬压板设置。母线保护装置硬压板设置同“启动电流定值准确度（小差比率制动特性）”的设置。

c. 母线保护装置软压板设置。将“母联 1 分列软压板”设置为 1，其他设置同“启动电流定值准确度（小差比率制动特性）”的设置。

d. 母线保护装置定值与控制字设置。母线保护装置定值与控制字设置同“启动电流定值准确度（小差比率制动特性）”的设置。

e. 试验接线。试验接线同“启动电流定值准确度（小差比率制动特性）”的设置。

f. 继电保护测试仪与母线保护装置的映射关系。继电保护测试仪与母线保护装置的映射关系同“启动电流定值准确度（小差比率制动特性）”的设置。

g. 试验计算。试验计算的常规比率差动保护动作判据见式（4-7）和式（4-8）。

本试验模拟Ⅱ母线区内故障，母线分列运行，支路 6（线路 1）运行于Ⅰ母线，支路 7（线路 2）运行于Ⅱ母线，PCS-915D-DA-G 母线保护装置中母联 1TA 同名端在Ⅰ母线侧。各支路及基准 TA 变比均为 1200/1。不同 TA 变比的计算公式见式（4-9）。

当 $I_r=1$A 时，支路 6（线路 1）电流 $I_6$ 初始值设定为 $0.38\angle 180^\circ$A，支路 7（线路 2）电流 $I_7$ 初始值设定为 $0.62\angle 0^\circ$A，$I_6$ 减小，$I_7$ 增大，步长均为 0.003A。

当 $I_r=2$A 时，支路 6（线路 1）电流 $I_6$ 初始值设定为 $0.73\angle 180^\circ$A，支路 7（线路 2）电流 $I_7$ 初始值设定为 $1.27\angle 0^\circ$A，$I_6$ 减小，$I_7$ 增大，步长均为

0.003A。

h. 试验加量。试验加量指点击桌面“继保之星”快捷方式→点击“交流试验”图标，进入“交流试验”模块。各电压、电流设置见表4-16。

表4-16　常规比率差动保护大差低值参数设置

| 项目 | 电压/电流值 | | 是否变化 | 步长 |
|---|---|---|---|---|
| | $I_r$=1A | $I_r$=2A | | |
| $U_A$（V） | 0 | 0 | | |
| $U_B$（V） | 0 | 0 | | |
| $U_C$（V） | 0 | 0 | | |
| $U_a$（V） | 0 | 0 | | |
| $U_b$（V） | 0 | 0 | | |
| $U_c$（V） | 0 | 0 | | |
| $I_A$（A） | 0 | 0 | | |
| $I_B$（A） | 0.38∠180° | 0.73∠180° | √ | −0.003 |
| $I_C$（A） | 0.62∠0° | 1.27∠0° | √ | +0.003 |
| 变化方式 | 自动试验 | | | |
| 动作方式 | 动作停止 | | | |
| 间隔时间 | 0.2s | | | |
| 开入 | | | | |
| 开出1 | 分[120] | | | |
| 开出2 | 合 | | | |
| 开出3 | 分 | | | |
| 开出4 | 分 | | | |
| 开出5 | 合 | | | |

【120】分列运行压板投入且母线联络在跳位时，南瑞继保PCS-915D-DA-G保护装置判定母线分列。开出1设置为分位，即表示母联断路器处于分位。

在工具栏中点击“▶”或按键盘中“run”键开始进行试验，同时观察保护装置面板指示灯，直到“母线差动保护动作”指示灯亮，记录此时$I_B$、$I_C$的电流值，见表4-17。

表4-17　常规比率差动保护大差低值试验记录表

| 项目 | 电流值 | |
|---|---|---|
| | $I_r$=1A | $I_r$=2A |
| $I_6/I_B$ | 0.35A | 0.697A |
| $I_7/I_C$ | 0.65A | 1.303A |

差动保护动作，动作报文如图 4-31 所示。

PCS-915D-DA-G 母线保护装置—整组动作报文

被保护设备：保护设备　版本号：V2.61　管理序号：00428456.001

打印时间：2019-06-26 19：38：29

| 序号 | 启动时间 | 相对时间 | 动作相别 | 动作元件 |
|---|---|---|---|---|
| 0363 | 2019-06-26 19：36：50：286 | 0000ms | | 保护启动 |
| | | 0000ms | | 差动保护启动 |
| | | 6800ms | | 差动保护跳母联 1 |
| | | 6800ms | A | 稳态量差动保护跳Ⅱ母线 |
| | | | | Ⅱ母线差动保护动作 |
| | | | | 母联 1，2 号出线 |
| 保护动作相别 | | | | A |
| 最大差比率电流 | | | | 0.3A |

(a)

| 序号 | 启动时间 | 相对时间 | 动作相别 | 动作元件 |
|---|---|---|---|---|
| 0364 | 2019-06-26 19：46：30：211 | 0000ms | | 保护启动 |
| | | 0000ms | | 差动保护启动 |
| | | 8800ms | | 差动保护跳母联 1 |
| | | 8800ms | A | 稳态量差动保护跳Ⅱ母线 |
| | | | | Ⅱ母线差动保护动作 |
| | | | | 母联 1，2 号出线 |
| 保护动作相别 | | | | A |
| 最大差比率电流 | | | | 0.61A |

(b)

图 4-31　常规比率系数低值动作报文图

(a) $I_r=1A$；(b) $I_r=2A$

i. 试验分析。常规比率差动保护大差低值计算方法见表 4-18。

从图 4-31 常规比率系数低值动作报文图可以看出，由于每条母线上只加了一条支路电流，所以每条支路的小差比率判别条件自动满足，当大差比率判别条件满足时，差动保护动作。从表 4-18 中可以看出，计算出的比率差动保护大差低值都为 0.3，与装置说明书中“大差比率低值固定取 0.3，小差比率低值固定取0.5，母线分列运行时，大差比率低值和小差比率高值同时动作时，比率差动保护元件动作”一致。

**表 4-18　　常规比率差动保护大差低值计算表**

| $I_r=1A$ | $I_r=2A$ |
|---|---|
| $I_r=\|I_6\|+\|I_7\|=1$ (A)<br>$I_d=\|I_7-I_6\|=0.65-0.35=0.3$ (A)<br>$K=\frac{I_d}{I_r}=\frac{0.3}{1}=0.3$ | $I_r=\|I_6\|+\|I_7\|=2$ (A)<br>$I_d=\|I_7-I_6\|=1.303-0.697=0.606$ (A)<br>$K=\frac{I_d}{I_r}=\frac{0.606}{2}=0.303$ |

（2）复式比率差动保护。

BP-2CD-F 母线保护装置采用复式比率差动保护，下面简要介绍其原理。

动作判据为：

$$\begin{cases} I_d > I_{dset} \\ I_d > K_r \times (I_r - I_d) \end{cases} \tag{4-10}$$

式中　$I_d$——差动电流；

$I_r$——制动电流；

$I_{dset}$——差动保护启动电流定值；

$K_r$——复式比率系数（制动系数）定值。

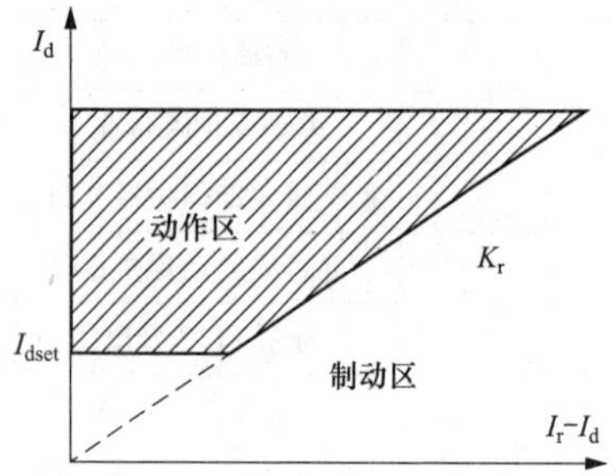


图 4-32　复式比率差动保护元件动作特性曲线

复式比率差动保护判据相对于传统的比率差动保护判据，在制动量的计算中引入了差动电流，使其在母线区外故障时有极强的制动特性，在母线区内故障时无制动，因此能更明确地区分区外故障与区内故障。

复式比率差动保护元件的动作特性如图 4-32 所示。

考虑到分段母线分列运行的情况下发生区内故障，非故障母线段有电流流出母线，影响大差比率元件的灵敏度，大差比率差动保护元件的比率制动系数可以自动调整。母线并列运行时，即联络开关的“分列压板”和跳位继电器（TWJ）开入均为0且合位继电器（HWJ）为1时，大差比率制动系数与小差比率制动系数相同，均使用比率制动系数高值；母线分列运行时，即当联络开关异常或“分列压板”开入为1时，大差比率差动保护元件自动转用比率制动系数低值，小差比率制动系数不变，仍采用高值。比率制动系数

$K$ 是内部固化：大差比率和小差比率的高值均为 0.5；大差比率低值为 0.3，小差比率不分高值、低值，均采用高值。折算到复式比率制动系数 $K_r$ 高值为 1，低值为 0.428。

1）校验复式比率差动保护比率系数大差高值（BP-2CD-F 母线保护装置）。

a. 测试方法。母线并列运行时，校验复式比率差动保护比率系数大差高值。

在复式比率差动保护特性曲线的横坐标上任选两点，测试该点差动保护动作值。复式比率差动保护元件动作特性曲线的横坐标为（$I_r-I_d$），与常规比率差动保护元件动作特性曲线横坐标为 $I_r$ 不同，所以在本试验过程中，改变支路电流的同时要保持（$I_r-I_d$）不变。

本试验选择母联、支路 6（线路 1）、支路 7（线路 2）进行试验，运行方式如图 4-27 所示。模拟Ⅱ母线区内故障。制动电流（$I_r-I_d$）分别取 0.6A、1A。

b. 母线保护装置硬压板设置。母线保护装置硬压板设置同“常规比率差动保护大差比率高值和小差比率低值（PCS-915D-DA-G 母线保护装置）”的设置。

c. 母线保护装置软压板设置。母线保护装置软压板设置同“常规比率差动保护大差比率高值和小差比率低值（PCS-915D-DA-G 母线保护装置）”的设置。

d. 母线保护装置定值与控制字设置。母线保护装置定值与控制字设置同“常规比率差动保护大差比率高值和小差比率低值（PCS-915D-DA-G 母线保护装置）”的设置。

e. 试验接线。试验接线同“常规比率差动保护大差比率高值和小差比率低值（PCS-915D-DA-G 母线保护装置）”的设置。

f. 继电保护测试仪与母线保护装置的映射关系。继电保护测试仪与母线保护装置的映射关系同“常规比率差动保护大差比率高值和小差比率低值（PCS-915D-DA-G 母线保护装置）”的设置。

g. 试验计算。本试验模拟Ⅱ母线区内故障，母线并列运行，支路 7（线路 2）运行于Ⅱ母线，支路 6（线路 1）运行于Ⅰ母线，BP-2CD-F 母线保护装置中母联 1TA 同名端在Ⅱ母线侧。支路 7（线路 2）TA 变比、母联 TA、支路 6（线路 1）TA 及基准变比均为 1200/1。

不同 TA 变比的计算公式见式（4-9）。

本试验中，差动电流 $I_d=I_7-I_6$，制动电流 $I_r=I_7+I_6$，则 $I_r-I_d=2I_6$，要保持（$I_r-I_d$）不变，则保持 $I_6$ 不变即可。

当 $I_r-I_d=0.6$A 时，支路 6（线路 1）电流 $I_6$ 初始值设定为 $0.3\angle 180°$A，

支路7（线路2）电流 $I_7$ 初始值设定为0.891∠0°A，母联电流 $I_{ml}$ 初始值设定为0.3∠180°A，$I_7$ 增大，$I_6$ 和 $I_{ml}$ 不变，步长均为0.003A。

当 $I_r - I_d = 1A$ 时，支路6（线路1）电流 $I_6$ 初始值设定为0.5∠180°A，支路7（线路2）电流 $I_7$ 初始值设定为1.491∠0°A，母联电流 $I_{ml}$ 初始值设定为0.5∠180°A，$I_7$ 增大，$I_6$ 和 $I_{ml}$ 不变，步长均为0.003A。

h. 试验加量。试验加量的步骤是点击桌面“继保之星”快捷方式→点击“交流试验”图标，进入“交流试验”模块。

复式比率差动保护大差高值试验的各电压、电流设置见表4-19。

表4-19　复式比率差动保护大差高值参数设置

| 项目 | 电压/电流值 | | 是否变化 | 步长 |
|---|---|---|---|---|
| | $I_r - I_d = 0.6A$ | $I_r - I_d = 1A$ | | |
| $U_A$（V） | 0 | 0 | | |
| $U_B$（V） | 0 | 0 | | |
| $U_C$（V） | 0 | 0 | | |
| $U_a$（V） | 0 | 0 | | |
| $U_b$（V） | 0 | 0 | | |
| $U_c$（V） | 0 | 0 | | |
| $I_A$（A） | 0.3∠180° | 0.5∠180° | | |
| $I_B$（A） | 0.3∠180° | 0.5∠180° | | |
| $I_C$（A） | 0.891∠0° | 1.491∠0° | √ | +0.003 |
| 变化方式 | 自动试验 | | | |
| 动作方式 | 动作停止 | | | |
| 间隔时间 | 0.2s | | | |
| 开入 | | | | |
| 开出1 | 合 | | | |
| 开出2 | 合 | | | |
| 开出3 | 分 | | | |
| 开出4 | 分 | | | |
| 开出5 | 合 | | | |

在工具栏中点击“▶”或按键盘中“run”键开始进行试验，同时观察保护装置面板指示灯，直到“母线差动保护动作”指示灯亮，记录此时各支路的电流值，见表4-20。

表4-20　复式比率差动保护大差高值试验记录表

| 参数 | 电流值 | |
|---|---|---|
| | $I_r - I_d = 0.6A$ | $I_r - I_d = 1A$ |
| $I_{ml}/I_A$ | 0.3A | 0.5A |

续表

| 参数 | 电流值 | |
|---|---|---|
| | $I_r - I_d = 0.6A$ | $I_r - I_d = 1A$ |
| $I_6/I_B$ | 0.3A | 0.5A |
| $I_7/I_C$ | 0.9A | 1.5A |

差动保护动作，动作报文如图 4-33 所示。

BP-2CD-F/DA-G 母线保护装置—整组动作报文

被保护设备：保护设备　版本号：V2.61　管理序号：00428456.001

打印时间：2019-06-26 20：08：29

| 序号 | 启动时间 | 相对时间 | 动作相别 | 动作元件 |
|---|---|---|---|---|
| 0348 | 2019-06-26 19：56：50：211 | 0000ms | | 保护启动 |
| | | 0000ms | | 差动保护启动 |
| | | 613ms | | 差动保护跳母联 1 |
| | | 613ms | A | 稳态量差动保护跳Ⅱ母线 |
| | | | | Ⅱ母线差动保护动作 |
| | | | | 母联 1，2 号出线 |
| 保护动作相别 | | | | A |
| 最大差比率电流 | | | | 0.60A |

(a)

| 序号 | 启动时间 | 相对时间 | 动作相别 | 动作元件 |
|---|---|---|---|---|
| 0349 | 2019-06-26 19：59：10：432 | 0000ms | | 保护启动 |
| | | 0000ms | | 差动保护启动 |
| | | 616ms | | 差动保护跳母联 1 |
| | | 616ms | A | 稳态量差动保护跳Ⅱ母线 |
| | | | | Ⅱ母线差动保护动作 |
| | | | | 母联 1，2 号出线 |
| 保护动作相别 | | | | A |
| 最大差比率电流 | | | | 1.0A |

(b)

图 4-33　复式比率系数大差高值动作报文图

(a) $I_r - I_d = 0.6A$；(b) $I_r - I_d = 1A$

i. 试验分析。复式比率系数大差高值计算方法见表 4-21。

**表 4-21　　复式比率系数大差高值计算表**

| $I_r-I_d$=0.6A | $I_r-I_d$=1A |
|---|---|
| $I_r=\|I_6\|+\|I_7\|=0.3+0.9=1.2$ (A)<br>$I_d=\|I_7-I_6\|=0.9-0.3=0.6$ (A)<br>$K_r=\frac{I_d}{I_r-I_d}=\frac{0.6}{1.2-0.6}=1$<br>$K=\frac{I_d}{I_r}=\frac{0.6}{1.2}=0.5$ | $I_r=\|I_6\|+\|I_7\|=0.5+1.5=2$ (A)<br>$I_d=\|I_7-I_6\|=1.5-0.5=1$ (A)<br>$K_r=\frac{I_d}{I_r-I_d}=\frac{1}{1}=1$<br>$K=\frac{I_d}{I_r}=\frac{1}{2}=0.5$ |

从表 4-21 可以看出，计算出的复式比率系数大差高值与装置说明书“大差比率和小差比率的高值均为 0.5；大差比率低值为 0.3，小差比率不分高值、低值，均采用高值。折算到复式比率制动系数 $K_r$ 高值为 1，低值为 0.428”一致。

2）复式比率差动保护大差低值（BP-2CD-F 母线保护装置）。

a. 测试方法。母线分列运行时，校验复式比率差动保护比率系数大差低值。BP-2CD-F 母线保护装置判定母线分列运行的判据是：“分列压板”和 TWJ 开入取“与”逻辑，两者都为 1，判为联络开关分列运行。

在复式比率差动保护特性曲线的横坐标上任选两点，测试该点差动保护动作值。复式比率差动保护元件动作特性曲线的横坐标为（$I_r-I_d$），与常规比率差动保护元件动作特性曲线横坐标为 $I_r$ 不同，所以在本试验过程中，改变支路电流的同时要保持（$I_r-I_d$）不变。

本试验选择支路 4（变压器 1）、支路 6（线路 1）、支路 7（线路 2）进行试验，母线分列运行。模拟Ⅱ母线区内故障。制动电流（$I_r-I_d$）分别取 1A、2A。

b. 母线保护装置硬压板设置。母线保护装置硬压板设置同“复式比率差动保护大差高值（BP-2CD-F 母线保护装置）”的设置。

c. 母线保护装置软压板设置。将“母联 1 分列软压板”设为 1，其他软压板同“复式比率差动保护大差高值（BP-2CD-F 母线保护装置）”的设置。

d. 母线保护装置定值与控制字设置。母线保护装置定值与控制字设置同“复式比率差动保护大差高值（BP-2CD-F 母线保护装置）”的设置。

e. 试验接线。光口 1 对应支路 4（变压器 1）SMV 点对点口，光口 8 对应支路 4（变压器 1）GOOSE 点对点口，其他试验接线同“复式比率差动保护大差高值（BP-2CD-F 母线保护装置）”的设置。

f. 继电保护测试仪与母线保护装置的映射关系。SMV 通道映射见表 4-4，并

将其中的 $I_A$ 映射为支路 4（变压器 1）的 A 相电流；GOOSE 通道映射见表 4-5。

g. 试验计算。复式比率差动保护动作判据为见式（4-10）。

本试验模拟Ⅱ母线区内故障，母线分列运行，支路 7（线路 2）运行于Ⅱ母线，支路 6（线路 1）、支路 4（变压器 1）运行于Ⅰ母线，BP-2CD-F 母线保护装置中母联 1TA 同名端在Ⅱ母线侧。各支路 TA 及基准变比均为 1200/1。不同 TA 变比的计算公式见式（4-9）。

本试验中，设定 $I_6$ 和 $I_4$ 等大反向，则差动电流 $I_d=I_7$，制动电流 $I_r=I_7+I_6+I_4$，则 $I_r-I_d=2I_6$，要保持（$I_r-I_d$）不变，则保持 $I_6$ 不变即可。

当 $I_r-I_d=1A$ 时，支路 6（线路 1）电流 $I_6$ 初始值设定为 0.5∠180°A，支路 4（变压器 1）电流 $I_4$ 设定为 0.5∠0°，支路 7（线路 2）电流 $I_7$ 初始值设定为 0.40∠0°A，$I_7$ 增大，$I_6$ 不变，步长为 0.003A。

当 $I_r-I_d=2A$ 时，支路 6（线路 1）电流 $I_6$ 初始值设定为 1∠180°A，支路 4（变压器 1）电流 $I_4$ 设定为 1∠0°，支路 7（线路 2）电流 $I_7$ 初始值设定为 0.80∠0°A，$I_7$ 增大，$I_6$ 不变，步长为 0.003A。

h. 试验加量。试验加量步骤是点击桌面“继保之星”快捷方式→点击“交流试验”图标，进入“交流试验”模块。

复式比率差动保护大差低值参数设置见表 4-22。

**表 4-22　　复式比率差动保护大差低值参数设置**

| 参数 | 电压/电流值 | | 是否变化 | 步长 |
|---|---|---|---|---|
| | $I_r-I_d=0.6A$ | $I_r-I_d=1A$ | | |
| $U_a$（V） | 0 | 0 | | |
| $U_b$（V） | 0 | 0 | | |
| $U_c$（V） | 0 | 0 | | |
| $U_A$（V） | 0 | 0 | | |
| $U_B$（V） | 0 | 0 | | |
| $U_C$（V） | 0 | 0 | | |
| $I_A$（A） | 0.5∠0° | 0.5∠0° | | |
| $I_B$（A） | 0.5∠180° | 0.5∠180° | | |
| $I_C$（A） | 0.40∠0° | 0.80∠0° | √ | +0.003 |
| 变化方式 | 自动试验 | | | |
| 动作方式 | 动作停止 | | | |
| 间隔时间 | 0.2s | | | |

续表

| 参数 | 电压/电流值 | | 是否变化 | 步长 |
|---|---|---|---|---|
| | $I_r-I_d=0.6A$ | $I_r-I_d=1A$ | | |
| 开入 | | | | |
| 开出1 | 分[121] | | | |
| 开出2 | 合 | | | |
| 开出3 | 分 | | | |
| 开出4 | 分 | | | |
| 开出5 | 合 | | | |
| 开出6 | 合 | | | |
| 开出7 | 分 | | | |

【121】母线联断路器分位；支路6（线路1）的隔离开关2断开，隔离开关1闭合，支路6运行于Ⅰ母线；支路4（变压器1）的隔离开关2断开，隔离开关1闭合，支路4（变压器1）运行于Ⅰ母线；支路7（线路2）的隔离开关1断开，隔离开关2闭合，支路7运行于Ⅱ母线。

在工具栏中点击“▶”或按键盘中“run”键开始进行试验，同时观察保护装置面板指示灯，直到“母线差动保护动作”指示灯亮，记录此时各支路的电流值，见表4-23。

**表4-23 复式比率差动保护比率系数大差低值试验记录表**

| 参数 | 电流值 | |
|---|---|---|
| | $I_r-I_d=1A$ | $I_r-I_d=2A$ |
| $I_{ml}/I_A$ | 0 | 0 |
| $I_6/I_B$ | 0.5A | 1A |
| $I_7/I_C$ | 0.43A | 0.86A |

差动保护动作，动作报文如图4-34所示。

BP-2CD-F/DA-G母线保护装置—整组动作报文

被保护设备：保护设备　版本号：V2.61　管理序号：00428456.001

打印时间：2019-06-28 15：28：22

| 序号 | 启动时间 | 相对时间 | 动作相别 | 动作元件 |
|---|---|---|---|---|
| 0353 | 2019-06-28 15：26：50：286 | 0000ms | | 保护启动 |
| | | 0000ms | | 差动保护启动 |
| | | 6800ms | | 差动保护跳母联1 |
| | | 6800ms | A | 稳态量差动保护跳Ⅱ母线 |
| | | | | Ⅱ母线差动保护动作 |
| | | | | 母联1，2号出线 |
| 保护动作相别 | | | | A |
| 最大差比率电流 | | | | 0.43A |

(a)

图4-34 复式比率系数大差低值动作报文图（一）

(a) $I_r-I_d=1A$

| 序号 | 启动时间 | 相对时间 | 动作相别 | 动作元件 |
|---|---|---|---|---|
| 0355 | 2019-06-28 15:27:30:345 | 0000ms | | 保护启动 |
| | | 0000ms | | 差动保护启动 |
| | | 6800ms | | 差动保护跳母联 1 |
| | | 6800ms | A | 稳态量差动保护跳Ⅱ母线 |
| | | | | Ⅱ母线差动保护动作 |
| | | | | 母联 1，2 号出线 |
| 保护动作相别 | | | | A |
| 最大差比率电流 | | | | 0.86A |

(b)

图 4-34 复式比率系数大差低值动作报文图（二）

(b) $I_r-I_d=2A$

i. 试验分析。复式比率差动保护大差低值计算方法见表 4-24。

**表 4-24 复式比率差动保护大差低值计算表**

| $I_r-I_d=1A$ | $I_r-I_d=2A$ |
|---|---|
| $I_r=\|I_7\|+\|I_6\|+\|I_4\|$ $=0.43+0.5+0.5=1.43$ (A) <br> $I_d=\|I_7+I_4-I_6\|=\|0.43+0.5-0.5\|=0.43$ (A) <br> $K_r=\frac{I_d}{I_r-I_d}=\frac{0.43}{1}=0.43$ <br> $K=\frac{I_d}{I_r}=\frac{0.43}{1.43}=0.3$ | $I_r=\|I_7\|+\|I_6\|+\|I_4\|=1+1+0.86$ $=2.86$ (A) <br> $I_d=\|I_7+I_4-I_6\|=\|0.86+1-1\|=0.86$ (A) <br> $K_r=\frac{I_d}{I_r-I_d}=\frac{0.86}{2}=0.43$ <br> $K=\frac{I_d}{I_r}=\frac{0.86}{2.86}=0.3$ |

计算结果与装置说明书“大差比率和小差比率的高值均为 0.5；大差比率低值为 0.3，小差比率不分高值、低值，均采用高值。折算到复式比率制动系数 $K_r$ 高值为 1，低值为 0.428”一致。

**4. 动作时间**

（1）测试方法。差动保护电流定值整为 $1.0I_N$。设置故障电流，使得差动保护电流达到 2 倍的差流定值，测定保护动作时间。

本试验选择母联、支路 6（线路 1）、支路 7（线路 2）进行试验，运行方式如图 4-25 所示。

（2）母线保护装置硬压板设置。母线保护装置硬压板设置同“启动电流定值准确度（小差比率制动特性）”的设置。

（3）母线保护装置软压板设置。母线保护装置软压板设置同“启动电流定值准确度（小差比率制动特性）”的设置。

（4）母线保护装置定值与控制字设置。母线保护装置定值与控制字设置同“启动电流定值准确度（小差比率制动特性）”的设置。

（5）试验接线。试验接线同“启动电流定值准确度（小差比率制动特性）”的设置。

（6）继电保护测试仪与母线保护装置的映射关系。本试验要测试保护动作的时间，所以把保护装置的动作变位输入到测试仪中，让测试仪记录动作时间。测试仪中的“开入”是从保护装置中接收的信号，因此要对测试仪的开入量进行设置。

根据继电保护测试仪与母线保护装置的连接关系，本次试验时测试仪通道与保护装置映射关系见表4-25。

**表4-25　继电保护测试仪与母线保护装置的映射关系表**

| 序号 | 测试仪的IEC 61850映射 | 母线保护装置映射 |
|---|---|---|
| 1 | $I_A$ | 母联1A相电流 |
| 2 | $I_B$ | 支路6（线路1）A相电流 |
| 3 | $I_C$ | 支路7（线路2）A相电流 |
| 4 | $U_A$、$U_B$、$U_C$ | Ⅰ母线三相电压 |
| 5 | $U_a$、$U_b$、$U_c$ | Ⅱ母线三相电压 |
| 6 | GOOSE开出1 | 母联断路器位置 |
| 7 | GOOSE开出2 | 支路6（线路1）隔离开关1 |
| 8 | GOOSE开出3 | 支路6（线路1）隔离开关2 |
| 9 | GOOSE开出4 | 支路7（线路2）隔离开关1 |
| 10 | GOOSE开出5 | 支路7（线路2）隔离开关2 |
| 11 | GOOSE开入A | 母线保护跳闸 |
| 12 | GOOSE开入B | Ⅰ母线保护动作 |
| 13 | GOOSE开入C | Ⅱ母线保护动作 |
| 14 | GOOSE开入a | 支路6（线路1）保护跳闸 |
| 15 | GOOSE开入b | 支路7（线路2）保护跳闸 |

（7）试验计算。模拟Ⅱ母线区内故障，设定支路6（线路1）电流为2A。

（8）试验加量。

1）点击桌面“继保之星”快捷方式→点击“交流试验”图标，进入“交流试验”模块。

2）差动保护动作时间校验参数设置见表4-26。

表 4-26　差动保护动作时间校验参数设置

| 参数 | 加量 | 是否变化 | 步长 |
|---|---|---|---|
| $U_a$（V） | 0 | | |
| $U_b$（V） | 0 | | |
| $U_c$（V） | 0 | | |
| $I_A$（A） | 0 | | |
| $I_B$（A） | 2∠0° | | |
| $I_C$（A） | 0 | | |
| 变化方式 | 自动减少 | √ | 0.003 |
| 动作方式 | 动作返回 | | |
| 开出 1 | 合[122] | | |
| 开出 2 | 分 | | |
| 开出 3 | 合 | | |
| 开出 4 | 分 | | |
| 开出 5 | 合 | | |

【122】将动作方式设置为动作返回，则保护装置动作后，自动减小电流，直到保护装置返回，停止加量。

3）在工具栏中点击“▶”或按键盘中“run”键开始进行试验。观察保护装置面板信息，做好记录。

4）试验动作报文如图 4-35 所示。

PCS-915D-DA-G 母线保护装置—整组动作报文

被保护设备：保护设备　版本号：V2.61　管理序号：00428456.001

打印时间：2020-07-07 18：58：50

| 序号 | 启动时间 | 相对时间 | 动作相别 | 动作元件 |
|---|---|---|---|---|
| 0970 | 2020-07-07 18：58：04：636 | 0000ms | | 保护启动 |
| | | 0024ms | | 差动保护跳母联 1 |
| | | 0025ms | A | 稳态量差动保护跳Ⅱ母线 |
| | | | | Ⅱ母线差动保护动作 |
| | | | | 母联 1，1、2 号出线 |
| 保护动作相别 | | | | A |
| 最大差比率电流 | | | | 2.0A |

图 4-35　差动保护动作时间验动作报文

从测试仪上记录动作时间，见表 4-27。

（9）试验分析。差动保护无延时瞬时动作。从表 4-27 测试仪上记录动作时间表可以看出，11.1ms 差动保护动作，跳开母联断路器，跳开故障母线Ⅱ母线，动作时间不大于20ms；15.7ms保护动作返回，返回时间小于30ms满足要求。

表4-27　测试仪上记录动作时间

| 序号 | 开入量 | 动作时间 | 返回时间 | 映射对象 |
| --- | --- | --- | --- | --- |
| 1 | 开入A | 11.1ms | 16.5ms | 母线保护跳闸 |
| 2 | 开入B | | | Ⅰ母线保护动作 |
| 3 | 开入C | 11.1ms | 15.7ms | Ⅱ母线保护动作 |
| 4 | 开入a | 11.1ms | 15.7ms | 支路6保护跳闸 |
| 5 | 开入b | 11.1ms | 15.7ms | 支路7保护跳闸 |

## 4.3　复合电压闭锁差动保护逻辑校验

### 4.3.1　试验内容

1. 测试内容

（1）低电压闭锁差动保护定值的准确度及复合电压闭锁差动保护逻辑。

（2）负序电压闭锁差动保护定值的准确度及复合电压闭锁差动保护逻辑。

2. 技术要求

（1）保护逻辑正确，低压闭锁定值为固定值，误差不大于5.0%。

（2）保护逻辑正确，负序电压闭锁定值为固定值，误差不大于5.0%。

### 4.3.2　试验方法

本节以PCS-915D-DA-G母线保护装置为例，介绍校验复合电压闭锁差动保护功能的试验方法和步骤。BP-2CD-F母线保护装置的试验方法和步骤，可参考本节逻辑内容，不同之处详见本节对BP-2CD-F的具体说明。

1. 低电压闭锁差动保护定值的准确度及复合电压闭锁差动保护逻辑

（1）测试方法。测试方法是本试验选择母联、支路6（线路1）、支路7（线路2）进行试验，运行方式如图4-25所示。

正常状态：三相电压为额定电压，可在同一母线上选取两条支路（支路6和支路7），相位相反，输出电流均为0.25倍差动保护电流启动值。

故障状态：一条支路（支路7）电流固定输出为0.25倍差动保护电流启

动值，另一支路（支路6）故障电流为1.35倍差动保护电流启动值；校验三相电压分别为1.05和0.95倍低电压闭锁定值时，保护的动作情况。

（2）母线保护装置硬压板设置。母线保护装置硬压板设置同“启动电流定值准确度（小差比率制动特性）”的设置。

（3）母线保护装置软压板设置。母线保护装置软压板设置同“启动电流定值准确度（小差比率制动特性）”的设置。

（4）母线保护装置定值与控制字设置。母线保护装置定值与控制字设置同“启动电流定值准确度（小差比率制动特性）”的设置。

（5）试验接线。试验接线同“启动电流定值准确度（小差比率制动特性）”的设置。

（6）继电保护测试仪与母线保护装置的映射关系。继电保护测试仪与母线保护装置的映射关系同“启动电流定值准确度（小差比率制动特性）”的设置。

（7）试验计算。二次电压额定值$U_N$为57.7V。低电压闭锁差动保护定值为固定值$0.7U_N$，即40.4V。

状态1：正常状态。

Ⅱ母线三相电压：额定电压57.7V。

支路6（线路1）电流：0.25×1=0.25A∠0°。

支路7（线路2）电流：0.25×1=0.25A∠180°。

状态2：故障状态。模拟Ⅱ母线区内故障。

支路6（线路1）电流：1.35×1=1.35A∠0°。

支路7（线路2）电流：0.25×1=0.25A∠180°。

校验1.05倍定值时：Ⅱ母线三相电压：1.05×40.4=42.41V∠0°；1.05×40.4=42.41V∠−120°；1.05×40.4=42.41V∠+120°。

校验0.95倍定值时：Ⅱ母线三相电压：0.95×40.4=38.37V∠0°；0.95×40.4=38.37V∠−120°；0.95×40.4=38.37V∠+120°。

（8）试验加量。

1）点击桌面“继保之星”快捷方式→点击“状态序列”图标，进入状态序列试验模块，按菜单栏中的“+”或“−”按键，设置状态数量为2。

2）低电压闭锁差动保护定值参数设置见表4-28。

**表 4-28　　　　　低电压闭锁差动保护定值参数设置**

| 项目 | 状态 1（故障前） | 状态 2（故障） | |
|---|---|---|---|
| | | 1.05 倍定值 | 0.95 倍定值 |
| $U_a$（V） | 57.7∠0° | 42.41∠0° | 38.37∠0° |
| $U_b$（V） | 57.7∠−120° | 42.41∠−120° | 38.37∠−120° |
| $U_c$（V） | 57.7∠120° | 42.41∠120° | 38.37∠120° |
| $I_A$（A） | 0 | 0 | 0 |
| $I_B$（A） | 0.25∠0° | 1.35∠0° | 1.35∠0° |
| $I_C$（A） | 0.25∠180° | 0.25∠180° | 0.25∠180° |
| 触发条件 | 按键触发 | 时间触发 | 时间触发 |
| 开入类型 | | | |
| 开出 1 | 合 | 合 | 合 |
| 开出 2 | 分 | 分 | 分 |
| 开出 3 | 合 | 合 | 合 |
| 开出 4 | 分 | 分 | 分 |
| 开出 5 | 合 | 合 | 合 |
| 试验时间（ms） | | 100 | 100 |
| 触发后延时（ms） | 0 | 0 | 0 |

3）在工具栏中点击“▶”或按键盘中“run”键开始进行试验。观察保护装置面板信息，显示面板“报警”指示灯灭后，点击工具栏中“▶▶”按钮或在键盘上按“Tab”键切换故障状态。

4）两次试验的动作报文如图 4-36 所示。

（9）试验分析。当电压为 0.95 倍低电压闭锁差动保护定值时，电压闭锁条件开放，Ⅱ母线区内故障，从图 4-36（b）可以看出，保护可靠动作，跳开母联断路器，切除Ⅱ母线上所有支路支路 6（线路 1）、支路 7（线路 2）。

当电压为 1.05 倍低电压闭锁差动保护定值时，电压闭锁，Ⅱ母线区内故障，从图 4-36（a）可以看出，保护可靠不动作。

PCS-915D-DA-G 母线保护—整组动作报文

被保护设备：设备编号　版本号：V2.61　管理序号：00428456.001

打印时间：2020-07-04 17：16：54

| 序号 | 启动时间 | 相对时间 | 动作相别 | 动作元件 |
|---|---|---|---|---|
| 0873 | 2020-07-04 17：16：05：061 | 0000ms | | 保护启动 |
| 最大差比率电流 | | | | 1.10A |

（a）

图 4-36　试验动作报文（一）

（a）1.05 倍低电压闭锁差动保护试验报告

PCS-915D-DA-G 母线保护一整组动作报文

被保护设备：设备编号 版本号：V2.61 管理序号：00428456.001

打印时间：2020-07-04 17：18：32

| 序号 | 启动时间 | 相对时间 | 动作相别 | 动作元件 |
|---|---|---|---|---|
| 0875 | 2020-07-04 17：18：04：636 | 0000ms | | 保护启动 |
| | | 0027ms | | 差动保护跳母联 1 |
| | | 0028ms | A | 稳态量差动保护跳Ⅱ母线 |
| | | | | Ⅱ母线差动保护动作 |
| | | | | 母联 1，1、2 号出线 |
| 保护动作相别 | | | | A |
| 最大差比率电流 | | | | 1.10A |

(b)

图 4-36 试验动作报文（二）

(b) 0.95 倍低电压闭锁差动保护试验报告

低电压闭锁差动保护逻辑正确，低压闭锁定值为固定值 40.4V，误差不大于 5.0%，满足要求。

### 2. 负序电压闭锁差动保护定值的准确度及复合电压闭锁差动保护逻辑

（1）测试方法。本试验选择母联、支路 6（线路 1）、支路 7（线路 2）进行试验，运行方式如图 4-25 所示。

正常状态：三相电压为额定电压，可在同一母线上选取两条支路（支路 6 和支路 7），相位相反，输出电流均为 0.25 倍差动保护电流启动值。

故障状态：一条支路（支路 7）电流固定输出为 0.25 倍差动保护电流启动值，另一支路（支路 6）故障电流为 1.35 倍差动保护电流启动值。校验负序电压分别为 1.05 倍和 0.95 倍负序电压闭锁定值时，保护的动作情况。

（2）母线保护装置硬压板设置。母线保护装置硬压板设置同“低电压闭锁差动保护定值的准确度及复合电压闭锁差动保护逻辑”的设置。

（3）母线保护装置软压板设置。母线保护装置软压板设置同“低电压闭锁差动保护定值的准确度及复合电压闭锁差动保护逻辑”的设置。

（4）母线保护装置定值与控制字设置。母线保护装置定值与控制字设置同“低电压闭锁差动保护定值的准确度及复合电压闭锁差动保护逻辑”的设置。

（5）试验接线。试验接线同“低电压闭锁差动保护定值的准确度及复合电压闭锁差动保护逻辑”的设置。

(6) 继电保护测试仪与母线保护装置的映射关系。继电保护测试仪与母线保护装置的映射关系同“低电压闭锁差动保护定值的准确度及复合电压闭锁差动保护逻辑”的设置。

(7) 试验计算。负序电压闭锁定值为固定值 4V。

状态 1：正常状态。

Ⅱ母线三相电压：额定电压 57.7V。

支路 6（线路 1）电流：0.25×1=0.25A∠0°。

支路 7（线路 2）电流设定为 0.25×1=0.25A∠180°。

状态 2：故障状态。模拟Ⅱ母线区内故障。

支路 6（线路 1）电流：1.35×1=1.35A∠0°。

支路 7（线路 2）电流：0.25×1=0.25A∠180°。

为了避免低电压条件满足造成电压闭锁条件开放的影响，校验负序电压时，在三相额定电压的基础上，叠加一个电压，使得叠加后的三相电压分别为 1.05 倍和 0.95 倍负序电压。

校验 1.05 倍定值时，Ⅱ母线三相电压：

$$U_a=57.7\angle 0°-4.2\angle 0°=53.5\angle 0° \tag{4-11}$$

$$U_b=57.7\angle -120°-4.2\angle 120°=59.9\angle -116° \tag{4-12}$$

$$U_c=57.7\angle 120°-4.2\angle -120°=59.9\angle 116° \tag{4-13}$$

校验 0.95 倍定值时，Ⅱ母线三相电压：

$$U_a=57.7\angle 0°-3.8\angle 0°=53.9\angle 0° \tag{4-14}$$

$$U_b=57.7\angle -120°-3.8\angle 120°=59.7\angle -117° \tag{4-15}$$

$$U_c=57.7\angle 120°-3.8\angle -120°=59.7\angle 117° \tag{4-16}$$

(8) 试验步骤。

1) 点击桌面“继保之星”快捷方式→点击“状态序列”图标，进入状态序列试验模块，按菜单栏中的“+”或“-”按键，设置状态数量为 2。

2) 负序电压闭锁差动保护定值参数的各状态中的电压、电流设置见表 4-29。

**表 4-29　负序电压闭锁差动保护定值参数设置**

| 项目 | 状态 1（故障前） | 状态 2（故障） | |
|---|---|---|---|
| | | 1.05 倍定值 | 0.95 倍定值 |
| $U_a$（V） | 57.7∠0° | 53.5∠0° | 53.9∠0° |
| $U_b$（V） | 57.7∠-120° | 59.9∠-116° | 59.7∠-117° |

续表

| 项目 | 状态 1（故障前） | 状态 2（故障） | |
|---|---|---|---|
| | | 1.05 倍定值 | 0.95 倍定值 |
| $U_c$（V） | 57.7∠120° | 59.9∠116° | 59.7∠117° |
| $I_A$（A） | 0 | 0 | 0 |
| $I_B$（A） | 0.25∠0° | 1.35∠0° | 1.35∠0° |
| $I_C$（A） | 0.25∠180° | 0.25∠180° | 0.25∠180° |
| 触发条件 | 按键触发 | 时间触发 | 时间触发 |
| 开入类型 | | | |
| 开出 1 | 合 | 合 | 合 |
| 开出 2 | 分 | 分 | 分 |
| 开出 3 | 合 | 合 | 合 |
| 开出 4 | 分 | 分 | 分 |
| 开出 5 | 合 | 合 | 合 |
| 试验时间（ms） | | 100 | 100 |
| 触发后延时（ms） | 0 | 0 | 0 |

3）在工具栏中点击“▶”或按键盘中“run”键开始进行试验。观察保护装置面板信息，显示面板“报警”指示灯灭后，点击工具栏中“▶▶”按钮或在键盘上按“Tab”键切换故障状态。

4）两次试验的动作报文如图 4-37 所示。

（9）试验分析。当电压为 1.05 倍负序电压闭锁差动保护定值时，电压闭锁条件开放，Ⅱ母线区内故障，从图 4-37（a）可以看出，保护可靠动作，跳

PCS-915D-DA-G 母线保护—整组动作报文

被保护设备：设备编号　版本号：V2.61　管理序号：00428456.001

打印时间：2020-07-04 17：26：04

| 序号 | 启动时间 | 相对时间 | 动作相别 | 动作元件 |
|---|---|---|---|---|
| 0876 | 2020-07-04 17：25：24：116 | 0000ms | | 保护启动 |
| | | 0027ms | | 差动保护跳母联 1 |
| | | 0028ms | A | 稳态量差动保护跳Ⅱ母线 |
| | | | | Ⅱ母线差动保护动作 |
| | | | | 母联 1，1、2 号出线 |
| 保护动作相别 | | | | A |
| 最大差比率电流 | | | | 1.10A |

（a）

图 4-37　试验动作报文（一）

（a）1.05 倍负序电压闭锁差动保护试验报告

PCS-915D-DA-G 母线保护—整组动作报文

被保护设备：设备编号　版本号：V2.61　管理序号：00428456.001

打印时间：2020-07-04 17：28：12

| 序号 | 启动时间 | 相对时间 | 动作相别 | 动作元件 |
|---|---|---|---|---|
| 0877 | 2020-07-04<br>17：27：25：089 | 0000ms | | 保护启动 |
| 最大差比率电流 | | | | 1.10A |

(b)

图 4-37　试验动作报文（二）

(b) 0.95 倍负序电压闭锁差动保护试验报告

开母联断路器，切除Ⅱ母线上所有支路支路 6（线路 1）、支路 7（线路 2）。当电压为 0.95 倍负序电压闭锁差动保护定值时，电压闭锁，Ⅱ母线区内故障，从图 4-37（b）可以看出，保护可靠不动作。

负序电压闭锁差动保护逻辑正确，负序电压闭锁定值为固定值 4V，误差不大于 5.0%，满足要求。

# 4.4　TA 断线闭锁逻辑校验

## 4.4.1　试验内容

### 1. 测试内容

（1）校验支路 TA 断线（除母联支路）时，装置是否可靠闭锁比率差动保护并发断线信号。

（2）校验母联（分段）TA 断线时，装置是否强制母线互联并发断线告警信号，是否闭锁母线差动保护。

### 2. 技术要求

（1）支路 TA 断线：任意支路（除母联支路）发生 TA 断线时，装置能可靠闭锁比率差动保护并发 TA 断线信号；TA 断线闭锁定值误差不大于 5.0%。

（2）母联（分段）TA 断线：母联（分段）TA 断线时，装置应强制母线互联并发断线告警信号，不闭锁差动保护。

## 4.4.2　试验方法

本节以 PCS-915D-DA-G 母线保护装置为例，介绍校验 TA 断线功能的试验方法和步骤。BP-2CD-F 母线保护装置的试验方法和步骤，可参考本节内容，不同之处详见本节对BP-2CD-F的具体说明。

1. 校验支路TA断线逻辑

（1）测试方法。将差动保护启动电流定值整定为1.1倍TA断线闭锁整定值；模拟任意一条支路（除母联支路）TA断线，使大差电流为1.05倍的TA断线闭锁定值，装置发TA断线信号后再模拟故障满足差流定值，校验装置是否闭锁比率差动保护。

本试验选择母联、支路6（线路1）、支路7（线路2）进行试验，运行方式如图4-25所示。本试验模拟支路6（线路1）TA断线，装置发TA断线信号后，再模拟支路7（线路2）故障电流满足差流定值。

（2）母线保护装置硬压板设置。母线保护装置硬压板设置同“启动电流定值准确度（小差比率制动特性）”的设置。

（3）母线保护装置软压板设置。母线保护装置软压板设置同“启动电流定值准确度（小差比率制动特性）”的设置。

（4）母线保护装置定值与控制字设置。将“TA断线闭锁定值”整定为1A，“差动保护启动电流定值”整定为1.1A，其他母线保护装置定值与控制字设置同“启动电流定值准确度（小差比率制动特性）”的设置。

（5）试验接线。试验接线同“启动电流定值准确度（小差比率制动特性）”的设置。

（6）继电保护测试仪与母线保护装置的映射关系。继电保护测试仪与母线保护装置的映射关系同“启动电流定值准确度（小差比率制动特性）”的设置。

（7）试验计算。

状态1：模拟支路6（线路1）TA断线。分别设定支路6（线路1）为1.05、0.95倍TA断线闭锁定值。

Ⅱ母线三相电压：额定电压；

支路7（线路2）电流设定为0A∠0°；

1.05倍：支路6（线路1）电流：1.05×1=1.05A∠0°；

0.95倍：支路6（线路1）电流：0.95×1=0.95A∠0°。

状态2：故障状态。模拟Ⅱ母线区内故障。

Ⅱ母线三相电压：0V；

支路7（线路2）电流：1.2A∠0°；

支路6（线路1）电流：与状态1相同。

(8) 试验步骤。

1) 点击桌面"继保之星"快捷方式→点击"状态序列"图标，进入状态序列试验模块，按菜单栏中的"+"或"-"按键，设置状态数量为2。

2) 各状态中的电压、电流设置见表4-30。

**表4-30　　校验支路TA断线逻辑参数设置**

| 项目 | 状态1(TA断线) | | 状态2(故障) | |
|---|---|---|---|---|
| | 1.05倍定值 | 0.95倍定值 | 1.05倍定值 | 0.95倍定值 |
| $U_a$ (V) | 57.7∠0° | | 0 | |
| $U_b$ (V) | 57.7∠-120° | | 0 | |
| $U_c$ (V) | 57.7∠120° | | 0 | |
| $I_A$ (A) | 0 | 0 | 0 | 0 |
| $I_B$ (A) | 1.05∠0° | 0.95∠0° | 1.05∠0° | 0.95∠0° |
| $I_C$ (A) | 0∠0° | 0∠0° | 1.2∠0° | 1.2∠0° |
| 触发条件 | 按键触发 | | 时间触发 | |
| 开入类型 | | | | |
| 开出1 | 合 | | 合 | |
| 开出2 | 分 | | 分 | |
| 开出3 | 合 | | 合 | |
| 开出4 | 分 | | 分 | |
| 开出5 | 合 | | 合 | |
| 试验时间(ms) | | | 100 | |
| 触发后延时(ms) | 0 | | 0 | |

3) 在工具栏中点击"▶"或按键盘中"run"键开始进行试验。观察保护装置面板信息，显示面板"报警"指示灯灭后，点击工具栏中"▶▶"按钮或在键盘上按"Tab"键切换故障状态。

4) 两次试验的动作报文如图4-38所示。

PCS-915D-DA-G 母线保护—整组动作报文

被保护设备：设备编号　版本号：V2.61　管理序号：00428456.001

打印时间：2020-07-04 17：52：54

| 序号 | 启动时间 | 相对时间 | 动作相别 | 动作元件 |
|---|---|---|---|---|
| 0877 | 2020-07-04 17：52：29：144 | 0000ms | | 保护启动 |
| | | 0000ms | | 差动保护启动 |
| 最大差比率电流 | | | | 2.25A |

(a)

图4-38　试验动作报文(一)

(a) 1.05倍TA断线闭锁差动保护试验报告

PCS-915D-DA-G 母线保护—整组动作报文

被保护设备：设备编号 版本号：V2.61 管理序号：00428456.001

打印时间：2020-07-04 17：56：04

| 序号 | 启动时间 | 相对时间 | 动作相别 | 动作元件 |
|---|---|---|---|---|
| 0878 | 2020-07-04 17：55：27：316 | 0000ms | | 保护启动 |
| | | 0019ms | | 差动保护跳母联 1 |
| | | 0020ms | A | 稳态量差动保护跳Ⅱ母线 |
| | | | | Ⅱ母线差动保护动作 |
| | | | | 母联 1，1、2 号出线 |
| 保护动作相别 | | | | A |
| 最大差比率电流 | | | | 2.25A |

(b)

图 4-38 试验动作报文（二）

(b) 0.95 倍 TA 断线闭锁差动保护试验报告

(9) 试验分析。从图 4-38（a）可以看出，当支路 6（线路 1）电流为 1.05 倍 TA 断线闭锁差动保护定值时，延时 5s 装置报 TA 断线，并闭锁差动报保护，当Ⅱ母线发生区内故障时，保护可靠不动作；从图 4-38（b）可以看出，当支路 6（线路 1）电流为 0.95 倍 TA 断线闭锁差动保护定值时，不闭锁差动报保护，当Ⅱ母线发生区内故障时，保护可靠动作，跳开母联断路器，切除Ⅱ母线上所有支路［支路 6（线路 1）、支路 7（线路 2）］。TA 断线闭锁差动保护逻辑正确，TA 断线闭锁定值误差不大于 5.0%，满足要求。

### 2. 校验母联（分段）TA 断线

(1) 测试方法。本试验选择母联、支路 6（线路 1）、支路 7（线路 2）进行试验，支路 6（线路 1）运行于Ⅰ母线，支路 7（线路 2）运行于Ⅱ母线，运行方式如图 4-27 所示。

模拟母联（分段）TA 断线，使大差电流、小差电流均满足判别条件，装置强制母线互联并发 TA 断线告警信号，再模拟故障满足差流定值，校验装置是否闭锁差动保护。

PCS-915D-DA-G 母线保护装置判定母联（分段）TA 断线的条件为：母线电压正常时，大差电流小于 TA 断线闭锁定值，两个小差电流大于 TA 断线闭锁定值，延时 5s 报母联 TA 断线。如果仅母联 TA 断线不闭锁母线差动保护，但此时自动将该母联断路器所连接的两条母线设置为互联状态，发生母线区内故障时不再进行故障母线的选择。

（2）母线保护装置硬压板设置。母线保护装置硬压板设置同“校验支路TA断线逻辑”的设置。

（3）母线保护装置软压板设置。母线保护装置软压板设置同“校验支路TA断线逻辑”的设置。

（4）母线保护装置定值与控制字设置。母线保护装置定值与控制字设置同“校验支路TA断线逻辑”的设置。

（5）试验接线。试验接线同“校验支路TA断线逻辑”的设置。

（6）继电保护测试仪与母线保护装置的映射关系。继电保护测试仪与母线保护装置的映射关系同“校验支路TA断线逻辑”的设置。

（7）试验计算。

状态1：模拟母联TA断线。分别设定支路6（线路1）、支路7（线路2）为1.05和0.95倍TA断线闭锁定值。

Ⅰ母线、Ⅱ母线三相电压：额定电压。

1.05倍：支路6（线路1）电流：1.05×1=1.05A∠180°，支路7（线路2）电流：1.05×1=1.05A∠0°。

0.95倍：支路6（线路1）电流：0.95×1=0.95A∠180°，支路7（线路2）电流：0.95×1=0.95A∠0°。

状态2：故障状态。模拟Ⅱ母线区内故障。

Ⅰ母线三相电压：额定电压，Ⅱ母线三相电压：0V。

1.05倍：支路6（线路1）电流：与状态1相同，支路7（线路2）电流：2.25A∠0°。

0.95倍：支路6（线路1）电流：与状态1相同，支路7（线路2）电流：2.25A∠0°。

（8）试验加量。

1）点击桌面“继保之星”快捷方式→点击“状态序列”图标，进入状态序列试验模块，按菜单栏中的“+”或“—”按键，设置状态数量为2。

2）各状态中的电压、电流设置见表4-31。

3）在工具栏中点击“▶”或按键盘中“run”键开始进行试验。观察保护装置面板信息，显示面板“报警”指示灯灭后，点击工具栏中“▶▶”按钮或在键盘上按“Tab”键切换故障状态。

**表 4-31　校验母联（分段）TA 断线逻辑参数设置**

| 项目 | 状态 1（TA 断线） | | 状态 2（故障） | |
|---|---|---|---|---|
| | 1.05 倍定值 | 0.95 倍定值 | 1.05 倍定值 | 0.95 倍定值 |
| $U_A$（V） | 57.7∠0° | | 57.7∠0° | |
| $U_B$（V） | 57.7∠−120° | | 57.7∠−120° | |
| $U_C$（V） | 57.7∠120° | | 57.7∠120° | |
| $U_a$（V） | 57.7∠0° | | 0 | |
| $U_b$（V） | 57.7∠−120° | | 0 | |
| $U_c$（V） | 57.7∠120° | | 0 | |
| $I_A$（A） | 0 | 0 | 0 | 0 |
| $I_B$（A） | 1.05∠180° | 0.95∠180° | 1.05∠180° | 0.95∠180° |
| $I_C$（A） | 1.05∠0° | 0.95∠0° | 2.25∠0° | 2.25∠0° |
| 触发条件 | 按键触发 | | 时间触发 | |
| 开入类型 | | | | |
| 开出 1 | 合 | | 合 | |
| 开出 2 | 合 | | 合 | |
| 开出 3 | 分 | | 分 | |
| 开出 4 | 分 | | 分 | |
| 开出 5 | 合 | | 合 | |
| 试验时间（ms） | | | 100ms | |
| 触发后延时（ms） | 0 | | 0 | |

4）两次试验的动作报文如图 4-39 所示。

| 序号 | 描述 | 实际值 |
|---|---|---|
| 01 | 母联/分段 TA 断线 | 1 |
| 02 | 母联 1TA 断线 | 1 |
| 03 | 母联 1TA 异常 | 1 |
| 04 | 母联 1A 相 TA 断线 | 1 |
| 05 | 母联 1A 相 TA 异常 | 1 |

(a)

图 4-39　试验动作报文（一）

(a) 装置自检报告

PCS-915D-DA-G 母线保护—整组动作报文

被保护设备：设备编号　版本号：V2.61　管理序号：00428456.001

打印时间：2020-07-04 19：54：54

| 序号 | 启动时间 | 相对时间 | 动作相别 | 动作元件 |
|---|---|---|---|---|
| 0935 | 2020-07-04 19：53：59：895 | 0000ms | | 保护启动 |
| | | 6005ms | A | 变化量差动保护跳Ⅰ母线 |
| | | | A | 变化量差动保护跳Ⅱ母线 |
| | | | | Ⅰ母线差动保护动作 |
| | | | | Ⅱ母线差动保护动作 |
| | | | | 差动保护母联 1 |
| | | | | 母联 1，1、2 号出线 |
| 保护动作相别 | | | | A |
| 最大差比率电流 | | | | 1.20A |

(b)

PCS-915D-DA-G 母线保护—整组动作报文

被保护设备：设备编号　版本号：V2.61　管理序号：00428456.001

打印时间：2020-07-04 19：56：04

| 序号 | 启动时间 | 相对时间 | 动作相别 | 动作元件 |
|---|---|---|---|---|
| 0936 | 2020-07-04 19：55：56：433 | 0000ms | | 保护启动 |
| | | 0024ms | | 差动保护跳母联 1 |
| | | 0025ms | A | 稳态量差动保护跳Ⅱ母线 |
| | | | | Ⅱ母线差动保护动作 |
| | | | | 母联 1，2 号出线 |
| 保护动作相别 | | | | A |
| 最大差比率电流 | | | | 1.30A |

(c)

图 4-39　试验动作报文（二）

(b) 1.05 倍 TA 断线闭锁差动保护试验报告；(c) 0.95 倍 TA 断线闭锁差动保护试验报告

(9) 试验分析。当支路 6（线路 1）运行于Ⅰ母线，支路 7（线路 2）运行于Ⅱ母线，加入电流大小相等，方向相反的 1.05 倍 TA 断线闭锁差动保护定值时，大差电流小于 TA 断线闭锁差动保护定值，两个小差电流均大于 TA 断线闭锁差动保护定值。从图 4-39（a）可以看出，延时 5s 装置报母联 TA 断线；从图 4-39（b）可以看出，当Ⅱ母线区内故障时，保护无选择性动作，切除两条母线。

当支路 6（线路 1）运行于Ⅰ母线，支路 7（线路 2）运行于Ⅱ母线，加电流大小相等，方向相反的 0.95 倍 TA 断线闭锁差动保护定值时，大差电流小于 TA 断线闭锁差动保护定值，两个小差电流均小于 TA 断线闭锁差动保护定值，无异常。从图 4-39（c）可以看出，当Ⅱ母线区内故障时，保护有选择性动作，切除故障母线（Ⅱ母线）。

母联 TA 断线闭锁差动保护逻辑正确，TA 断线闭锁定值误差不大于 5.0%，满足要求。

## 4.5 母联（分段）失灵保护校验

### 4.5.1 试验内容

1. 测试内容

（1）校验母联（分段）失灵逻辑及失灵电流动作定值准确度及动作时间。

（2）校验复合电压闭锁母联（分段）失灵保护的动作逻辑。

2. 技术要求

（1）母联（分段）失灵保护逻辑正确，母联（分段）失灵定值误差不大于 5.0%，母联（分段）失灵时间误差不大于 30ms。

（2）复合电压闭锁母联（分段）失灵保护的动作逻辑正确。

### 4.5.2 试验步骤

本节以 PCS-915D-DA-G 母线保护装置为例，介绍校验母联失灵保护功能的试验方法和步骤。BP-2CD-F 母线保护装置的试验方法和步骤，可参考本节内容，不同之处详见本节对 BP-2CD-F 的具体说明。

1. 校验母联（分段）失灵电流定值及时间

（1）测试方法。模拟差动保护动作，母联电流分别为 0.95 和 1.05 倍整定值时校验母联失灵保护的动作行为，1.2 倍整定值时测定母联失灵保护的动作时间。

本试验选择母联、支路 6（线路 1）、支路 7（线路 2）进行试验，运行方式如图 4-25 所示。

(2) 母线保护装置硬压板设置。母线保护装置硬压板设置同“启动电流定值准确度（小差比率制动特性）”的设置。

(3) 母线保护装置软压板设置。母线保护装置软压板设置同“启动电流定值准确度（小差比率制动特性）”的设置。

(4) 母线保护装置定值与控制字设置。母线保护装置定值与控制字设置同“启动电流定值准确度（小差比率制动特性）”的设置。

(5) 试验接线。试验接线方法见 4.1.2。

本试验选择母联、支路 6（线路 1）、支路 7（线路 2）进行试验，继电保护测试仪的 IEC 61850 接口与母线保护装置的 SMV 点对点接口及 GOOSE 点对点接口连接对应关系见表 4-32。

**表 4-32　　光纤接线光口对应表**

| 序号 | 测试仪的 IEC 61850 接口 | 母线保护装置接口 |
|---|---|---|
| 1 | 光口 1 | 母联 SMV 点对点口 |
| 2 | 光口 2 | 支路 6（线路 1）SMV 点对点口 |
| 3 | 光口 3 | 支路 7（线路 2）SMV 点对点口 |
| 4 | 光口 4 | 母线电压点对点口 |
| 5 | 光口 5 | 母联 GOOSE 点对点口 |
| 6 | 光口 6 | 支路 6（线路 1）GOOSE 点对点口 |
| 7 | 光口 7 | 支路 7（线路 2）GOOSE 点对点口 |
| 8 | 光口 8 | 组网（至 GOOSE 交换机） |

(6) 继电保护测试仪与母线保护装置的映射关系。本试验要测试保护动作的时间，所以把保护装置的动作变位输入到测试仪中，让测试仪记录动作时间。测试仪中的“开入”是从保护装置中接收的信号，因此，要对测试仪的开入量进行设置。

根据继电保护测试仪与母线保护装置的连接关系，本次试验时测试仪通道与保护装置映射关系见表 4-33。

**表 4-33　　继电保护测试仪与母线保护装置的映射关系**

| 序号 | 测试仪的 IEC 61850 映射 | 母线保护装置映射 |
|---|---|---|
| 1 | $I_A$ | 母联 1A 相电流 |
| 2 | $I_B$ | 支路 6（线路 1）A 相电流 |
| 3 | $I_C$ | 支路 7（线路 2）A 相电流 |
| 4 | $U_A$、$U_B$、$U_C$ | Ⅰ母线三相电压 |
|  | $U_a$、$U_b$、$U_c$ | Ⅱ母线三相电压 |

续表

| 序号 | 测试仪的 IEC 61850 映射 | 母线保护装置映射 |
|---|---|---|
| 5 | GOOSE 开出 1 | 母联断路器位置 |
| 6 | GOOSE 开出 2 | 支路 6（线路 1）隔离开关 1 |
|  | GOOSE 开出 3 | 支路 6（线路 1）隔离开关 2 |
| 7 | GOOSE 开出 4 | 支路 7（线路 2）隔离开关 1 |
|  | GOOSE 开出 5 | 支路 7（线路 2）隔离开关 2 |
| 8 | GOOSE 开入 A | 母线保护跳闸 |
| 9 | GOOSE 开入 B | Ⅰ母线保护动作 |
| 10 | GOOSE 开入 C | Ⅱ母线保护动作 |
| 11 | GOOSE 开入 a | 支路 6（线路 1）保护跳闸 |
| 12 | GOOSE 开入 b | 支路 7（线路 2）保护跳闸 |

（7）试验计算。

状态 1：模拟差动保护动作。支路 6（线路 1）电流设定为 0.5A∠0°。

状态 2：故障状态。模拟母联电流持续存在，支路 6（线路 1）电流不变为 0.5A∠0°；分别设定母联电流为 1.05×0.5＝0.53A∠180°、0.95×0.5＝0.47A∠180°和 1.2×0.5＝0.6A∠180°。

（8）试验加量。

1）点击桌面“继保之星”快捷方式→点击“状态序列”图标，进入状态序列试验模块，按菜单栏中的“＋”或“－”按键，设置状态数量为 2。

2）各状态中的电压、电流设置见表 4-34。

**表 4-34　差动保护启动母联（分段）失灵参数设置**

| 项目 | 状态 1 | 状态 2（故障） | | |
|---|---|---|---|---|
|  |  | 1.05 倍定值 | 0.95 倍定值 | 1.2 倍定值 |
| $U_a$（V） | 0 | 0 | 0 | 0 |
| $U_b$（V） | 0 | 0 | 0 | 0 |
| $U_c$（V） | 0 | 0 | 0 | 0 |
| $I_A$（A） | 0 | 0.53A∠180° | 0.47A∠180° | 0.6A∠180° |
| $I_B$（A） | 0.5∠0° | 0.5∠0° | 0.5∠0° | 0.5∠0° |
| $I_C$（A） | 0 | 0 | 0 | 0 |
| 触发条件 | 按键触发 | 时间触发 | 时间触发 | 时间触发 |
| 开入类型 |  |  |  |  |

续表

| 项目 | 状态 1 | 状态 2（故障） | | |
|---|---|---|---|---|
| | | 1.05 倍定值 | 0.95 倍定值 | 1.2 倍定值 |
| 开出 1 | 合 | 合 | 合 | 合 |
| 开出 2 | 分 | 分 | 分 | 分 |
| 开出 3 | 合 | 合 | 合 | 合 |
| 开出 4 | 分 | 分 | 分 | 分 |
| 开出 5 | 合 | 合 | 合 | 合 |
| 试验时间（ms） | | 300[123] | 300 | 300 |
| 触发后延时（ms） | 0 | 0 | 0 | 0 |

【123】母联分段失灵时间为 200ms，试验时间增加 100ms 裕度，使保护装置能可靠动作。

3）在工具栏中点击“▶”或按键盘中“run”键开始进行试验。观察保护装置面板信息，显示面板“报警”指示灯灭后，点击工具栏中“▶▶”按钮或在键盘上按“Tab”键切换故障状态。

4）两次试验的动作报文如图 4-40 所示。

PCS-915D-DA-G 母线保护—整组动作报文

被保护设备：设备编号　版本号：V2.61　管理序号：00428456.001

打印时间：2020-07-04 17：52：54

| 序号 | 启动时间 | 相对时间 | 动作相别 | 动作元件 |
|---|---|---|---|---|
| 0878 | 2020-07-04 17：55：27：316 | 0000ms | | 保护启动 |
| | | 0019ms | | 差动保护跳母联 1 |
| | | 0020ms | A | 稳态量差动保护跳Ⅱ母线 |
| | | | | Ⅱ母线差动保护动作 |
| | | | | 母联 1 |
| | | 0022ms | | 失灵保护启动 |
| | | 0220ms | | 母联 1 失灵保护动作 |
| | | 0221ms | | Ⅰ母线失灵保护动作 |
| | | | | Ⅱ母线失灵保护动作 |
| | | | | 1、2 号出线 |
| 保护动作相别 | | | | A |
| 最大差比率电流 | | | | 0.53A |
| 母联 1 失灵最大相电流 | | | | 0.53A |

(a)

图 4-40　试验动作报文（一）

(a) 1.05 倍母联失灵定值试验报告

PCS-915D-DA-G 母线保护—整组动作报文

被保护设备：设备编号　版本号：V2.61　管理序号：00428456.001

打印时间：2020-07-04 17：56：04

| 序号 | 启动时间 | 相对时间 | 动作相别 | 动作元件 |
|---|---|---|---|---|
| 0879 | 2020-07-04 17：59：29：436 | 0000ms | | 保护启动 |
| | | 0020ms | | 差动保护跳母联 1 |
| | | 0021ms | A | 稳态量差动保护跳Ⅱ母线 |
| | | | | Ⅱ母线差动保护动作 |
| | | | | 母联 1 |
| | | 0023ms | | 失灵保护启动 |
| 保护动作相别 | | | | A |
| 最大差比率电流 | | | | 0.50A |
| 母联 1 失灵最大相电流 | | | | 0.47A |

(b)

PCS-915D-DA-G 母线保护—整组动作报文

被保护设备：设备编号　版本号：V2.61　管理序号：00428456.001

打印时间：2020-07-04 18：19：54

| 序号 | 启动时间 | 相对时间 | 动作相别 | 动作元件 |
|---|---|---|---|---|
| 0880 | 2020-07-04 18：08：27：316 | 0000ms | | 保护启动 |
| | | 0001ms | | 失灵保护启动 |
| | | 0221ms | | 母联 1 失灵保护动作 |
| | | 0222ms | | Ⅰ母线失灵保护动作 |
| | | | | Ⅱ母线失灵保护动作 |
| | | | | 母联 1，1、2 号出线 |
| 母联 1 失灵最大相电流 | | | | 0.6A |

(c)

图 4-40　试验动作报文（二）

(b) 0.95 倍母联失灵定值试验报告；(c) 1.2 倍母联失灵定值试验报告

从测试仪上记录动作时间见表 4-35。

**表 4-35　　测试仪上记录动作时间记录**

| 序号 | 开入量 | 时间 | 映射对象 |
|---|---|---|---|
| 1 | 开入 A | 226.29ms | 母线保护跳闸 |
| 2 | 开入 B | 226.29ms | Ⅰ母线保护动作 |

续表

| 序号 | 开入量 | 时间 | 映射对象 |
|---|---|---|---|
| 3 | 开入 C | 226.29ms | Ⅱ母线保护动作 |
| 4 | 开入 a | 226.29ms | 支路 6 保护跳闸 |
| 5 | 开入 b | 226.29ms | 支路 7 保护跳闸 |

(9) 试验分析。当Ⅱ母线区内故障，保护动作以后，母联 1 电流为 1.05 倍母联失灵保护定值时，从图 4-40（a）可以看出，经过母联失灵保护延时（0.2s），在 220ms 时母联失灵保护动作，跳开Ⅰ母线、Ⅱ母线。当Ⅱ母线区内故障，保护动作以后，母联电流为 0.95 倍母联失灵保护定值时，从图 4-40（b）可以看出，母联失灵保护仅启动，不动作。母联失灵保护逻辑正确，母联失灵定值误差不大于 5.0%，满足要求。

当差动保护动作后，母联电流为 1.2 倍母联失灵保护定值时，从表 4-35 测试仪上记录动作时间记录可以看出，经过失灵保护延时（0.2s），在 226.29ms 时失灵保护动作，跳开Ⅰ母线、Ⅱ母线，误差不大于 30ms，满足要求。

2. 校验复合电压闭锁母联（分段）失灵逻辑

(1) 测试方法。母线电压为额定值，差动保护动作后，母联电流满足 1.2 倍整定值，校验保护动作的行为。

本试验选择母联、支路 6（线路 1）、支路 7（线路 2）进行试验，运行方式如图 4-25 所示。

(2) 母线保护装置硬压板设置。母线保护装置硬压板设置同“校验母联（分段）失灵电流定值及时间”的设置。

(3) 母线保护装置软压板设置。母线保护装置软压板设置同“校验母联（分段）失灵电流定值及时间”的设置。

(4) 母线保护装置定值与控制字设置。母线保护装置定值与控制字设置同“校验母联（分段）失灵电流定值及时间”的设置。

(5) 试验接线。试验接线同“校验母联（分段）失灵电流定值及时间”的设置。

(6) 继电保护测试仪与母线保护装置的映射关系。继电保护测试仪与母线保护装置的映射关系同“校验母联（分段）失灵电流定值及时间”的设置。

(7) 试验计算。

状态 1：模拟差动保护动作。支路 6（线路 1）电流设定为 0.5A∠0°。

状态 2：故障状态。II 母线加正常电压，模拟母线联电流持续存在，支路 6（线路 1）电流不变为 0.5A∠0°；母联电流为 1.2×0.5＝0.6A∠180°。

（8）试验加量。

1）点击桌面“继保之星”快捷方式→点击“状态序列”图标，进入状态序列试验模块，按菜单栏中的“＋”或“－”按键，设置状态数量为 2。

2）各状态中的电压、电流设置见表 4-36。

**表 4-36　校验复合电压闭锁母联（分段）失灵保护的参数设置**

| 项目 | 状态 1 | 状态 2（故障） |
|---|---|---|
| $U_a$（V） | 0 | 57.7∠0° |
| $U_b$（V） | 0 | 57.7∠－120° |
| $U_c$（V） | 0 | 57.7∠120° |
| $I_A$（A） | 0 | 0.6A∠180° |
| $I_B$（A） | 0.5∠0° | 0.5∠0° |
| $I_C$（A） | 0 | 0 |
| 触发条件 | 按键触发 | 时间触发 |
| 开入类型 | | |
| 开出 1 | 合 | 合 |
| 开出 2 | 分 | 分 |
| 开出 3 | 合 | 合 |
| 开出 4 | 分 | 分 |
| 开出 5 | 合 | 合 |
| 试验时间（ms） | | 300 |
| 触发后延时（ms） | 0 | 0 |

3）在工具栏中点击“▶”或按键盘中“run”键开始进行试验。观察保护装置面板信息，显示面板“报警”指示灯灭后，点击工具栏中“▶▶”按钮或在键盘上按“Tab”键切换故障状态。

4）试验的动作报文如图 4-41 所示。

（9）试验结论。正常电压下，复合电压闭锁条件不开放，母联（分段）失灵保护不动作，复合电压闭锁母联（分段）失灵逻辑正确，满足要求。

PCS-915D-DA-G 母线保护—整组动作报文

被保护设备：设备编号　版本号：V2.61　管理序号：00428456.001

打印时间：2020-07-04 18：21：54

| 序号 | 启动时间 | 相对时间 | 动作相别 | 动作元件 |
|---|---|---|---|---|
| 0899 | 2020-07-04 18：20：47：415 | 0000ms | | 保护启动 |
| | | 0020ms | | 差动保护跳母联 1 |
| | | 0021ms | A | 稳态量差动保护跳Ⅱ母线 |
| | | | | Ⅱ母线差动保护动作 |
| | | | | 母联 1 |
| | | 0023ms | | 失灵保护启动 |
| 保护动作相别 | | | | A |
| 最大差比率电流 | | | | 0.50A |
| 母联 1 失灵最大相电流 | | | | 0.6A |

图 4-41　复合电压闭锁母联失灵保护动作报文

# 4.6　断路器失灵保护（变压器支路）校验

## 4.6.1　试验内容

### 1. 测试内容

（1）校验变压器支路断路器的失灵逻辑及负序电流定值动作的准确度。

（2）校验变压器支路断路器的失灵逻辑及零序电流定值动作的准确度。

（3）校验变压器支路断路器的失灵逻辑及三相失灵相电流定值动作的准确度。

（4）校验失灵保护 1、2 时限延时误差。

### 2. 技术要求

（1）失灵零序电流、负序电流和三相失灵相电流定值误差均不大于 5.0%。

（2）失灵保护 1、2 时限误差不大于 30ms。

## 4.6.2　试验方法

本节以 PCS-915D-DA-G 母线保护装置为例，介绍校验断路器失灵

(变压器支路) 功能的试验方法和步骤。BP-2CD-F 母线保护装置的试验方法和步骤，可参考本节内容，不同之处详见本节对 BP-2CD-F 的具体说明。

1. 校验变压器支路断路器的失灵逻辑及失灵负序电流定值的动作准确度

(1) 测试方法。将失灵保护软压板和控制字均整定为“1”，动作延时整定为最小值，零序电流定值整定为最大值，三相失灵相电流定值整定为最大值；输出三相负序电流，模拟变压器三跳失灵起动开入接点闭合，校验 1.05 倍定值和 0.95 倍定值保护的动作情况。

本试验选择母联、支路 4 (变压器 1)、支路 6 (线路 1) 进行试验，运行方式如图 4-42 所示。本试验模拟支路 4 (变压器 1) 失灵。

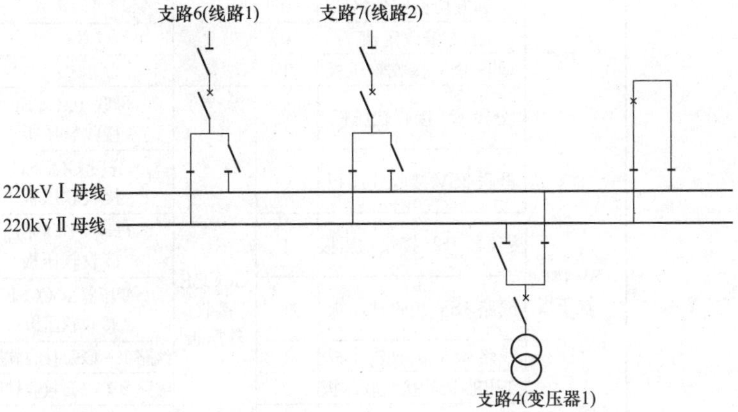


图 4-42 运行方式图

(2) 母线保护装置硬压板设置。母线保护装置硬压板设置同“启动电流定值准确度 (小差比率制动特性)”的设置。

(3) 母线保护装置软压板设置。根据测试方法及选取的试验支路来进行软压板设置。软压板见表 4-37。

(4) 母线保护装置定值与控制字设置。

1) 系统参数设置。系统参数设置见 4.1.1“系统参数设置”。

2) 保护参数设置。变压器支路采用相电流、零序电流、负序电流构成“或门”逻辑，为了避免其他电流的影响，校验失灵负序电流定值动作的准确度时，将失灵零序电流定值整定为最大值，三相失灵相电流定值整定为最大值；失灵保护软压板和控制字均整定为“1”，动作延时整定为最小值。定值与控制字设置见表 4-38。

**表 4-37　　母线保护软压板设置**

| 软压板 | 名称 | 设定值 | 软压板 | 名称 | 设定值 |
|---|---|---|---|---|---|
| 功能软压板 | 差动保护软压板 | 0 | GOOSE发送软压板 | 母联1保护跳闸软压板 | 1 |
| | 失灵保护软压板 | 1 | | 分段保护跳闸软压板 | 0 |
| | 母联1互联软压板 | 0 | | 母联2保护跳闸软压板 | 0 |
| | 母联2互联软压板 | 0 | | 变压器1保护跳闸软压板 | 1 |
| | 分段互联软压板 | 0 | | 线路1保护跳闸软压板 | 1 |
| | 母联1分列软压板 | 0 | | 线路2保护跳闸软压板 | 1 |
| | 母联2分列软压板 | 0 | | 变压器2保护跳闸软压板 | 0 |
| | 分段分列软压板 | 0 | | 线路3保护跳闸软压板 | 0 |
| | 远方投退压板 | 0 | | 线路4保护跳闸软压板 | 0 |
| | 远方切换定值区 | 0 | | | |
| | 远方修改定值 | 0 | | | |
| SV接收软压板 | 母联1SV接收软压板 | 1 | | | |
| | 分段SV接收软压板 | 0 | GOOSE接收软压板 | 母联1GOOSE接收软压板 | 1 |
| | 母联2SV接收软压板 | 0 | | 分段GOOSE接收软压板 | 0 |
| | 变压器1SV接收软压板 | 1 | | 母联2GOOSE接收软压板 | 0 |
| | 线路1SV接收软压板 | 1 | | 变压器1GOOSE接收软压板 | 1 |
| | 线路2SV接收软压板 | 1 | | 线路1GOOSE接收软压板 | 1 |
| | 变压器2SV接收软压板 | 0 | | 线路2GOOSE接收软压板 | 1 |
| | 线路3SV接收软压板 | 0 | | 变压器2GOOSE接收软压板 | 0 |
| | 线路4SV接收软压板 | 0 | | 线路3GOOSE接收软压板 | 0 |
| | 电压SV接收软压板 | 0 | | 线路4GOOSE接收软压板 | 0 |

**表 4-38　　母线保护定值与控制字设置**

| 保护定值 | 名称 | 设定值 | | 名称 | 设定值 |
|---|---|---|---|---|---|
| 母线保护定值 | 差动保护启动电流定值 | 0.3A | 控制字 | 差动保护 | 0 |
| | TA断线告警定值 | 3A | | 失灵保护 | 1 |
| | TA断线闭锁定值 | 5A | | | |
| | 母联分段失灵电流定值 | 0.5A | | | |
| | 母联分段失灵时间 | 0.2s | | | |
| 失灵保护定值 | 低电压闭锁定值 | 40V | | | |
| | 零序电压闭锁定值 | 6V | | | |
| | 负序电压闭锁定值 | 4V | | | |
| | 三相失灵相电流定值 | 10A[124] | | | |
| | 失灵零序电流定值 | 10A | | | |
| | 失灵负序电流定值 | 0.1A | | | |
| | 失灵保护1时限 | 0.2s | | | |
| | 失灵保护2时限 | 0.3s | | | |

【124】为了避免其他电流的影响，验证失灵负序电流定值动作的准确度时，将零序电流定值整定为最大值，三相失灵相电流定值整定为最大值。三相失灵相电流定值是变压器支路启动断路器失灵时使用的定值，线路支路不用该定值。

（5）试验接线。试验接线方法见 4.1.2 试验接线。

本试验选择母联、支路 4（线路 1）、支路 6（线路 1）进行试验，支路发送的启动失灵信号，通过组网口发送给母线保护装置，所以本次试验需要将测试仪一个光口与母线保护装置的组网口连接起来。继电保护测试仪的 IEC 61850 接口与母线保护装置的 SMV 点对点接口及 GOOSE 点对点接口连接对应关系见表 4-39。

**表 4-39　　光纤接线光口对应表**

| 序号 | 测试仪的 IEC 61850 接口 | 母线保护装置接口 |
|---|---|---|
| 1 | 光口 1 | 母联 SMV 点对点口 |
| 2 | 光口 2 | 支路 6（线路 1）SMV 点对点口 |
| 3 | 光口 3 | 支路 4（变压器 1）SMV 点对点口 |
| 4 | 光口 4 | 母线电压点对点口 |
| 5 | 光口 5 | 母联 GOOSE 点对点口 |
| 6 | 光口 6 | 支路 6（线路 1）GOOSE 点对点口 |
| 7 | 光口 7 | 支路 4（变压器 1）GOOSE 点对点口 |
| 8 | 光口 8 | 组网口（至 GOOSE 网交换机） |

（6）继电保护测试仪与母线保护装置的映射关系。本试验对支路 4（变压器 1）要加入三相负序电流，所以需要重新设置电流映射关系。

根据继电保护测试仪与母线保护装置的连接关系，本次试验时测试仪通道与保护装置映射关系见表 4-40。

**表 4-40　　继电保护测试仪与母线保护装置的映射关系**

| 序号 | 测试仪的 IEC 61850 映射 | 母线保护装置映射 |
|---|---|---|
| 1 | $I_A$ | 支路 4（变压器 1）A 相电流 |
| 2 | $I_B$ | 支路 4（变压器 1）B 相电流 |
| 3 | $I_C$ | 支路 4（变压器 1）C 相电流 |
| 4 | $U_A$、$U_B$、$U_C$ | Ⅰ母线三相电压 |
|  | $U_a$、$U_b$、$U_c$ | Ⅱ母线三相电压 |
| 5 | GOOSE 开出 1 | 母联断路器位置 |
| 6 | GOOSE 开出 2 | 支路 6（线路 1）隔离开关 1 |
|  | GOOSE 开出 3 | 支路 6（线路 1）隔离开关 2 |

续表

| 序号 | 测试仪的 IEC 61850 映射 | 母线保护装置映射 |
|---|---|---|
| 7 | GOOSE 开出 4 | 支路 4（变压器 1）隔离开关 1 |
| | GOOSE 开出 5 | 支路 4（变压器 1）隔离开关 2 |
| 8 | GOOSE 开出 8 | 启动高压侧 1 断路器失灵 |

(7) 试验计算。

状态 1：正常状态。

状态 2：故障状态。

三相电压：0V。

支路 4（变压器 1）分别设定负序电流为 1.05×0.1＝0.105A∠0°；1.05×0.1＝0.105A∠＋120°；1.05×0.1＝0.105A∠－120°和 0.95×0.1＝0.095A∠0°；0.95×0.1＝0.095A∠＋120°；0.95×0.1＝0.095A∠－120°。

“开出 8”映射“启动高压侧 1 断路器失灵”，在“状态 2”中设置为“合”。

(8) 试验加量。

1) 点击桌面“继保之星”快捷方式→点击“状态序列”图标，进入状态序列试验模块，按菜单栏中的“＋”或“－”按键，设置状态数量为 2。

2) 各状态中的电压、电流设置见表 4-41。

**表 4-41　断路器失灵保护（变压器支路）负序电流定值校验参数设置**

| 项目 | 状态 1（正常） | 状态 2（故障） | |
|---|---|---|---|
| | | 1.05 倍定值 | 0.95 倍定值 |
| $U_A$（V） | 57.7∠0° | 0 | 0 |
| $U_B$（V） | 57.7∠－120° | 0 | 0 |
| $U_C$（V） | 57.7∠120° | 0 | 0 |
| $I_A$（A） | 0 | 0.105A∠0° | 0.095A∠0° |
| $I_B$（A） | 0 | 0.105A∠＋120° | 0.095A∠＋120° |
| $I_C$（A） | 0 | 0.105A∠－120° | 0.095A∠－120° |
| 触发条件 | 按键触发 | 时间触发 | 时间触发 |
| 开入类型 | | | |
| 开出 1 | 合 | 合 | 合 |
| 开出 2 | 分 | 分 | 分 |

续表

| 项目 | 状态1（正常） | 状态2（故障） | |
|---|---|---|---|
| | | 1.05倍定值 | 0.95倍定值 |
| 开出3 | 合 | 合 | 合 |
| 开出4 | 合 | 合 | 合 |
| 开出5 | 分 | 分 | 分 |
| 开出8 | 分 | 合[125] | 合 |
| 试验时间（ms） | 0 | 400[126] | 400 |
| 触发后延时（ms） | 0 | 0 | 0 |

【125】即表示断路器启动失灵节点闭合。

【126】失灵保护1时限为200ms，跳开母联（分段）断路器，失灵保护2时限为300ms，跳开故障母线，试验时间在失灵保护2时限增加100ms裕度，使保护装置能可靠动作，验证失灵保护动作逻辑。

3）在工具栏中点击“▶”或按键盘中“run”键开始进行试验。观察保护装置面板信息，显示面板“报警”指示灯灭后，点击工具栏中“▶▶”按钮或在键盘上按“Tab”键切换故障状态。

4）两次试验的动作报文如图4-43所示。

PCS-915D-DA-G母线保护装置—整组动作报文

被保护设备：保护设备　版本号：V2.61　管理序号：00428456.001

打印时间：2019-06-27 13：59：50

| 序号 | 启动时间 | 相对时间 | 动作相别 | 动作元件 |
|---|---|---|---|---|
| 0458 | 2019-06-27 13：58：36：298 | 0000ms | | 保护启动 |
| | | 0001ms | | 失灵保护启动 |
| | | 0220ms | | 失灵保护跳母联1 |
| | | 0370ms | | Ⅰ母线失灵保护动作 |
| 保护动作相别 | | | | A |
| 最大差比率电流 | | | | 0.11A |

（a）

PCS-915D-DA-G母线保护装置—整组动作报文

被保护设备：保护设备　版本号：V2.61　管理序号：00428456.001

打印时间：2019-06-24 14：04：15

| 序号 | 启动时间 | 相对时间 | 动作相别 | 动作元件 |
|---|---|---|---|---|
| 0459 | 2019-06-27 14：02：46：564 | 0000ms | | 保护启动 |
| | | 0000ms | | 失灵保护启动 |

（b）

图4-43　动作报文图

（a）1.05倍失灵保护负序电流定值校验动作报告；

（b）0.95倍失灵保护负序电流定值校验动作报告

（9）试验分析。

断路器失灵保护（变压器支路）采用相电流、零序电流、负序电流构成“或门”逻辑。

从图 4-43（a）可以看出，负序电流满足条件并且有失灵启动开入时，失灵保护动作，经过失灵保护 1 时限（200ms）跳开母联断路器，失灵保护 2 时限（300ms）跳开故障母线，动作行为正确。

从图 4-43（b）可以看出，负序电流不满足条件，有失灵启动开入时，失灵保护启动，但不动作，动作行为正确。

失灵保护负序电流定值误差不大于 5.0%，满足要求。

2. 校验变压器支路断路器的失灵逻辑及失灵零序电流定值动作的准确度

（1）测试方法。将负序电流定值整定为最大值，三相失灵相电流定值整定为最大值；输出单相电流，模拟变压器三跳失灵起动开入接点闭合，单相电流幅值设为变化量即 $3I_0$，校验 1.05 倍定值和 0.95 倍定值保护的动作情况。

本试验选择母联、支路 4（变压器 1）、支路 6（线路 1）进行试验，运行方式如图 4-42 所示。本试验模拟支路 4（变压器 1）失灵。

（2）母线保护装置硬压板设置。母线保护装置硬压板设置同“校验变压器支路断路器的失灵逻辑及失灵负序电流定值动作的准确度”设置。

（3）母线保护装置软压板设置。母线保护装置软压板设置同“校验变压器支路断路器的失灵逻辑及失灵负序电流定值动作的准确度”设置。

（4）母线保护装置定值与控制字设置。

1）系统参数设置。系统参数设置见 4.1.1“系统参数设置”。

2）保护参数设置。保护参数设置中的变压器支路采用相电流、零序电流、负序电流构成“或门”逻辑，为了避免其他电流的影响，校验失灵零序电流定值动作的准确度时，将失灵负序电流定值整定为最大值，三相失灵相电流定值整定为最大值；失灵保护软压板和控制字均整定为“1”，动作延时整定为最小值。定值与控制字设置见表 4-42。

（5）试验接线。试验接线同“校验变压器支路断路器的失灵逻辑及失灵负序电流定值动作的准确度”设置。

（6）继电保护测试仪与母线保护装置的映射关系。继电保护测试仪与母线保护装置的映射关系同“校验变压器支路断路器的失灵逻辑及失灵负序电流定值动作的准确度”设置。

表 4-42　　母线保护定值与控制字设置

| 保护定值 | 名称 | 设定值 | | 名称 | 设定值 |
|---|---|---|---|---|---|
| 母线保护定值 | 差动保护启动电流定值 | 0.3A | 控制字 | 差动保护 | 0 |
| | TA 断线告警定值 | 3A | | 失灵保护 | 1 |
| | TA 断线闭锁定值 | 5A | | | |
| | 母联分段失灵电流定值 | 0.5A | | | |
| | 母联分段失灵时间 | 0.2s | | | |
| 失灵保护定值 | 低电压闭锁定值 | 40V | | | |
| | 零序电压闭锁定值 | 6V | | | |
| | 负序电压闭锁定值 | 4V | | | |
| | 三相失灵相电流定值 | 10A[127] | | | |
| | 失灵零序电流定值 | 0.2A | | | |
| | 失灵负序电流定值 | 10A | | | |
| | 失灵保护 1 时限 | 0.2s | | | |
| | 失灵保护 2 时限 | 0.3s | | | |

【127】为了避免其他电流的影响，验证失灵零序电流定值动作的准确度时，将负序电流定值整定为最大值，三相失灵相电流定值整定为最大值。

(7) 试验计算。模拟变压器三跳失灵起动开入接点闭合，分别模拟输出单相电流幅值 $3I_0$ 为 1.05 和 0.95 倍失灵零序电流定值。

状态 1：正常状态。

状态 2：故障状态。

三相电压：0V。

支路 4（变压器 1）$I_A$，即为零序电流 $3I_0$，分别设置为：$1.05\times0.2=0.21A\angle0°$和 $0.95\times0.2=0.19A\angle0°$；

“开出 8”映射“启动高压侧 1 断路器失灵”，在“状态 2”中设置为“合”。

(8) 试验加量。

1) 点击桌面“继保之星”快捷方式→点击“状态序列”图标，进入状态序列试验模块。

2) 各状态中的电压、电流设置见表 4-43。

表 4-43　断路器失灵保护（变压器支路）零序电流定值校验参数设置

| 项目 | 状态 1（正常） | 状态 2（故障） | |
|---|---|---|---|
| | | 1.05 倍定值 | 0.95 倍定值 |
| $U_A$ (V) | $57.7\angle0°$ | 0 | 0 |

续表

| 项目 | 状态1（正常） | 状态2（故障） | |
|---|---|---|---|
| | | 1.05倍定值 | 0.95倍定值 |
| $U_B$（V） | 57.7∠−120° | 0 | 0 |
| $U_C$（V） | 57.7∠120° | 0 | 0 |
| $I_A$（A） | 0 | 0.21A∠0° | 0.19A∠0° |
| $I_B$（A） | 0 | 0 | 0 |
| $I_C$（A） | 0 | 0 | 0 |
| 触发条件 | 按键触发 | 时间触发 | 时间触发 |
| 开入类型 | | | |
| 开出1 | 合 | 合 | 合 |
| 开出2 | 分 | 分 | 分 |
| 开出3 | 合 | 合 | 合 |
| 开出4 | 合 | 合 | 合 |
| 开出5 | 分 | 分 | 分 |
| 开出8 | 分 | 合 | 合 |
| 试验时间（ms） | 0 | 400[128] | 400 |
| 触发后延时（ms） | 0 | 0 | 0 |

【128】失灵保护1时限为200ms，跳开母联（分段）断路器，失灵保护2时限为300ms，跳开故障母线，试验时间在失灵保护2时限增加100ms裕度，使保护装置能可靠动作，验证失灵保护动作逻辑。

3）在工具栏中点击“▶”或按键盘中“run”键开始进行试验。观察保护装置面板信息，显示面板“报警”指示灯灭后，点击工具栏中“▶▶”按钮或在键盘上按“Tab”键切换故障状态。

4）两次试验的动作报文如图4-44所示。

PCS-915D-DA-G母线保护装置—整组动作报文

被保护设备：保护设备　版本号：V2.61　管理序号：00428456.001

打印时间：2019-06-27 13：59：50

| 序号 | 启动时间 | 相对时间 | 动作相别 | 动作元件 |
|---|---|---|---|---|
| 0458 | 2019-06-27 13：58：36：298 | 0000ms | | 保护启动 |
| | | 0001ms | | 失灵保护启动 |
| | | 0220ms | | 失灵保护跳母联1 |
| | | 0370ms | | Ⅰ母线失灵保护动作 |
| 保护动作相别 | | | | A |
| 最大差比率电流 | | | | 0.11A |

(a)

图4-44　动作报告图（一）

(a) 1.05倍失灵保护零序电流定值动作报告

PCS-915D-DA-G 母线保护装置—整组动作报文

被保护设备：保护设备　版本号：V2.61　管理序号：00428456.001

打印时间：2019-06-24 14：04：15

| 序号 | 启动时间 | 相对时间 | 动作相别 | 动作元件 |
|---|---|---|---|---|
| 0459 | 2019-06-27 14：02：46：564 | 0000ms | | 保护启动 |
| | | 0000ms | | 失灵保护启动 |

(b)

图 4-44　动作报告图（二）

(b) 0.95 倍失灵保护零序电流定值动作报告

(9) 试验分析。

断路器失灵保护（变压器支路）采用相电流、零序电流、负序电流构成“或门”逻辑。

从图 4-44（a）可以看出，零序电流满足条件并且有失灵启动开入时，失灵保护动作，经过失灵保护 1 时限（200ms）跳开母联断路器，失灵保护 2 时限（300ms）跳开故障母线，动作行为正确。

从图 4-44（b）可以看出，零序电流不满足条件，有失灵启动开入时，失灵保护启动，但不动作，动作行为正确。

失灵保护零序电流定值误差不大于 5.0%，满足要求。

### 3. 校验变压器支路断路器的失灵逻辑及三相失灵相电流定值动作的准确度

(1) 测试方法。测试方法中的失灵保护软压板和控制字均整定为“1”，动作延时整定为最小值，零序电流定值整定为最大值，失灵负序电流定值整定为最大值；可输出三相正序电流，模拟变压器三跳失灵起动开入接点闭合，校验 1.05 倍定值和 0.95 倍定值保护的动作情况。

本试验选择母联、支路 4（变压器 1）、支路 6（线路 1）进行试验，运行方式如图 4-42 所示。本试验模拟支路 4（变压器 1）失灵。

(2) 母线保护装置硬压板设置。母线保护装置硬压板设置同“校验变压器支路断路器的失灵逻辑及失灵负序电流定值动作的准确度”设置。

(3) 母线保护装置软压板设置。母线保护装置软压板设置同“校验变压器支路断路器的失灵逻辑及失灵负序电流定值动作的准确度”设置。

(4) 母线保护装置定值与控制字设置。

1) 系统参数设置。系统参数设置见 4.1.1“系统参数设置”。

2）保护参数设置。保护参数设置中的变压器支路采用相电流、零序电流、负序电流构成“或门”逻辑，为了避免其他电流的影响，校验三相失灵相电流定值动作的准确度时，将失灵负序电流定值整定为最大值，失灵零序电流定值整定为最大值；失灵保护软压板和控制字均整定为“1”，动作延时整定为最小值。定值与控制字设置见表4-44。

**表4-44　母线保护定值与控制字设置**

| 保护定值 | 名称 | 设定值 | | 名称 | 设定值 |
|---|---|---|---|---|---|
| 母线保护定值 | 差动保护启动电流定值 | 0.3A | 控制字 | 差动保护 | 0 |
| | TA断线告警定值 | 3A | | 失灵保护 | 1 |
| | TA断线闭锁定值 | 5A | | | |
| | 母联分段失灵电流定值 | 0.5A | | | |
| | 母联分段失灵时间 | 0.2s | | | |
| 失灵保护定值 | 低电压闭锁定值 | 40V | | | |
| | 零序电压闭锁定值 | 6V | | | |
| | 负序电压闭锁定值 | 4V | | | |
| | 三相失灵相电流定值 | 0.24A | | | |
| | 失灵零序电流定值 | 10A[129] | | | |
| | 失灵负序电流定值 | 10A | | | |
| | 失灵保护1时限 | 0.2s | | | |
| | 失灵保护2时限 | 0.3s | | | |

【129】为了避免其他电流的影响，验证三相失灵相电流定值动作的准确度时，将失灵负序电流定值整定为最大值，失灵零序电流定值整定为最大值。

（5）试验接线。试验接线同“校验变压器支路断路器的失灵逻辑及失灵负序电流定值动作的准确度”设置。

（6）继电保护测试仪与母线保护装置的映射关系。继电保护测试仪与母线保护装置的映射关系同“校验变压器支路断路器的失灵逻辑及失灵负序电流定值动作的准确度”设置。

（7）试验计算。模拟变压器三跳失灵起动开入接点闭合，分别模拟输出三相正序电流为1.05、0.95倍三相失灵相电流定值。

状态1：正常状态。

状态2：故障状态。

三相电压：0V。

支路4（变压器1）分别设定三相电流：$1.05\times0.24=0.252A\angle0^\circ$；$1.05\times0.24=0.252A\angle-120^\circ$；$1.05\times0.24=$

0.252A∠+120°和 0.95×0.24=0.228A∠0°；0.95×0.24=0.228A∠−120°；0.95×0.24=0.228A∠+120°。

“开出 8”映射“启动高压侧 1 断路器失灵”，在“状态 2”中设置为“合”。

（8）试验加量。

1）点击桌面“继保之星”快捷方式→点击“状态序列”图标，进入状态序列试验模块，按菜单栏中的“+”或“−”按键，设置状态数量为 2。

2）各状态中的电压、电流设置见表 4-45。

**表 4-45　断路器失灵保护（变压器支路）三相失灵相电流定值校验参数设置**

| 项目 | 状态 1（正常） | 状态 2（故障） | |
|---|---|---|---|
| | | 1.05 倍定值 | 0.95 倍定值 |
| $U_A$（V） | 57.7∠0° | 0 | 0 |
| $U_B$（V） | 57.7∠−120° | 0 | 0 |
| $U_C$（V） | 57.7∠120° | 0 | 0 |
| $I_A$（A） | 0 | 0.252∠0° | 0.228∠0° |
| $I_B$（A） | 0 | 0.252∠−120° | 0.228∠−120° |
| $I_C$（A） | 0 | 0.252∠120° | 0.228∠120° |
| 触发条件 | 按键触发 | 时间触发 | 时间触发 |
| 开入类型 | | | |
| 开出 1 | 合 | 合 | 合 |
| 开出 2 | 分 | 分 | 分 |
| 开出 3 | 合 | 合 | 合 |
| 开出 4 | 合 | 合 | 合 |
| 开出 5 | 分 | 分 | 分 |
| 开出 8 | 分 | 合 | 合 |
| 试验时间（ms） | 0 | 400 | 400 |
| 触发后延时（ms） | 0 | 0 | 0 |

3）在工具栏中点击“▶”或按键盘中“run”键开始进行试验。观察保护装置面板信息，显示面板“报警”指示灯灭后，点击工具栏中“▶▶”按钮或在键盘上按“Tab”键切换故障状态。

4）两次试验动作报文如图 4-45 所示。

（9）试验分析。断路器失灵保护（变压器支路）采用相电流、零序电流、负序电流构成“或门”逻辑。

PCS-915D-DA-G 母线保护装置—整组动作报文

被保护设备：保护设备　版本号：V2.61　管理序号：00428456.001

打印时间：2019-06-27 13：59：50

| 序号 | 启动时间 | 相对时间 | 动作相别 | 动作元件 |
|---|---|---|---|---|
| 0458 | 2019-06-27 13：58：36：298 | 0000ms | | 保护启动 |
| | | 0001ms | | 失灵保护启动 |
| | | 0220ms | | 失灵保护跳母联 1 |
| | | 0370ms | | Ⅰ母线失灵保护动作 |
| 保护动作相别 | | | | A |
| 最大差比率电流 | | | | 0.25A |

(a)

PCS-915D-DA-G 母线保护装置—整组动作报文

被保护设备：保护设备　版本号：V2.61　管理序号：00428456.001

打印时间：2019-06-24 14：04：15

| 序号 | 启动时间 | 相对时间 | 动作相别 | 动作元件 |
|---|---|---|---|---|
| 0459 | 2019-06-27 14：02：46：564 | 0000ms | | 保护启动 |
| | | 0000ms | | 失灵保护启动 |

(b)

图 4-45　动作报文图

(a) 1.05 倍失灵保护相电流定值校验动作报文；(b) 0.95 倍失灵保护相电流定值校验动作报文

从图 4-45（a）可以看出，相电流满足条件并且有失灵启动开入时，失灵保护动作，经过失灵保护 1 时限（200ms）跳开母联断路器，失灵保护 2 时限（300ms）跳开故障母线，动作行为正确。

从图 4-45（b）可以看出，相电流不满足条件，有失灵启动开入时，失灵保护启动，但不动作，动作行为正确。

失灵保护相电流定值误差不大于 5.0%，满足要求。

**4. 校验失灵保护 1、2 时限延时误差**

(1) 测试方法。模拟变压器三跳失灵启动开入接点闭合，并施加电流满足失灵保护动作条件使失灵保护动作，测试失灵保护动作时间及返回时间。

本试验选择母联、支路 4（变压器 1）、支路 6（线路 1）进行试验，运行方式如图 4-42 所示。本试验模拟支路 4（变压器 1）失灵。

（2）母线保护装置硬压板设置。母线保护装置硬压板设置同“校验变压器支路断路器的失灵逻辑及失灵负序电流定值动作的准确度”设置。

（3）母线保护装置软压板设置。母线保护装置软压板设置同“校验变压器支路断路器的失灵逻辑及失灵负序电流定值动作的准确度”设置。

（4）母线保护装置定值与控制字设置。母线保护装置定值与控制字设置同“校验变压器支路断路器的失灵逻辑及失灵负序电流定值动作的准确度”设置。

（5）试验接线。试验接线同“校验变压器支路断路器的失灵逻辑及失灵负序电流定值动作的准确度”设置。

（6）继电保护测试仪与母线保护装置的映射关系。本试验要测试保护动作的时间，所以把保护装置的动作变位输入到测试仪中，让测试仪记录动作时间。测试仪中的“开入”是从保护装置中接收的信号，因此要对测试仪的开入量进行设置。

根据继电保护测试仪与母线保护装置的连接关系，本次试验时测试仪通道与保护装置映射关系见表4-46。

**表4-46　继电保护测试仪与母线保护装置的映射关系**

| 序号 | 测试仪的IEC 61850映射 | 母线保护装置映射 |
|---|---|---|
| 1 | $I_A$ | 支路4（变压器1）A相电流 |
| 2 | $I_B$ | 支路4（变压器1）B相电流 |
| 3 | $I_C$ | 支路4（变压器1）C相电流 |
| 4 | $U_A$、$U_B$、$U_C$ | Ⅰ母线三相电压 |
|  | $U_a$、$U_b$、$U_c$ | Ⅱ母线三相电压 |
| 5 | GOOSE开出1 | 母联断路器位置 |
| 6 | GOOSE开出2 | 支路6（线路1）隔离开关1 |
|  | GOOSE开出3 | 支路6（线路1）隔离开关2 |
| 7 | GOOSE开出4 | 支路4（变压器1）隔离开关1 |
|  | GOOSE开出5 | 支路4（变压器1）隔离开关2 |
| 8 | GOOSE开出8 | 启动高压侧1断路器失灵 |
| 9 | GOOSE开入A | 母线保护跳闸 |
| 10 | GOOSE开入B | Ⅰ母线保护动作 |
| 11 | GOOSE开入C | Ⅱ母线保护动作 |
| 12 | GOOSE开入a | 支路4保护跳闸 |

（7）试验计算。

状态1：正常状态。

状态 2：故障状态。

三相电压：0V。

支路 4（变压器 1）分别：负序电流为 1.2×0.1=0.12A∠0°；1.2×0.1=0.12A∠+120°；1.2×0.1=0.12A∠−120°。

“开出 8”映射“启动高压侧 1 断路器失灵”，在“状态 2”中设置为“合”。

（8）试验加量。

1）点击桌面“继保之星”快捷方式→点击“状态序列”图标，进入状态序列试验模块。

2）各状态中的电压、电流设置见表 4-47。

**表 4-47　　断路器失灵保护（变压器支路）时间校验参数设置**

| 项目 | 状态 1（正常） | 状态 2（故障） |
|---|---|---|
| $U_{A}$（V） | 57.7∠0° | 0 |
| $U_{B}$（V） | 57.7∠−120° | 0 |
| $U_{C}$（V） | 57.7∠120° | 0 |
| $I_{A}$（A） | 0 | 0.12A∠0° |
| $I_{B}$（A） | 0 | 0.12A∠+120° |
| $I_{C}$（A） | 0 | 0.12A∠−120° |
| 触发条件 | 按键触发 | 时间触发 |
| 开入类型 | | |
| 开出 1 | 合 | 合 |
| 开出 2 | 分 | 分 |
| 开出 3 | 合 | 合 |
| 开出 4 | 合 | 合 |
| 开出 5 | 分 | 分 |
| 开出 8 | 分 | 合 |
| 试验时间（ms） | 0 | 400 |
| 触发后延时（ms） | 0 | |

3）在工具栏中点击“▶”或按键盘中“run”键开始进行试验。观察保护装置面板信息，显示面板“报警”指示灯灭后，点击工具栏中“▶▶”按钮或在键盘上按“Tab”键切换故障状态。

4）试验动作报文如图 4-46 所示。

从测试仪上记录动作时间见表 4-48。

PCS-915D-DA-G 母线保护装置—整组动作报文

被保护设备：保护设备　版本号：V2.61　管理序号：00428456.001

打印时间：2019-06-27 13：59：50

| 序号 | 启动时间 | 相对时间 | 动作相别 | 动作元件 |
|---|---|---|---|---|
| 0458 | 2019-06-27 13：58：36：298 | 0000ms | | 保护启动 |
| | | 0001ms | | 失灵保护启动 |
| | | 0220ms | | 失灵保护跳母联 1 |
| | | 0320ms | | Ⅰ母线失灵保护动作 |
| 保护动作相别 | | | | A |
| 最大差比率电流 | | | | 0.12A |

图 4-46　1.2 倍失灵保护时间校验动作报文

**表 4-48　　测试仪上记录动作时间表**

| 序号 | 开入量 | 时间 | 映射对象 |
|---|---|---|---|
| 1 | 开入 A | 226.29ms | 母线保护跳闸 |
| 2 | 开入 B | 326.29ms | Ⅰ母线保护动作 |
| 3 | 开入 C | | Ⅱ母线保护动作 |
| 4 | 开入 a | 326.29ms | 支路 4 保护跳闸 |

（9）试验分析。失灵保护 1 时限是 200ms，失灵保护 2 时限是 300ms。从表 4-48 测试仪上记录动作时间表可以看出，226.29ms 跳开母联断路器，326.29ms 跳开故障母线Ⅰ母线，断路器失灵保护（变压器支路）逻辑正确，时间误差小于 30ms，满足要求。

## 4.7　断路器失灵保护（线路支路）校验

### 4.7.1　试验内容

1. 测试内容

（1）校验线路支路断路器的失灵逻辑[130]及失灵负序电流定值动作的准确度。

（2）校验线路支路断路器的失灵逻辑及零序电流定值动作的准确度。

（3）校验线路支路断路器的失灵逻辑及失灵相电流定值[131]动作准确度。

【130】线路支路断路器的失灵逻辑分为单相跳闸启动失灵和三相跳闸启动失灵两种情况。

【131】失灵相电流定值为默认值。PCS-915D-DA-G 中，单相跳闸启动失灵时，失灵相电流定值默认为 $0.04I_n$；三相跳闸启动失灵时，失灵相电流定值默认为 $0.1I_n$。

（4）校验失灵保护1、2时限延时误差。

2. 技术要求

（1）失灵零序电流、负序电流和失灵相电流定值误差均不大于5.0%。

（2）失灵保护1、2时限误差不大于1%或30ms。

### 4.7.2 试验方法

本节以PCS-915D-DA-G母线保护装置为例，介绍校验断路器失灵（线路支路）功能的试验方法和步骤。BP-2CD-F母线保护装置的试验方法和步骤，可参考本节内容，不同之处详见本节对BP-2CD-F的具体说明。

1. 校验线路支路断路器的失灵逻辑及失灵负序电流定值动作的准确度

（1）测试方法。将失灵保护零序电流定值整定为最大值，失灵相电流定值为默认值（单相$0.04I_n$，三相$0.1I_n$）；输出三相负序电流，模拟线路跳A相失灵起动开入接点闭合，校验1.05倍定值和0.95倍定值保护的动作情况。

本试验选择母联、支路6（线路1）、支路4（线路1）进行试验，运行方式如图4-42所示。本试验模拟支路6（线路1）断路器失灵。

（2）母线保护装置硬压板设置。母线保护装置硬压板设置同“校验变压器支路断路器的失灵逻辑及失灵负序电流定值动作的准确度”设置。

（3）母线保护装置软压板设置。母线保护装置软压板设置同“校验变压器支路断路器的失灵逻辑及失灵负序电流定值动作的准确度”设置。

（4）母线保护装置定值与控制字设置。

1）系统参数设置。系统参数设置见4.1.1“系统参数设置”。

2）保护参数设置。线路支路采用零序电流（或负序电流）和相电流构成“与门”逻辑，为了避免其他电流的影响，校验失灵负序电流定值动作的准确度时，将失灵零序电流定值整定为最大值，失灵相电流定值为固定值（单相为$0.04I_n$，三相为$0.1I_n$）；失灵保护软压板和控制字均整定为“1”，动作延时整定为最小值。定值与控制字设置见表4-49。

（5）试验接线。试验接线同“校验变压器支路断路器的失灵逻辑及失灵负序电流定值动作的准确度”设置。

（6）继电保护测试仪与母线保护装置的映射关系。本试验对支路6（线路1）要加入三相负序电流，所以需要重新设置电流映射关系。根据继电保护测试仪与母线保护装置的连接关系，本次试验时测试仪通道与保护装置映射关系见表4-50。

**表 4-49　　母线保护定值与控制字设置**

| 保护定值 | 名称 | 设定值 | | 名称 | 设定值 |
|---|---|---|---|---|---|
| 母线保护定值 | 差动保护启动电流定值 | 0.3A | 控制字 | 差动保护 | 0 |
| | TA 断线告警定值 | 3A | | 失灵保护 | 1 |
| | TA 断线闭锁定值 | 5A | | | |
| | 母联分段失灵电流定值 | 0.5A | | | |
| | 母联分段失灵时间 | 0.2s | | | |
| 失灵保护定值 | 低电压闭锁定值 | 40V | | | |
| | 零序电压闭锁定值 | 6V | | | |
| | 负序电压闭锁定值 | 4V | | | |
| | 三相失灵相电流定值 | 0.24A[132] | | | |
| | 失灵零序电流定值 | 10A[133] | | | |
| | 失灵负序电流定值 | 0.1A | | | |
| | 失灵保护 1 时限 | 0.2s | | | |
| | 失灵保护 2 时限 | 0.3s | | | |

**表 4-50 继电保护测试仪与母线保护装置的映射关系**

| 序号 | 测试仪的 IEC 61850 映射 | 母线保护装置映射 |
|---|---|---|
| 1 | $I_A$ | 支路 6（线路 1）A 相电流 |
| 2 | $I_B$ | 支路 6（线路 1）B 相电流 |
| 3 | $I_C$ | 支路 6（线路 1）C 相电流 |
| 4 | $U_A$、$U_B$、$U_C$ | Ⅰ母线三相电压 |
| | $U_a$、$U_b$、$U_c$ | Ⅱ母线三相电压 |
| 5 | GOOSE 开出 1 | 母联断路器位置 |
| 6 | GOOSE 开出 2 | 支路 6（线路 1）隔离开关 1 |
| | GOOSE 开出 3 | 支路 6（线路 1）隔离开关 2 |
| 7 | GOOSE 开出 4 | 支路 4（变压器 1）隔离开关 1 |
| | GOOSE 开出 5 | 支路 4（变压器 1）隔离开关 2 |
| 8 | GOOSE 开出 8 | 跳断路器 & 启动 A 相失灵 |

（7）试验计算。

状态 1：正常状态。

状态 2：故障状态。

三相电压：0V。

支路 6（线路 1）分别设定负序电流为 $1.05\times0.1=0.105A\angle0°$；$1.05\times0.1=0.105A\angle+120°$；$1.05\times0.1=0.105A\angle-120°$和 $0.95\times0.1=0.095A\angle0°$；$0.95\times0.1=$

【132】三相失灵相电流定值是变压器支路启动断路器失灵时，使用的定值。线路支路不用该定值。

【133】为了避免其他电流的影响，验证失灵负序电流定值动作的准确度时，将零序电流定值整定为最大值。

0.095A∠+120°；0.95×0.1=0.095A∠−120°。

“开出8”映射“跳断路器&启动A相失灵”，在“状态2”中设置为“合”。

（8）试验加量。

1）点击桌面“继保之星”快捷方式→点击“状态序列”图标，进入状态序列试验模块，按菜单栏中的“+”或“−”按键，设置状态数量为2。

2）各状态中的电压、电流设置见表4-51。

**表4-51　断路器失灵保护（线路支路）负序电流定值校验参数设置**

| 项目 | 状态1（正常） | 状态2（故障） | |
|---|---|---|---|
| | | 1.05倍定值 | 0.95倍定值 |
| $U_a$（V） | 57.7∠0° | 0 | 0 |
| $U_b$（V） | 57.7∠−120° | 0 | 0 |
| $U_c$（V） | 57.7∠120° | 0 | 0 |
| $I_A$（A） | 0 | 0.105A∠0° | 0.095A∠0° |
| $I_B$（A） | 0 | 0.105A∠+120° | 0.095A∠+120° |
| $I_C$（A） | 0 | 0.105A∠−120° | 0.095A∠−120° |
| 触发条件 | 按键触发 | 时间触发 | 时间触发 |
| 开入类型 | | | |
| 开出1 | 合 | 合 | 合 |
| 开出2 | 分 | 分 | 分 |
| 开出3 | 合 | 合 | 合 |
| 开出4 | 合 | 合 | 合 |
| 开出5 | 分 | 分 | 分 |
| 开出8 | 分 | 合[134] | 合 |
| 试验时间（ms） | 0 | 400 | 400 |
| 触发后延时（ms） | 0 | 0 | 0 |

【134】即表示断路器启动失灵节点闭合。

3）在工具栏中点击“▶”或按键盘中“run”键开始进行试验。观察保护装置面板信息，显示面板“报警”指示灯灭后，点击工具栏中“▶▶”按钮或在键盘上按“Tab”键切换故障状态。

4）两次试验的动作报文如图4-47所示。

（9）试验分析。断路器失灵保护（线路支路）采用零序电流（或负序电流）与相电流构成“与门”逻辑。

PCS-915D-DA-G 母线保护装置—整组动作报文

被保护设备：保护设备　版本号：V2.61　管理序号：00428456.001

打印时间：2020-06-27 13：59：50

| 序号 | 启动时间 | 相对时间 | 动作相别 | 动作元件 |
|---|---|---|---|---|
| 0458 | 2020-06-27 13：58：36：298 | 0000ms | | 保护启动 |
| | | 0001ms | | 失灵保护启动 |
| | | 0220ms | | 失灵保护跳母联 1 |
| | | 0370ms | | Ⅱ母线失灵保护动作 |
| 保护动作相别 | | | | A |
| 最大差比率电流 | | | | 0.11A |

(a)

PCS-915D-DA-G 母线保护装置—整组动作报文

被保护设备：保护设备　版本号：V2.61　管理序号：00428456.001

打印时间：2020-06-27 14：04：15

| 序号 | 启动时间 | 相对时间 | 动作相别 | 动作元件 |
|---|---|---|---|---|
| 0459 | 2020-06-27 14：02：46：564 | 0000ms | | 保护启动 |
| | | 0000ms | | 失灵保护启动 |

(b)

图 4-47　动作报文图

(a) 1.05 倍失灵保护负序电流定值校验动作报文；(b) 0.95 倍失灵保护负序电流定值校验动作报文

从图 4-47（a）可以看出，负序电流满足条件并且有失灵启动开入时，失灵保护动作，经过失灵保护 1 时限（200ms）跳开母联断路器，失灵保护 2 时限（300ms）跳开故障母线，动作行为正确。

从图 4-47（b）可以看出，负序电流不满足条件，有失灵启动开入时，失灵保护启动，但不动作，动作行为正确。

失灵保护负序电流定值误差不大于 5.0%，满足要求。

**2. 校验线路支路断路器的失灵逻辑及失灵零序电流定值动作的准确度**

（1）测试方法。将负序电流定值整定为最大值，失灵相电流定值为固定值（单相 $0.04I_n$，三相 $0.1I_n$）；模拟线路跳 A 相失灵起动开入接点闭合，输出单相电流即为 $3I_0$，分别为 1.05 倍定值和 0.95 倍失灵零序电流定值，校验保护的动作情况。

本试验选择支路 6（线路 1）进行试验，运行方式如图 4-42 所示。本试验模拟支路 6（线路 1）失灵。

（2）母线保护装置硬压板设置。母线保护装置硬压板设置同“校验线路支路断路器的失灵逻辑及失灵负序电流定值动作的准确度”设置。

（3）母线保护装置软压板设置。母线保护装置软压板设置同“校验线路支路断路器的失灵逻辑及失灵负序电流定值动作的准确度”设置。

（4）母线保护装置定值与控制字设置。

1）系统参数设置。系统参数设置见 4.1.1“系统参数设置”。

2）保护参数设置。线路支路采用零序电流（或负序电流）与相电流构成“与门”逻辑，为了避免其他电流的影响，校验失灵零序电流定值动作的准确度时，将失灵负序电流定值整定为最大值，失灵相电流定值为固定值；失灵保护软压板和控制字均整定为“1”，动作延时整定为最小值。定值与控制字设置见表 4-52。

**表 4-52　　母线保护定值与控制字设置**

| 保护定值 | 名称 | 设定值 | | 名称 | 设定值 |
|---|---|---|---|---|---|
| 母线保护定值 | 差动保护启动电流定值 | 0.3A | 控制字 | 差动保护 | 0 |
| | TA 断线告警定值 | 3A | | 失灵保护 | 1 |
| | TA 断线闭锁定值 | 5A | | | |
| | 母联分段失灵电流定值 | 0.5A | | | |
| | 母联分段失灵时间 | 0.2s | | | |
| 失灵保护定值 | 低电压闭锁定值 | 40V | | | |
| | 零序电压闭锁定值 | 6V | | | |
| | 负序电压闭锁定值 | 4V | | | |
| | 三相失灵相电流定值 | 0.24A[135] | | | |
| | 失灵零序电流定值 | 0.2A | | | |
| | 失灵负序电流定值 | 10A[136] | | | |
| | 失灵保护 1 时限 | 0.2s | | | |
| | 失灵保护 2 时限 | 0.3s | | | |

【135】三相失灵相电流定值是变压器支路启动断路器失灵时，使用的定值。线路支路不用该定值。

【136】为了避免其他电流的影响，验证失灵零序电流定值动作的准确度时，将负序电流定值整定为最大值。

（5）试验接线。试验接线同“校验线路支路断路器的失灵逻辑及失灵负序电流定值动作的准确度”设置。

(6) 继电保护测试仪与母线保护装置的映射关系。继电保护测试仪与母线保护装置的映射关系同“校验线路支路断路器的失灵逻辑及失灵负序电流定值动作的准确度”设置。

(7) 试验计算。

状态1：正常状态。

状态2：故障状态。

三相电压：0V。

支路6（线路1）$I_A$，即为零序电流 $3I_0$，分别设置为 1.05×0.2=0.21A∠0°和 0.95×0.2=0.19A∠0°。

“开出8”映射“跳断路器&启动A相失灵”，在“状态2”中设置为“合”。

(8) 试验加量。

1) 点击桌面“继保之星”快捷方式→点击“状态序列”图标，进入状态序列试验模块。

2) 各状态中的电压、电流设置见表4-53。

表4-53 断路器失灵保护（线路支路）零序电流定值校验参数设置

| 项目 | 状态1（正常） | 状态2（故障） | |
|---|---|---|---|
| | | 1.05倍定值 | 0.95倍定值 |
| $U_a$ (V) | 57.7∠0° | 0 | 0 |
| $U_b$ (V) | 57.7∠−120° | 0 | 0 |
| $U_c$ (V) | 57.7∠120° | 0 | 0 |
| $I_A$ (A) | 0 | 0.21A∠0° | 0.19A∠0° |
| $I_B$ (A) | 0 | 0 | 0 |
| $I_C$ (A) | 0 | 0 | 0 |
| 触发条件 | 按键触发 | 时间触发 | 时间触发 |
| 开入类型 | | | |
| 开出1 | 合 | 合 | 合 |
| 开出2 | 分 | 分 | 分 |
| 开出3 | 合 | 合 | 合 |
| 开出4 | 合 | 合 | 合 |
| 开出5 | 分 | 分 | 分 |
| 开出8 | 分 | 合 | 合 |
| 试验时间 (ms) | 0 | 400 | 400 |
| 触发后延时 (ms) | 0 | 0 | 0 |

3）在工具栏中点击“▶”或按键盘中“run”键开始进行试验。观察保护装置面板信息，显示面板“报警”指示灯灭后，点击工具栏中“▶▶”按钮或在键盘上按“Tab”键切换故障状态。

4）两次试验的动作报文如图 4-48 所示。

PCS-915D-DA-G 母线保护装置—整组动作报文

被保护设备：保护设备　版本号：V2.61　管理序号：00428456.001

打印时间：2020-06-27 14：09：50

| 序号 | 启动时间 | 相对时间 | 动作相别 | 动作元件 |
|---|---|---|---|---|
| 0460 | 2020-06-27 14：08：36：298 | 0000ms | | 保护启动 |
| | | 0001ms | | 失灵保护启动 |
| | | 0220ms | | 失灵保护跳母联 1 |
| | | 0370ms | | Ⅱ母线失灵保护动作 |
| 保护动作相别 | | | | A |
| 最大差比率电流 | | | | 0.21A |

(a)

PCS-915D-DA-G 母线保护装置—整组动作报文

被保护设备：保护设备　版本号：V2.61　管理序号：00428456.001

打印时间：2020-06-27 14：10：15

| 序号 | 启动时间 | 相对时间 | 动作相别 | 动作元件 |
|---|---|---|---|---|
| 0461 | 2020-06-27 14：09：46：564 | 0000ms | | 保护启动 |
| | | 0000ms | | 失灵保护启动 |

(b)

图 4-48　动作报文图

(a) 1.05 倍失灵保护零序电流定值校验动作报文；

(b) 0.95 倍失灵保护零序电流定值校验动作报文

(9) 试验分析。断路器失灵保护（线路支路）采用零序电流（或负序电流）与相电流构成“与门”逻辑。

从图 4-48（a）可以看出，零序电流满足条件并且有失灵启动开入时，失灵保护动作，经过失灵保护 1 时限（200ms）跳开母联断路器，失灵保护 2 时限（300ms）跳开故障母线，动作行为正确。

从图 4-48（b）可以看出，零序电流不满足条件，有失灵启动开入时，失灵保护启动，但不动作，动作行为正确。

失灵保护零序电流定值误差不大于5.0%，满足要求。

### 3. 校验线路支路断路器的失灵逻辑及失灵相电流定值动作的准确度

（1）测试方法。失灵相电流定值为固定值（单相 $0.04I_n$，三相 $0.1I_n$）[137]。试验时，将失灵保护软压板和控制字均整定为“1”，动作延时整定为最小值，负序电流定值整定为最大值，失灵零序电流定值最小值[138]；输出三相电流，模拟线路跳A相失灵起动，三相电流幅值设为1.05倍失灵相电流定值和0.95倍失灵相电流定值，校验保护的动作情况。

本试验选择支路6（线路1）进行试验，运行方式如图4-42所示。本试验模拟支路6（线路1）失灵。

（2）母线保护装置硬压板设置。母线保护装置硬压板设置同“校验线路支路断路器的失灵逻辑及失灵负序电流定值动作的准确度”设置。

（3）母线保护装置软压板设置。母线保护装置软压板设置同“校验线路支路断路器的失灵逻辑及失灵负序电流定值动作的准确度”设置。

（4）母线保护装置定值与控制字设置。

1）系统参数设置。系统参数设置见4.1.1“系统参数设置”。

2）保护参数设置。线路支路采用零序电流（或负序电流）与相电流构成“与门”逻辑，失灵相电流定值为固定值；校验失灵相电流定值动作的准确度时，将失灵负序电流定值整定为最大值，失灵零序电流定值整定为最小值，则零序电流条件自动满足。失灵保护软压板和控制字均整定为“1”，动作延时整定为最小值。定值与控制字设置见表4-54。

（5）试验接线。试验接线同“校验线路支路断路器的失灵逻辑及失灵负序电流定值动作的准确度”设置。

（6）继电保护测试仪与母线保护装置的映射关系。继电保护测试仪与母线保护装置的映射关系同“校验线路支路断路器的失灵逻辑及失灵负序电流定值动作的准确度”设置。

【137】失灵相电流定值为默认值。PCS-915D-DA-G中，单相跳闸启动失灵时，失灵相电流定值默认为 $0.04I_n$；三相跳闸启动失灵时，失灵相电流定值默认为 $0.1I_n$。

【138】线路支路采用零序电流（或负序电流）与相电流构成“与门”逻辑，将失灵零序电流定值整定为最小值，则零序电流条件自动满足。

（7）试验计算。

状态1：正常状态。

状态2：故障状态。

三相电压：0V。

表 4-54　　母线保护定值与控制字设置

| 保护定值 | 名称 | 设定值 | | 名称 | 设定值 |
|---|---|---|---|---|---|
| 母线保护定值 | 差动保护启动电流定值 | 0.3A | 控制字 | 差动保护 | 0 |
| | TA断线告警定值 | 3A | | 失灵保护 | 1 |
| | TA断线闭锁定值 | 5A | | | |
| | 母联分段失灵电流定值 | 0.5A | | | |
| | 母联分段失灵时间 | 0.2s | | | |
| 失灵保护定值 | 低电压闭锁定值 | 40V | | | |
| | 零序电压闭锁定值 | 6V | | | |
| | 负序电压闭锁定值 | 4V | | | |
| | 三相失灵相电流定值 | 0.24A | | | |
| | 失灵零序电流定值 | 0.05A[139] | | | |
| | 失灵负序电流定值 | 10A[140] | | | |
| | 失灵保护1时限 | 0.2s | | | |
| | 失灵保护2时限 | 0.3s | | | |

【139】失灵零序电流定值整定为最小值，则零序电流条件自动满足。

【140】为了避免其他电流的影响，验证失灵相电流定值动作的准确度时，将负序电流定值整定为最大值。

分别设定三相正序电流分别为1.05×0.1×1=0.105A∠0°；1.05×0.1×1=0.105A∠−120°；1.05×0.1×1=0.105A∠+120°和0.95×0.1×1=0.095A∠0°；0.95×0.1×1=0.095A∠−120°；0.95×0.1×1=0.095A∠+120°。

（8）试验步骤。

1）点击桌面“继保之星”快捷方式→点击“状态序列”图标，进入状态序列试验模块，按菜单栏中的“+”或“−”按键，设置状态数量为2。

2）各状态中的电压、电流设置见表4-55。

表 4-55　　断路器失灵保护（线路支路）失灵相电流定值校验参数设置

| 项目 | 状态1（正常） | 状态2（故障） | |
|---|---|---|---|
| | | 1.05倍定值 | 0.95倍定值 |
| $U_a$（V） | 57.7∠0° | 0 | 0 |
| $U_b$（V） | 57.7∠−120° | 0 | 0 |

续表

| 项目 | 状态 1（正常） | 状态 2（故障） | |
|---|---|---|---|
| | | 1.05 倍定值 | 0.95 倍定值 |
| $U_c$（V） | 57.7∠120° | 0 | 0 |
| $I_A$（A） | 0 | 0.105A∠0° | 0.095A∠0° |
| $I_B$（A） | 0 | 0.105A∠−120° | 0.095A∠−120° |
| $I_C$（A） | 0 | 0.105A∠120° | 0.095A∠120° |
| 触发条件 | 按键触发 | 时间触发 | 时间触发 |
| 开入类型 | | | |
| 开出 1 | 合 | 合 | 合 |
| 开出 2 | 分 | 分 | 分 |
| 开出 3 | 合 | 合 | 合 |
| 开出 4 | 合 | 合 | 合 |
| 开出 5 | 分 | 分 | 分 |
| 开出 8 | 分 | 合 | 合 |
| 试验时间（ms） | 0 | 400 | 400 |
| 触发后延时（ms） | 0 | 0 | 0 |

3）在工具栏中点击“▶”或按键盘中“run”键开始进行试验。观察保护装置面板信息，显示面板“报警”指示灯灭后，点击工具栏中“▶▶”按钮或在键盘上按“Tab”键切换故障状态。

4）两次试验动作报文如图 4-49 所示。

（9）试验分析。断路器失灵保护（线路支路）采用零序电流（或负序电流）与相电流构成“与门”逻辑。

PCS-915D-DA-G 母线保护装置—整组动作报文

被保护设备：保护设备　版本号：V2.61　管理序号：00428456.001

打印时间：2020-06-27 14：19：50

| 序号 | 启动时间 | 相对时间 | 动作相别 | 动作元件 |
|---|---|---|---|---|
| 0462 | 2020-06-27 14：18：36：298 | 0000ms | | 保护启动 |
| | | 0001ms | | 失灵保护启动 |
| | | 0220ms | | 失灵保护跳母联 1 |
| | | 0370ms | | Ⅱ母线失灵保护动作 |
| 保护动作相别 | | | | A |
| 最大差比率电流 | | | | 0.11A |

(a)

图 4-49　动作报文图（一）

(a) 1.05 倍失灵保护相电流定值校验动作报文

PCS-915D-DA-G 母线保护装置—整组动作报文

被保护设备：保护设备　版本号：V2.61　管理序号：00428456.001

打印时间：2020-06-27 14：21：15

| 序号 | 启动时间 | 相对时间 | 动作相别 | 动作元件 |
|---|---|---|---|---|
| 0463 | 2020-06-27 14：20：46：564 | 0000ms | | 保护启动 |
| | | 0000ms | | 失灵保护启动 |

(b)

图 4-49　动作报文图（二）

(b) 0.95 倍失灵保护相电流定值校验动作报文

从图 4-49（a）可以看出，相电流满足条件并且有失灵启动开入时，失灵保护动作，经过失灵保护 1 时限（200ms）跳开母联断路器，失灵保护 2 时限（300ms）跳开故障母线，动作行为正确。

从图 4-49（b）可以看出，相电流不满足条件，有失灵启动开入时，失灵保护启动，但不动作，动作行为正确。

失灵保护相电流定值误差不大于 5.0%，满足要求。

**4. 校验失灵保护 1、 2 时限延时误差**

（1）测试方法。模拟线路支路失灵启动开入接点闭合，并加入电流使失灵保护动作，测试失灵保护动作时间及返回时间。

本试验选择支路 6（线路 1）进行试验，运行方式如图 4-42 所示。本试验模拟支路 6（线路 1）失灵。

（2）母线保护装置硬压板设置。母线保护装置硬压板设置同“校验线路支路断路器的失灵逻辑及失灵负序电流定值动作的准确度”设置。

（3）母线保护装置软压板设置。母线保护装置软压板设置同“校验线路支路断路器的失灵逻辑及失灵负序电流定值动作的准确度”设置。

（4）母线保护装置定值与控制字设置。母线保护装置定值与控制字设置同“校验线路支路断路器的失灵逻辑及失灵负序电流定值动作的准确度”设置。

（5）试验接线。试验接线同“校验线路支路断路器的失灵逻辑及失灵负序电流定值动作的准确度”设置。

（6）继电保护测试仪与母线保护装置的映射关系。本试验要测试保护动作的时间，所以把保护装置的动作变位输入到测试仪中，让测试仪记录动作时间。测试仪中的“开入”是从保护装置中接收的信号，因此，要对测试仪的开入量进行设置。

根据继电保护测试仪与母线保护装置的连接关系，本次试验时测试仪通道与保护装置映射关系见表 4-56。

**表 4-56　　继电保护测试仪与母线保护装置的映射关系**

| 序号 | 测试仪的 IEC 61850 映射 | 母线保护装置映射 |
|---|---|---|
| 1 | $I_A$ | 支路 6（线路 1）A 相电流 |
| 2 | $I_B$ | 支路 6（线路 1）B 相电流 |
| 3 | $I_C$ | 支路 6（线路 1）C 相电流 |
| 4 | $U_A$、$U_B$、$U_C$ | Ⅰ母线三相电压 |
|  | $U_a$、$U_b$、$U_c$ | Ⅱ母线三相电压 |
| 5 | GOOSE 开出 1 | 母联断路器位置 |
| 6 | GOOSE 开出 2 | 支路 6（线路 1）隔离开关 1 |
|  | GOOSE 开出 3 | 支路 6（线路 1）隔离开关 2 |
| 7 | GOOSE 开出 4 | 支路 4（变压器 1）隔离开关 1 |
|  | GOOSE 开出 5 | 支路 4（变压器 1）隔离开关 2 |
| 8 | GOOSE 开出 8 | 跳断路器 & 启动 A 相失灵 |
| 9 | GOOSE 开入 A | 母线保护跳闸 |
| 10 | GOOSE 开入 B | Ⅰ母线保护动作 |
| 11 | GOOSE 开入 C | Ⅱ母线保护动作 |
| 12 | GOOSE 开入 a | 支路 6 保护跳闸 |

（7）试验计算。

状态 1：正常状态。

状态 2：故障状态。

三相电压：0V。

支路 6（线路 1）分别：负序电流为 1.2×0.1＝0.12A∠0°；1.2×0.1＝0.12A∠＋120°；1.2×0.1＝0.12A∠－120°。

“开出 8”映射“跳断路器 & 启动 A 相失灵”，在“状态 2”中设置为“合”。

（8）试验加量。

1）点击桌面“继保之星”快捷方式→点击“状态序列”图标，进入状态序列试验模块。

2）各状态中的电压、电流设置见表 4-57。

**表 4-57　断路器失灵保护（线路支路）负序电流定值校验参数设置**

| 项目 | 状态 1（正常） | 状态 2（故障） |
|---|---|---|
| $U_a$（V） | 57.7∠0° | 0 |
| $U_b$（V） | 57.7∠−120° | 0 |
| $U_c$（V） | 57.7∠120° | 0 |
| $I_A$（A） | 0 | 0.12A∠0° |
| $I_B$（A） | 0 | 0.12A∠+120° |
| $I_C$（A） | 0 | 0.12A∠−120° |
| 触发条件 | 按键触发 | 时间触发 |
| 开入类型 | | |
| 开出 1 | 合 | 合 |
| 开出 2 | 分 | 分 |
| 开出 3 | 合 | 合 |
| 开出 4 | 合 | 合 |
| 开出 5 | 分 | 分 |
| 开出 8 | 分 | 合 |
| 试验时间（ms） | 0 | 400 |
| 触发后延时（ms） | 0 | 0 |

3）在工具栏中点击"▶"或按键盘中"run"键开始进行试验。观察保护装置面板信息，显示面板"报警"指示灯灭后，点击工具栏中"▶▶"按钮或在键盘上按"Tab"键切换故障状态。

4）试验动作报文如图 4-50 所示。

PCS-915D-DA-G 母线保护装置—整组动作报文

被保护设备：保护设备　版本号：V2.61　管理序号：00428456.001

打印时间：2020-06-27 14：30：50

| 序号 | 启动时间 | 相对时间 | 动作相别 | 动作元件 |
|---|---|---|---|---|
| 0464 | 2020-06-27 14：28：36：298 | 0000ms | | 保护启动 |
| | | 0001ms | | 失灵保护启动 |
| | | 0220ms | | 失灵保护跳母联 1 |
| | | 0320ms | | Ⅱ母线失灵保护动作 |
| 保护动作相别 | | | | A |
| 最大差比率电流 | | | | 0.12A |

图 4-50　1.2 倍失灵保护负序电流定值校验动作报文

从测试仪上记录动作时间见表 4-58。

表 4-58 测试仪上记录动作时间表

| 序号 | 开入量 | 时间 | 映射对象 |
|---|---|---|---|
| 1 | 开入 A | 226.29ms | 母线保护跳闸 |
| 2 | 开入 B | | Ⅰ母线保护动作 |
| 3 | 开入 C | 326.29ms | Ⅱ母线保护动作 |
| 4 | 开入 a | 326.29ms | 支路 6 保护跳闸 |

（9）试验分析。失灵保护 1 时限是 200ms，失灵保护 2 时限是 300ms。从表 4-58 测试仪上记录动作时间表可以看出，226.29ms 跳开母联断路器，326.29ms 跳开故障母线Ⅱ母线，断路器失灵保护（线路支路）逻辑正确，时间误差小于 30ms，满足要求。

## 4.8 复合电压闭锁断路器的失灵逻辑校验

### 4.8.1 试验内容

1. 测试内容

（1）校验低电压闭锁定值的准确度及复合电压闭锁断路器的失灵逻辑。

（2）校验负序电压闭锁定值的准确度及复合电压闭锁断路器的失灵逻辑。

（3）校验零序电压闭锁定值的准确度及复合电压闭锁断路器的失灵逻辑。

2. 技术要求

（1）保护逻辑正确，低压闭锁定值误差不大于 5.0%。

（2）保护逻辑正确，负序电压闭锁定值误差不大于 5.0%。

（3）保护逻辑正确，零序电压闭锁定值误差不大于 5.0%。

### 4.8.2 试验方法

本节以 PCS-915D-DA-G 母线保护装置为例，介绍校验复合电压闭锁断路器失灵功能的试验方法和步骤。BP-2CD-F 母线保护装置的试验方法和步骤，可参考本节内容，不同之处详见本节对 BP-2CD-F 的具体说明。

1. 低电压闭锁定值的准确度及复合电压闭锁断路器的失灵逻辑

（1）测试方法。本试验选择支路 6（线路 1）进行试验，运行方式如图 4-42

所示。模拟启动失灵接点闭合且零序电流为1.2倍整定值时，当三相电压分别设置为1.05倍和0.95倍低电压闭锁定值，校验保护的动作情况。

（2）母线保护装置硬压板设置。母线保护装置硬压板设置同“校验线路支路断路器的失灵逻辑及失灵负序电流定值动作的准确度”设置。

（3）母线保护装置软压板设置。母线保护装置软压板设置同“校验线路支路断路器的失灵逻辑及失灵负序电流定值动作的准确度”设置。

（4）母线保护装置定值与控制字设置。母线保护装置定值与控制字设置同“校验线路支路断路器的失灵逻辑及失灵负序电流定值动作的准确度”设置。

（5）试验接线。试验接线同“校验线路支路断路器的失灵逻辑及失灵负序电流定值动作的准确度”设置。

（6）继电保护测试仪与母线保护装置的映射关系。继电保护测试仪与母线保护装置的映射关系同“校验线路支路断路器的失灵逻辑及失灵负序电流定值动作的准确度”设置。

（7）试验计算。

状态1：正常状态。

状态2：故障状态。

支路6（线路1）A相电流：1.2×0.2＝0.24A∠0°。

校验1.05倍定值时：Ⅱ母线三相电压：1.05×40＝42V∠0°；1.05×40＝42V∠－120°；1.05×40.4＝42V∠120°。

校验0.95倍定值时：Ⅱ母线三相电压：0.95×40＝38V∠0°；0.95×40＝38V∠－120°；0.95×40＝38V∠120°。

“开出8”映射“保护跳闸&启动A相失灵”，在“状态2”中设置为“合”。

（8）试验加量。

1）点击桌面“继保之星”快捷方式→点击“状态序列”图标，进入状态序列试验模块，按菜单栏中的“＋”或“－”按键，设置状态数量为2。

2）各状态中的电压、电流设置见表4-59。

**表4-59　　校验低电压闭锁定值参数设置**

| 项目 | 状态1（正常态） | 状态2（故障态） | |
|---|---|---|---|
| | | 1.05倍 | 0.95倍 |
| $U_a$（V） | 57.7∠0° | 42∠0° | 38∠0° |
| $U_b$（V） | 57.7∠－120° | 42∠－120° | 38∠－120° |

续表

| 项目 | 状态 1（正常态） | 状态 2（故障态） | |
|---|---|---|---|
| | | 1.05 倍 | 0.95 倍 |
| $U_c$（V） | 57.7∠120° | 42∠120° | 38∠120° |
| $I_A$（A） | 0 | 0.24∠0° | 0.24∠0° |
| $I_B$（A） | 0 | 0 | 0 |
| $I_C$（A） | 0 | 0 | 0 |
| 触发条件 | 按键触发 | 时间触发 | 时间触发 |
| 开入类型 | | | |
| 开出 1 | 合 | 合 | 合 |
| 开出 2 | 分 | 分 | 分 |
| 开出 3 | 合 | 合 | 合 |
| 开出 4 | 合 | 合 | 合 |
| 开出 5 | 分 | 分 | 分 |
| 开出 8 | 分 | 合 | 合 |
| 试验时间（ms） | 0 | 400 | 400 |
| 触发后延时（ms） | 0 | 0 | 0 |

3）在工具栏中点击“▶”或按键盘中“run”键开始进行试验。观察保护装置面板信息，显示面板“报警”指示灯灭后，点击工具栏中“▶▶”按钮或在键盘上按“Tab”键切换故障状态。

4）两次试验的动作报文如图 4-51 所示。

PCS-915D-DA-G 母线保护装置—整组动作报文

被保护设备：保护设备　版本号：V2.61　管理序号：00428456.001

打印时间：2020-06-27 14：33：50

| 序号 | 启动时间 | 相对时间 | 动作相别 | 动作元件 |
|---|---|---|---|---|
| 0465 | 2020-06-27 14：32：36：298 | 0000ms | | 保护启动 |
| | | 0001ms | | 失灵保护启动 |
| | | 0220ms | | 失灵保护跳母联 1 |
| | | 0370ms | | Ⅱ母线失灵保护动作 |
| 保护动作相别 | | | | A |
| 最大差比率电流 | | | | 0.24A |

(a)

图 4-51　动作报文图（一）

(a) 0.95 倍低电压闭锁失灵保护校验动作报文

PCS-915D-DA-G 母线保护装置—整组动作报文

被保护设备：保护设备　版本号：V2.61　管理序号：00428456.001

打印时间：2020-06-27 14：35：15

| 序号 | 启动时间 | 相对时间 | 动作相别 | 动作元件 |
|---|---|---|---|---|
| 0466 | 2020-06-27 14：34：46：564 | 0000ms | | 保护启动 |
| | | 0000ms | | 失灵保护启动 |

(b)

图 4-51　动作报文图（二）

(b) 1.05 倍低电压闭锁失灵保护校验动作报文

(9) 试验分析。断路器失灵保护（线路支路）采用零序电流（或负序电流）与相电流构成“与门”逻辑。有外部启动失灵开入，并且零序电流和相电流满足条件时。

从图 4-51 (a) 可以看出，当三相电压为 0.95 倍低电压定值时，电压闭锁条件开放，失灵保护动作，经过失灵保护 1 时限（200ms）跳开母联断路器，失灵保护 2 时限（300ms）跳开故障母线，动作行为正确。

从图 4-51 (b) 可以看出，当三相电压为 1.05 倍低电压定值时，电压闭锁，失灵保护启动，但不动作，动作行为正确。

失灵保护低电压定值误差不大于 5.0%，满足要求。

### 2. 负序电压闭锁定值的准确度及复合电压闭锁断路器的失灵逻辑

(1) 测试方法。本试验选择支路 6（线路 1）进行试验，运行方式如图 4-42 所示。模拟启动失灵接点闭合且零序电流设为 1.2 倍整定值，当负序电压分别设置为 1.05 倍和 0.95 倍负序电压闭锁定值，校验保护的动作情况。

(2) 母线保护装置硬压板设置。母线保护装置硬压板设置同“低电压闭锁差动保护定值的准确度及复合电压闭锁差动保护逻辑”的设置。

(3) 母线保护装置软压板设置。母线保护装置软压板设置同“低电压闭锁差动保护定值的准确度及复合电压闭锁差动保护逻辑”的设置。

(4) 母线保护装置定值与控制字设置。

1) 系统参数设置。系统参数设置见 4.1.1“系统参数设置”。

2) 保护参数设置。零序电流定值整定为常用值；低电压闭锁定值整定为最小值，零序电压闭锁定值均整定为最大值[141]，动作延时设为最小值。定值与控制字设置见表 4-60。

**表 4-60　　母线保护定值与控制字设置**

| 项目 | 名称 | 设定值 | | 名称 | 设定值 |
|---|---|---|---|---|---|
| 母线保护定值 | 差动保护启动电流定值 | 0.3A | 控制字 | 差动保护 | 0 |
| | TA 断线告警定值 | 3A | | 失灵保护 | 1 |
| | TA 断线闭锁定值 | 5A | | | |
| | 母联分段失灵电流定值 | 0.5A | | | |
| | 母联分段失灵时间 | 0.2s | | | |
| 失灵保护定值 | 低电压闭锁定值 | 0V[142] | | | |
| | 零序电压闭锁定值 | 57.7V[143] | | | |
| | 负序电压闭锁定值 | 4V | | | |
| | 三相失灵相电流定值 | 0.24A | | | |
| | 失灵零序电流定值 | 0.2A | | | |
| | 失灵负序电流定值 | 0.1A | | | |
| | 失灵保护 1 时限 | 0.2s | | | |
| | 失灵保护 2 时限 | 0.3s | | | |

（5）试验接线。试验接线同“低电压闭锁差动保护定值的准确度及复合电压闭锁差动保护逻辑”的设置。

（6）继电保护测试仪与母线保护装置的映射关系。继电保护测试仪与母线保护装置的映射关系同“低电压闭锁差动保护定值的准确度及复合电压闭锁差动保护逻辑”的设置。

（7）试验计算。

状态 1：正常状态。

状态 2：故障状态。

支路 6（线路 1）A 相电流：1.2×0.2=0.24A∠0°。

校验 1.05 倍定值时：Ⅱ母线三相电压：$U_A$=1.05×4=4.2∠0°；$U_B$=1.05×4=4.2∠+120°；$U_C$=1.05×4=4.2∠−120°。

校验 0.95 倍定值时：Ⅱ母线三相负序电压：$U_A$=0.95×4=3.8∠0°；$U_B$=0.95×4=3.8∠+120°；$U_C$=0.95×4=3.8∠−120°。

【141】复合电压闭锁断路器失灵保护中，低电压、负序电压和零序电压构成“或”逻辑，验证负序电压闭锁定值时，为了避免其他电压的影响，将低电压闭锁定值整定为最小值，零序电压闭锁定值整定为最大值。

【142】负序电压闭锁定值和零序电压闭锁定值整定范围为 0～57.7V，故最小值取 0V。

【143】负序电压闭锁定值和零序电压闭锁定值整定范围为 0～57.7V，故最大值取 57.7V。

“开出 8”映射“跳断路器 & 启动 A 相失灵”，在“状态 2”中设置为“合”。

（8）试验加量。

1）点击桌面“继保之星”快捷方式→点击“状态序列”图标，进入状态序列试验模块，按菜单栏中的“+”或“−”按键，设置状态数量为 2。

2）各状态中的电压、电流设置见表 4-61。

**表 4-61　　　　校验负序电压闭锁定值参数设置**

| 项目 | 状态 1（正常态） | 状态 2（故障态） | |
|---|---|---|---|
| | | 1.05 倍 | 0.95 倍 |
| $U_a$（V） | 57.7∠0° | 4.2∠0° | 3.8∠0° |
| $U_b$（V） | 57.7∠−120° | 4.2∠120° | 3.8∠120° |
| $U_c$（V） | 57.7∠120° | 4.2∠−120° | 3.8∠−120° |
| $I_A$（A） | 0 | 0.24∠0° | 0.24∠0° |
| $I_B$（A） | 0 | 0 | 0 |
| $I_C$（A） | 0 | 0 | 0 |
| 触发条件 | 按键触发 | 时间触发 | 时间触发 |
| 开入类型 | | | |
| 开出 1 | 合 | 合 | 合 |
| 开出 2 | 分 | 分 | 分 |
| 开出 3 | 合 | 合 | 合 |
| 开出 4 | 合 | 合 | 合 |
| 开出 5 | 分 | 分 | 分 |
| 开出 8 | 分 | 合 | 合 |
| 试验时间（ms） | 0 | 400 | 400 |
| 触发后延时（ms） | 0 | 0 | 0 |

3）在工具栏中点击“▶”或按键盘中“run”键开始进行试验。观察保护装置面板信息，显示面板“报警”指示灯灭后，点击工具栏中“▶▶”按钮或在键盘上按“Tab”键切换故障状态。

4）两次试验的动作报文如图 4-52 所示。

（9）试验分析。断路器失灵保护（线路支路）采用零序电流（或负序电流）与相电流构成“与门”逻辑。有外部启动失灵开入，并且零序电流和相电流满足条件时。

从图 4-52（a）可以看出，当负序电压为 1.05 倍负序电压定值时，电压闭锁条件开放，失灵保护动作，经过失灵保护 1 时限（200ms）跳开母联断路器，失灵保护 2 时限（300ms）跳开故障母线，动作行为正确。

PCS-915D-DA-G 母线保护装置—整组动作报文

被保护设备：保护设备　版本号：V2.61　管理序号：00428456.001

打印时间：2020-06-27 14：36：50

| 序号 | 启动时间 | 相对时间 | 动作相别 | 动作元件 |
|---|---|---|---|---|
| 0467 | 2020-06-27 14：36：16：211 | 0000ms | | 保护启动 |
| | | 0001ms | | 失灵保护启动 |
| | | 0220ms | | 失灵保护跳母联 1 |
| | | 0370ms | | Ⅱ母线失灵保护动作 |
| 保护动作相别 | | | | A |
| 最大差比率电流 | | | | 0.24A |

(a)

PCS-915D-DA-G 母线保护装置—整组动作报文

被保护设备：保护设备　版本号：V2.61　管理序号：00428456.001

打印时间：2020-06-27 14：38：15

| 序号 | 启动时间 | 相对时间 | 动作相别 | 动作元件 |
|---|---|---|---|---|
| 0468 | 2020-06-27 14：37：23：574 | 0000ms | | 保护启动 |
| | | 0000ms | | 失灵保护启动 |

(b)

图 4-52　动作报文图

(a) 1.05 倍负序电压闭锁失灵保护校验动作报文；(b) 0.95 倍负序电压闭锁失灵保护校验动作报文

从图 4-52（b）可以看出，当负序电压为 0.95 倍负序电压定值时，电压闭锁，失灵保护启动，但不动作，动作行为正确。

失灵保护负序电压定值误差不大于 5.0%，满足要求。

**3. 零序电压闭锁定值的准确度及复合电压闭锁断路器的失灵逻辑**

（1）测试方法。本试验选择支路 6（线路 1）进行试验，运行方式如图 4-42 所示。模拟启动失灵接点闭合且零序电流设为 1.2 倍整定值时，当零序电压分别设置为 1.05 倍和 0.95 倍零序电压闭锁定值，校验保护的动作情况。

（2）母线保护装置硬压板设置。母线保护装置硬压板设置同“低电压闭锁差动保护定值的准确度及复合电压闭锁差动保护逻辑”的设置。

（3）母线保护装置软压板设置。母线保护装置软压板设置同“低电压闭锁差动保护定值的准确度及复合电压闭锁差动保护逻辑”的设置。

（4）母线保护装置定值与控制字设置。

1）系统参数设置。系统参数设置见4.1.1“系统参数设置”。

2）保护参数设置。零序电压定值整定为常用值，低电压闭锁定值整定为最小值，负序电压闭锁定值均整定为最大值，动作延时设为最小值。母线保护定值与控制字设置见表4-62。

**表4-62　　母线保护定值与控制字设置**

| 保护定值 | 名称 | 设定值 | | 名称 | 设定值 |
|---|---|---|---|---|---|
| 母线保护定值 | 差动保护启动电流定值 | 0.3A | 控制字 | 差动保护 | 0 |
| | TA断线告警定值 | 3A | | 失灵保护 | 1 |
| | TA断线闭锁定值 | 5A | | | |
| | 母联分段失灵电流定值 | 0.5A | | | |
| | 母联分段失灵时间 | 0.2s | | | |
| 失灵保护定值 | 低电压闭锁定值 | 0V | | | |
| | 零序电压闭锁定值 | 6V | | | |
| | 负序电压闭锁定值 | 57.7V | | | |
| | 三相失灵相电流定值 | 0.24A | | | |
| | 失灵零序电流定值 | 0.2A | | | |
| | 失灵负序电流定值 | 0.1A | | | |
| | 失灵保护1时限 | 0.2s | | | |
| | 失灵保护2时限 | 0.3s | | | |

（5）试验接线。试验接线同“低电压闭锁差动保护定值的准确度及复合电压闭锁差动保护逻辑”的设置。

（6）继电保护测试仪与母线保护装置的映射关系。继电保护测试仪与母线保护装置的映射关系同“低电压闭锁差动保护定值的准确度及复合电压闭锁差动保护逻辑”的设置。

（7）试验计算。

状态1：正常状态。

状态2：故障状态。

支路6（线路1）A相电流：1.2×0.2=0.24A∠0°。

校验1.05倍定值时：Ⅱ母线A相电压即为$3U_0$，设定为$U_A=1.05\times6=6.3\angle0^\circ$。

校验 0.95 倍定值时：Ⅱ母线 A 相电压即为 $3U_0$，设定为 $U_A=0.95\times6=5.7\angle0°$。

“开出 8”映射“保护跳闸 & 启动 A 相失灵”，在“状态 2”中设置为“合”。

(8) 试验加量。

1) 点击桌面“继保之星”快捷方式→点击“状态序列”图标，进入状态序列试验模块，按菜单栏中的“+”或“-”按键，设置状态数量为 2。

2) 各状态中的电压、电流设置见表 4-63。

**表 4-63　　负序电压闭锁定值参数设置**

| 项目 | 状态 1（正常态） | 状态 2（故障态） | |
|---|---|---|---|
| | | 1.05 倍 | 0.95 倍 |
| $U_a$（V） | 57.7∠0° | 6.3∠0° | 5.7∠0° |
| $U_b$（V） | 57.7∠-120° | 0 | 0 |
| $U_c$（V） | 57.7∠120° | 0 | 0 |
| $I_A$（A） | 0 | 0.24∠0° | 0.24∠0° |
| $I_B$（A） | 0 | 0 | 0 |
| $I_C$（A） | 0 | 0 | 0 |
| 触发条件 | 按键触发 | 时间触发 | 时间触发 |
| 开入类型 | | | |
| 开出 1 | 合 | 合 | 合 |
| 开出 2 | 分 | 分 | 分 |
| 开出 3 | 合 | 合 | 合 |
| 开出 4 | 合 | 合 | 合 |
| 开出 5 | 分 | 分 | 分 |
| 开出 8 | 分 | 合 | 合 |
| 试验时间（ms） | 0 | 400 | 400 |
| 触发后延时（ms） | 0 | 0 | 0 |

3) 在工具栏中点击“▶”或按键盘中“run”键开始进行试验。观察保护装置面板信息，显示面板“报警”指示灯灭后，点击工具栏中“▶▶”按钮或在键盘上按“Tab”键切换故障状态。

4) 两次试验的动作报文如图 4-53 所示。

(9) 试验分析。断路器失灵保护（线路支路）采用零序电流（或负序电流）与相电流构成“与门”逻辑。有外部启动失灵开入，并且零序电流和相电流满足条件时。

PCS-915D-DA-G 母线保护装置—整组动作报文

被保护设备：保护设备　版本号：V2.61　管理序号：00428456.001

打印时间：2020-06-27 14：38：59

| 序号 | 启动时间 | 相对时间 | 动作相别 | 动作元件 |
|---|---|---|---|---|
| 0469 | 2020-06-27 14：38：46：874 | 0000ms | | 保护启动 |
| | | 0001ms | | 失灵保护启动 |
| | | 0220ms | | 失灵保护跳母联 1 |
| | | 0370ms | | Ⅱ母线失灵保护动作 |
| 保护动作相别 | | | | A |
| 最大差比率电流 | | | | 0.24A |

(a)

PCS-915D-DA-G 母线保护装置—整组动作报文

被保护设备：保护设备　版本号：V2.61　管理序号：00428456.001

打印时间：2020-06-27 14：40：15

| 序号 | 启动时间 | 相对时间 | 动作相别 | 动作元件 |
|---|---|---|---|---|
| 0470 | 2020-06-27 14：39：34：247 | 0000ms | | 保护启动 |
| | | 0000ms | | 失灵保护启动 |

(b)

图 4-53　动作报文图

(a) 1.05 倍零序电压闭锁失灵保护校验动作报文；(b) 0.95 倍负零电压闭锁失灵保护校验动作报文

从图 4-53（a）可以看出，当负零电压为 1.05 倍零序电压定值时，电压闭锁条件开放，失灵保护动作，经过失灵保护 1 时限（200ms）跳开母联断路器，失灵保护 2 时限（300ms）跳开故障母线，动作行为正确。

从图 4-53（b）可以看出，当零序电压为 0.95 倍零序电压定值时，电压闭锁，失灵保护启动，但不动作，动作行为正确。

失灵保护零序电压定值误差不大于 5.0%，满足要求。

## 4.9　母联（分段）死区保护校验

### 4.9.1　试验内容

1. 测试内容

(1) 校验母线并列状态时，母联（分段）死区保护逻辑。

(2) 校验母线分列状态时，母联（分段）死区保护逻辑。

2. 技术要求

(1) 保护逻辑正确，并列状态下母联（分段）TA 经 150ms 延时退出小差比率计算，由差动保护跳闸切除死区故障，误差不大于 20ms。

(2) 保护逻辑正确，分列状态下发生死区故障时能有选择的切除故障母线，误差不大于 20ms。

### 4.9.2 试验方法

本节以 PCS-915D-DA-G 母线保护装置为例，介绍校验母联（分段）死区保护功能的试验方法和步骤。BP-2CD-F 母线保护装置的试验方法和步骤，可参考本节内容，不同之处详见本节对 BP-2CD-F 的具体说明。

1. 校验母线并列状态时，母联（分段）死区保护逻辑

(1) 测试方法。本试验选择母联、支路 6（线路 1）、支路 7（线路 2）进行试验，运行方式如图 4-27 所示。模拟母联断路器与母联 TA 之间发生故障，故障点的位置如图 4-54 所示，校验保护的动作行为。

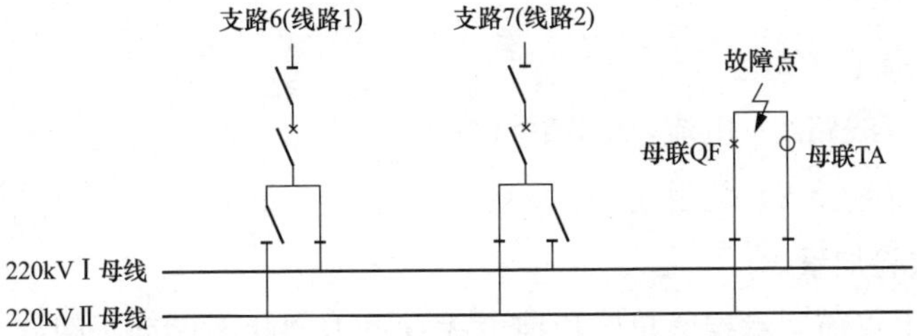


图 4-54 故障点示意图

(2) 母线保护装置硬压板设置。母线保护装置硬压板设置同 4.2.2 中“启动电流定值准确度（小差比率制动特性）”的设置。

(3) 母线保护装置软压板设置。母线保护装置软压板设置同 4.2.2 中“启动电流定值准确度（小差比率制动特性）”的设置。

(4) 母线保护装置定值与控制字设置。母线保护装置定值与控制字设置同 4.2.2 中“启动电流定值准确度（小差比率制动特性）”的设置。

(5) 试验接线。试验接线方法见 4.1.2 试验接线。试验接线同 4.2.2 中“启动电流定值准确度（小差比率制动特性）”的设置。

(6) 继电保护测试仪与母线保护装置的映射关系。继电保护测试仪与母

线保护装置的映射关系同 4.2.2 中“启动电流定值准确度（小差比率制动特性)”的设置。

(7) 试验计算。

状态 1：正常状态。

母联断路器处于合位。

三相电压：额定电压。

母联电流：0.5A∠0°。

支路 6（线路 1）电流：0.5A∠180°。

支路 7（线路 2）电流：0.5A∠0°。

状态 2：故障状态。

三相电压：0V。

母联电流：0.5A∠180°。

支路 6（线路 1）电流：0.5A∠0°。

支路 7（线路 2）电流：1.5A∠0°。

状态 3：跳闸后状态。

三相电压：0V。

母联电流：0.5A∠180°。

支路 6（线路 1）电流：0.5A∠0°。

支路 7（线路 2）均设定为：0A。

(8) 试验加量。

1）点击桌面“继保之星”快捷方式→点击“状态序列”图标，进入状态序列试验模块，按菜单栏中的“+”或“-”按键，设置状态数量为 3。

2）各状态中的电压、电流设置见表 4-64。

**表 4-64　　母联断路器并列运行死区校验参数设置**

| 项目 | 状态 1 | 状态 2 | 状态 3 |
|---|---|---|---|
| $U_A$ (V) | 57.7∠0° | 0 | 0 |
| $U_B$ (V) | 57.7∠-120° | 0 | 0 |
| $U_C$ (V) | 57.7∠120° | 0 | 0 |
| $U_a$ (V) | 57.7∠0° | 0 | 0 |
| $U_b$ (V) | 57.7∠-120° | 0 | 0 |
| $U_c$ (V) | 57.7∠120° | 0 | 0 |

续表

| 项目 | 状态 1 | 状态 2 | 状态 3 |
|---|---|---|---|
| $I_A$（A） | 0.5A∠0° | 0.5A∠180°[144] | 0.5A∠180° |
| $I_B$（A） | 0.5A∠180° | 0.5A∠0° | 0.5A∠0° |
| $I_C$（A） | 0.5A∠0° | 1.5∠0° | 0 |
| 触发条件 | 按键触发 | 时间触发 | 时间触发 |
| 开入类型 | | | |
| 开出 1 | 合 | 合 | 分[145] |
| 开出 2 | 合 | 合 | 合 |
| 开出 3 | 分 | 分 | 分 |
| 开出 4 | 分 | 分 | 分 |
| 开出 5 | 合 | 合 | 合 |
| 试验时间（ms） | | 100[146] | 200[146] |
| 触发后延时（ms） | 0 | | |

3）在工具栏中点击“▶”或按键盘中“run”键开始进行试验。观察保护装置面板信息，显示面板“报警”指示灯灭后，点击工具栏中“▶▶”按钮或在键盘上按“Tab”键切换故障状态。

4）试验动作报文如图 4-55 所示。

PCS-915D-DA-G 母线保护装置—整组动作报文

被保护设备：保护设备　版本号：V2.61　管理序号：00428456.001

打印时间：2019-06-27 15：30：56

| 序号 | 启动时间 | 相对时间 | 动作相别 | 动作元件 |
|---|---|---|---|---|
| 0480 | 2019-06-27 15：28：49：253 | 0000ms | | 保护启动 |
| | | 0018ms | | 差动保护跳母联 1 |
| | | 0018ms | A | 差动保护跳Ⅱ母线 |
| | | | A | 差动保护跳Ⅰ母线 |
| | | 0222ms | | 母联死区 |
| | | | | 母联 1，1、2 号出线 |
| 保护动作相别 | | | | A |
| 最大差比率电流 | | | | 2.0A |

图 4-55　母联断路器并列运行死区动作校验动作报文

（9）试验分析。从图 4-55 母联断路器并列运行死区动作校验动作报文可以看出，母线并列运行，发生Ⅱ母区内故障差动保护动作后，跳开母联断路器和Ⅱ母线。母联断

【144】PCS-915D-DA-G 母线保护装置母联极性同Ⅰ母线。BP-2CD-F 母线保护装置母联极性同Ⅱ母线。本节的计算是按照 PCS-915D-DA-G 装置母联极性同Ⅰ母线来设定的，如果是校验 BP-2CD-F 母线保护装置，母联电流方向取 0°。

【145】母线联断路器初始在合位，状态 2 差动保护动作后，到状态 3 时母联断路器已跳开，即为分位。

【146】故障时间状态 2 应大于差动保护动作时间（20～30ms），一般取 100ms，状态 3 应大于母线联死区延时（150ms），一般取 200ms。

路器变为分位后，故障电流依然存在，装置判定为死区故障后，经 150ms 固定延时后，跳母联 TA 侧母线（Ⅰ母线）；母联断路器并列运行死区动作逻辑正确，误差不大于 20ms，满足规程要求。

2. 校验母线分列状态时，母联（分段）死区保护逻辑

（1）测试方法。本试验选择母联、支路 6（线路 1）、支路 7（线路 2）进行试验，母线分列运行，模拟母联断路器与母联 TA 之间发生故障，故障点的位置如图 4-56 所示，校验保护的动作行为。

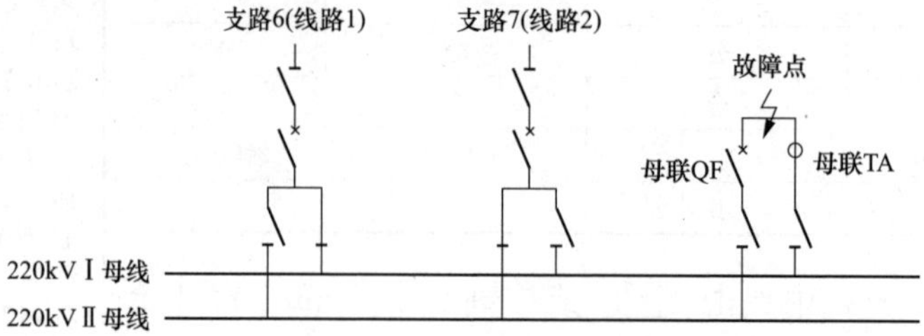


图 4-56　故障点的位置图

（2）母线保护装置硬压板设置。同“校验母线并列状态时，母联（分段）死区保护逻辑”中“母线保护装置硬压板的设置”。

（3）母线保护装置软压板设置。母线保护装置软压板设置中的 PCS-915D-DA-G 判定母线分列运行的条件为，母联分裂运行压板投入并且母联断路器在跳位。软压板见表 4-65。

（4）母线保护装置定值与控制字设置。母线保护装置定值与控制字设置同“校验母线并列状态时，母联（分段）死区保护逻辑”中“母线保护装置定值与控制字设置”。

（5）试验接线。试验接线同“校验母线并列状态时，母联（分段）死区保护逻辑”中“试验接线”。

（6）继电保护测试仪与母线保护装置的映射关系。继电保护测试仪与母线保护装置的映射关系同“校验母线并列状态时，母联（分段）死区保护逻辑”中“继电保护测试仪与母线保护装置的映射关系”。

（7）试验计算。

状态 1：正常状态。

母联 1 分裂软压板投入，母联断路器处于分位。

Ⅰ母、Ⅱ母三相电压：额定电压。

**表 4-65　　　　母线保护软压板设置**

| 软压板 | 名称 | 设定值 | 软压板 | 名称 | 设定值 |
|---|---|---|---|---|---|
| 功能软压板 | 差动保护软压板 | 1 | GOOSE发送软压板 | 母联1保护跳闸软压板 | 1 |
| | 失灵保护软压板 | 0 | | 分段保护跳闸软压板 | 0 |
| | 母联1互联软压板 | 0 | | 母联2保护跳闸软压板 | 0 |
| | 母联2互联软压板 | 0 | | 变压器1保护跳闸软压板 | 0 |
| | 分段互联软压板 | 0 | | 线路1保护跳闸软压板 | 1 |
| | 母联1分列软压板 | 1 | | 线路2保护跳闸软压板 | 1 |
| | 母联2分列软压板 | 0 | | 变压器2保护跳闸软压板 | 0 |
| | 分段分列软压板 | 0 | | 线路3保护跳闸软压板 | 0 |
| | 远方投退压板 | 0 | | 线路4保护跳闸软压板 | 0 |
| | 远方切换定值区 | 0 | | | |
| | 远方修改定值 | 0 | | | |
| SV接收软压板 | 母联1SV接收软压板 | 1 | GOOSE接收软压板 | | |
| | 分段SV接收软压板 | 0 | | 母联1GOOSE接收软压板 | 1 |
| | 母联2SV接收软压板 | 0 | | 分段GOOSE接收软压板 | 0 |
| | 变压器1SV接收软压板 | 0 | | 母联2GOOSE接收软压板 | 0 |
| | 线路1SV接收软压板 | 1 | | 变压器1GOOSE接收软压板 | 0 |
| | 线路2SV接收软压板 | 1 | | 线路1GOOSE接收软压板 | 1 |
| | 变压器2SV接收软压板 | 0 | | 线路2GOOSE接收软压板 | 1 |
| | 线路3SV接收软压板 | 0 | | 变压器2GOOSE接收软压板 | 0 |
| | 线路4SV接收软压板 | 0 | | 线路3GOOSE接收软压板 | 0 |
| | 电压SV接收软压板 | 0 | | 线路4GOOSE接收软压板 | 0 |

母联电流：0A。

支路6（线路1）电流：0A。

支路7（线路2）电流：0A。

状态2：故障状态。

母联1分裂软压板投入，母联断路器处于分位。

Ⅰ母三相电压：0V。

Ⅱ母三相电压：额定电压。

母联电流：0.5A∠180°。

支路6（线路1）：0.5A∠0°。

支路7（线路2）：0A。

（8）试验加量。

1）点击桌面“继保之星”快捷方式→点击“状态序列”图标，进入状态序列试验模块，按菜单栏中的“+”或“—”按键，设置状态数量为2。

2）各状态中的电压、电流设置见表4-66。

**表4-66　母联断路器分列运行死区校验参数设置**

| 项目 | 状态1 | 状态2 |
|---|---|---|
| $U_A$（V） | 57.7∠0° | 0 |
| $U_B$（V） | 57.7∠−120° | 0 |
| $U_C$（V） | 57.7∠120° | 0 |
| $U_a$（V） | 57.7∠0° | 57.7∠0° |
| $U_b$（V） | 57.7∠−120° | 57.7∠−120° |
| $U_c$（V） | 57.7∠120° | 57.7∠120° |
| $I_A$（A） | 0 | 0.5A∠180°[147] |
| $I_B$（A） | 0 | 0.5A∠0° |
| $I_C$（A） | 0 | 0 |
| 触发条件 | 按键触发 | 时间触发 |
| 开入类型 | | |
| 开出1 | 分[148] | 分 |
| 开出2 | 合 | 合 |
| 开出3 | 分 | 分 |
| 开出4 | 分 | 分 |
| 开出5 | 合 | 合 |
| 试验时间（ms） | | 300[149] |
| 触发后延时（ms） | 0 | 0 |

【147】PCS-915D-DA-G母线保护装置母联极性同Ⅰ母线。BP-2CD-F母线保护装置母联极性同Ⅱ母线。本节的计算是按照PCS-915D-DA-G装置母联极性同Ⅰ母线来设定的，如果是校验BP-2CD-F母线保护装置，母联电流方向取0°。

【148】母联断路器取分位。

【149】故障时间应大于差动保护动作时间（20～30ms）加母线联死区延时（150ms），本试验再增加100ms裕度，试验时间设为300ms，保证可靠动作。

3）在工具栏中点击“▶”或按键盘中“run”键开始进行试验。观察保护装置面板信息，显示面板“报警”指示灯灭后，点击工具栏中“▶▶”按钮或在键盘上按“Tab”键切换故障状态。

4）差动保护动作，动作报文如图4-57所示。

（9）试验分析。从图4-57母联断路器分列运行死区动作校验动作报文可以看出，为防止母联在跳位时发生死区故障将母线全切除，当两条母线处运行状态、母联分裂运行压板投入且母联在跳位时，母联电流不计入小差比率计算。死区保护动作后，跳开母联断路器及母联TA侧母线（Ⅰ母线）；

母联分列状态下发生死区故障能有选择的切除故障母线，死区保护逻辑正确。

PCS-915D-DA-G 母线保护装置—整组动作报文

被保护设备：保护设备　版本号：V2.61　管理序号：00428456.001

打印时间：2019-06-27 15：30：56

| 序号 | 启动时间 | 相对时间 | 动作相别 | 动作元件 |
|---|---|---|---|---|
| 0485 | 2019-06-27 15：39：46：232 | 0000ms | | 保护启动 |
| | | 0002ms | A | 变化量差动保护跳Ⅰ母线 |
| | | | | 死区保护 |
| | | | | 差动保护跳母联 1 |
| | | | | 母联 1，1 号出线 |
| | | 26ms | A | Ⅰ母线差动保护动作 |
| 保护动作相别 | | | | A |
| 最大差比率电流 | | | | 0.5A |

图 4-57　母联断路器分列运行死区动作校验动作报文

# 4.10　倒闸过程中母线区内故障校验

## 4.10.1　试验内容

1. 测试内容

校验支路在倒闸过程中发生区内故障时的保护动作逻辑。

2. 技术要求

保护逻辑正确。当元件在倒闸过程中两条母线经隔离开关双跨，装置自动识别为互联运行方式；互联后两互联母线的小差比率电流均变为该两母线的全部连接元件电流（不包括互联两母线之间的母联或分段电流）之和；当处于互联的母线中任一段母线发生故障时，如果该母线的电压闭锁元件开放，母线保护将此两段母线同时切除。

## 4.10.2　试验方法

本节以 PCS-915D-DA-G 母线保护装置为例，介绍校验倒闸过程中区内故障母线保护功能的试验方法和步骤。BP-2CD-F 母线保护装置的试验方法和步骤，可参考本节内容，不同之处详见本节对 BP-2CD-F 的具体说明。

（1）测试方法。测试方法中的本试验选择母联、支路 6（线路 1）、支路 7（线路 2）进行试验，运行方式如图 4-25 所示。设置支路 6（线路 1）同时连接在Ⅰ母线和Ⅱ母线上，模拟Ⅱ母线区内故障，校验保护的动作行为。

（2）母线保护装置硬压板设置。母线保护装置硬压板设置同 4.2.2 中“启动电流定值准确度（小差比率制动特性）”的设置。

（3）母线保护装置软压板设置。母线保护装置软压板设置同 4.2.2 中“启动电流定值准确度（小差比率制动特性）”的设置。

（4）母线保护装置定值与控制字设置。母线保护装置定值与控制字设置同 4.2.2 中“启动电流定值准确度（小差比率制动特性）”的设置。

（5）试验接线。试验接线同 4.2.2 中“启动电流定值准确度（小差比率制动特性）”的设置。

（6）继电保护测试仪与母线保护装置的映射关系。继电保护测试仪与母线保护装置的映射关系同 4.2.2 中“启动电流定值准确度（小差比率制动特性）”设置。

（7）试验计算。

三相电压：0V。

支路 6（线路 1）电流：1.2×0.3＝0.36A∠0°。

开出 2 映射支路 6（线路 1）的隔离开关 1：合。

开出 3 映射支路 6（线路 1）的隔离开关 2：合。

（8）试验加量。

1）点击桌面“继保之星”快捷方式→点击“状态序列”图标，进入状态序列试验模块。

2）各状态中的电压、电流设置见表 4-67。

**表 4-67　倒闸过程中母线区内故障校验参数设置**

| 项目 | 状态 1 |
|---|---|
| $U_A$（V） | 0 |
| $U_B$（V） | 0 |
| $U_C$（V） | 0 |
| $U_A$（V） | 0 |
| $U_B$（V） | 0 |
| $U_C$（V） | 0 |
| $I_A$（A） | 0 |
| $I_B$（A） | 0.36A∠0° |
| $I_C$（A） | 0 |

续表

| 项目 | 状态 1 |
|---|---|
| 触发条件 | 时间触发 |
| 开入类型 | |
| 开出 1 | 合 |
| 开出 2 | 合 |
| 开出 3 | 合 |
| 开出 4 | 分 |
| 开出 5 | 合 |
| 试验时间（ms） | 100[150] |
| 触发后延时（ms） | |

【150】故障时间应大于差动保护动作时间（20～30ms），一般取 100ms。

3）在工具栏中点击“▶”或按键盘中“run”键开始进行试验。观察保护装置面板信息，显示面板“报警”指示灯灭后，点击工具栏中“▶▶”按钮或在键盘上按“Tab”键切换故障状态。

4）试验的动作报文如图 4-58 所示。

启动时自检状态：

| 序号 | 描述 | 实际值 |
|---|---|---|
| 01 | 母线互联运行 | 1 |
| 02 | 1 号出线隔离开关位置异常 | 1 |

（a）

PCS-915D-DA-G 母线保护—整组动作报文

被保护设备：设备编号　版本号：V2.61　管理序号：00428456.001

打印时间：2020-07-04 20：54：54

| 序号 | 启动时间 | 相对时间 | 动作相别 | 动作元件 |
|---|---|---|---|---|
| 0938 | 2020-07-04 20：53：59：895 | 0000ms | | 保护启动 |
| | | 0005ms | A | 变化量差动保护跳Ⅰ母线 |
| | | | A | 变化量差动保护跳Ⅱ母线 |
| | | | | Ⅰ母线差动保护动作 |
| | | | | Ⅱ母线差动保护动作 |
| | | | | 差动保护母联 1 |
| | | | | 母联 1，1、2 号出线 |
| 保护动作相别 | | | | A |
| 最大差比率电流 | | | | 0.36A |

（b）

图 4-58　试验动作报文

（a）装置自检报告；（b）倒闸过程中差动保护动作报告

（9）试验分析。支路 6（线路 1）在倒闸过程中两条母线经隔离开关跨两条母线连接，从图 4-58（a）装置自检报告可以看出，装置自动判定为互联运行方式；从图 4-58（b）倒闸过程中差动保护动作报告可以看出，互联后Ⅱ母线发生区内故障时，将此两段母线同时切除；保护动作行为正确。

## 本章小结

本章以南瑞继保 PCS-915D-DA-G 保护装置和长源深瑞 BP-2CD-F 为例，介绍了智能化母线保护装置典型调试项目的调试内容与方法。

# 第5章

# 合并单元调试

本章介绍智能站间隔合并单元和母线合并单元装置典型调试项目的调试内容与方法。合并单元装置是智能变电站唯一的电压、电流信息采集转换设备，也是智能变电站继电保护系统的核心设备之一，通过光纤数字通道实现继电保护、计量、测量等智能设备“模拟量”信息的采集及转换，同时合并单元装置还起到传统综合自动化变电站电压切换（并列）箱的作用，因此合并单元装置信息采集转换的正确性、配置文件的正确性、电压切换（并列）功能的完好性、通道监测能力、处理信号源异常的能力以及其各种信号通道的安装质量等，不仅对继电保护系统有重要的意义，而且也影响计量系统、测量设备、监控系统等智能变电站关键系统和设备的正常运行。随着智能变电站建设的不断推进，合并单元装置作为影响智能变电站二次系统可靠性的决定性元件之一，必须对其关键功能和参数进行全面认真检查。

本章介绍的合并单元调试内容主要包括间隔合并单元和母线合并单元精度测试、报文时间特性测试、谐波精度测试以及母线合并单元电压并列功能测试。本章以南瑞继保 PCS-221N 合并单元装置为例，介绍各项调试项目的具体操作方法。合并单元测试仪采用 DCU-500。

## 5.1 220kV PCS-221N 间隔合并单元调试

本节以 220kV PCS-221N 间隔合并单元为例，介绍合并单元精度测试、报文时间特性测试、谐波精度测试的试验方法和步骤。

### 5.1.1 试验准备

#### 1. 试验接线

将测试仪装置接地端口与被试屏接地铜牌相连[151]。其

【151】地线需接至装置地，不能接外壳地，防止外壳地线和装置接地铜牌虚接造成测试仪无接地。

连接示意图如图 5-1 所示。

图 5-1　合并单元测试仪接地示意图

（1）电缆模拟量接线。测试仪需模拟线路 TA 给线路合并单元输入模拟量电流信号，将测试仪的电流通过电缆接线到对应电流输入端子上[152]，接线方式如图 5-2 所示。将测试仪的电流输出端子 $I_A$、$I_B$、$I_C$、$I_N$ 端子接线路 1A 套合并单元的保护电流输入端子上。

【152】测试时分保护绕组和计量绕组，两个绕组如果都接电流信号可以同时测试，本节主要介绍保护绕组的测试方法，计量绕组方法相同。

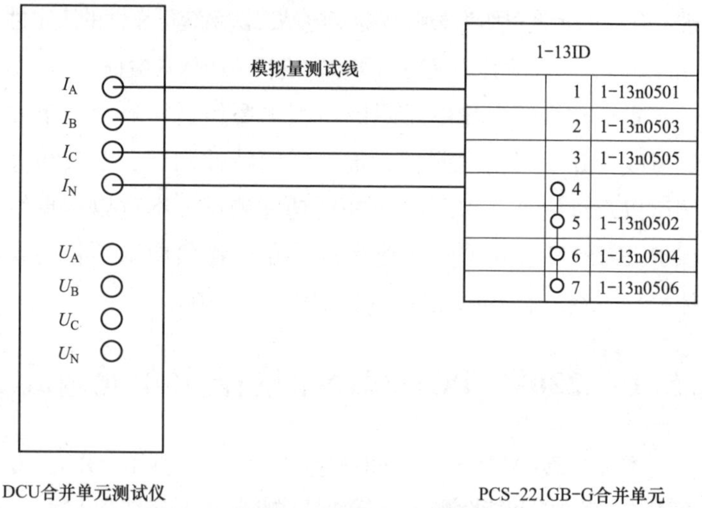


图 5-2　电流输入接线图

（2）光纤 SV 接线[153]。SV 接线方式如图 5-3 接线图所示，将合并单元测试仪的 IEC 61850 接口 1 接入到线路合并单元的 SV 点对点输出口，将测试仪的 IEC 61850 接口 2

【153】根据测试仪输出光口类型来选择光纤，小圆头为 ST 口，小方头为 LC 口，PCS-221N 合并单元装置为 LC 口。

接入到线路合并单元的级联电压输入口[154]。测试仪的 RX 对应于保护装置的 TX，测试的 TX 对应于保护装置的 RX，接好光线后对应的光口指示灯应该常亮，表示物理链路通，如果对应的光口指示灯没有亮，表示物理链路没有接通，此时可以检查光纤的 TX/RX 是否接反或者光纤是否损坏。

【154】测试仪既要模拟母线合并单元给线路合并单元发送级联电压数字信号，同时又要接收线路合并单元输出的数字量电压电流信号。

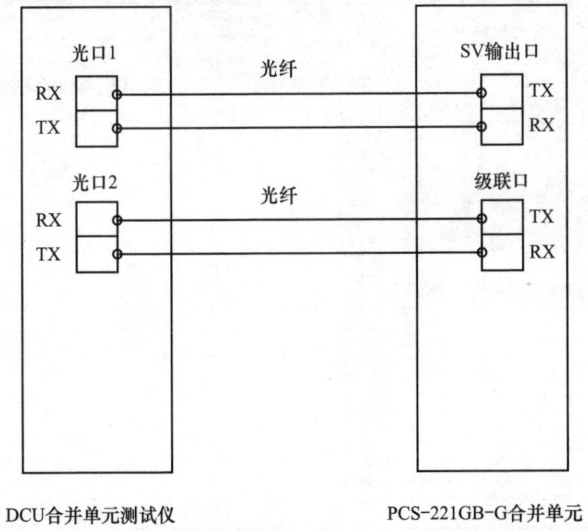


图 5-3　SV 光纤接线图

### 2. 测试仪 61850 参数配置

合并单元测试仪的 61850 参数配置为通用配置，进入任何一个试验模块的菜单都可以进行配置，配置完成后切换至其他菜单不需要再另外配置。本节以“角差比差”模块为例介绍合并单元测试仪的 61850 参数配置的步骤和方法。

（1）启动测试仪试验模块。启动测试仪试验模块的操作流程为按合并单元测试仪“DCU-500”电源开关→鼠标点击桌面“合并单元”快捷方式→点击任意试验模块图标，本节以“角差比差”模块为例，进入“角差比差”模块，如图 5-4 所示。

（2）61850 配置。

1）61850 参数设置界面，点击“状态序列”模块工具栏“61850”按键，进入配置试验界面，如图 5-5 所示。

2）输出配置，点击图 5-5 左下角▽选择“9-2”[155]，点击右上角“读取模型文件”导入 SCD 文件，如图 5-6 所示。

图 5-6 中右边即为 PCS-221GB 装置信息图，箭头指入 PCS-221GB 表示即为接收 SV 和 GOOSE 信息，箭头流出 PCS-221GB 表示发送 SV 和 GOOSE 信息。从图中可以很方

【155】表示测试仪模拟母线级联数字电压信号输出给线路合并单元装置。

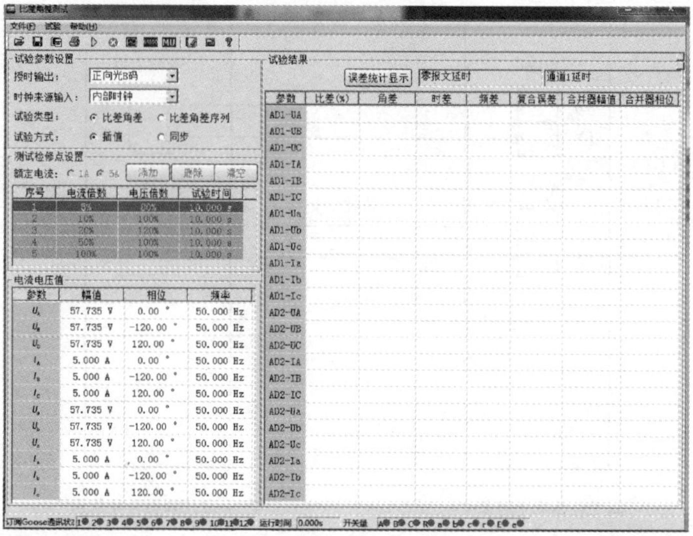


图 5-4 角差比差试验菜单

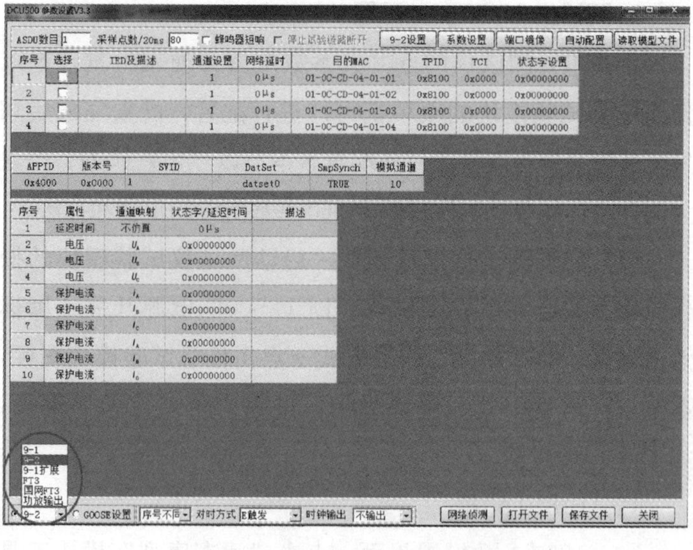


图 5-5 61850 参数设置界面

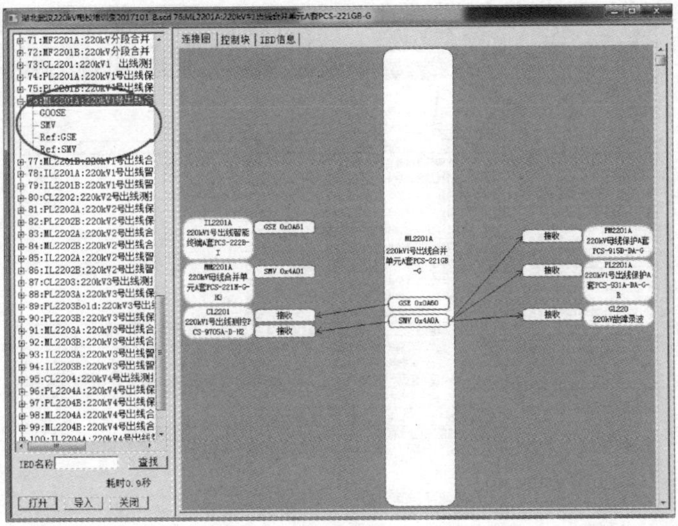


图 5-6 导入 SCD 文件界面

便直观地看到 IED 设备的 SV 与 GOOSE 的信息来源与去处，还可以点击图中四边形显示出内部虚端子走向，便于调试人员操作。查看控制块内信息，点击 IED 对应序号叠加符号，“GOOSE”表示该 IED 发送的 GOOSE 信息，点击右边列表中显示对应信息；“Ref：GSE”表示该 IED 接收的 GOOSE 信息，点击右边列表中显示对应信息；“SV”表示该 IED 发送的 SV 信息，点击右边列表中显示对应信息，“Ref：SV”表示该 IED 接收的 SV 信息，点击右边列表中显示对应信息。

3）导入级联电压 SV 信息，点击“Ref：SV”如图 5-7 所示。

4）级联电压通道配置，模拟级联电压取Ⅱ母线 A 段 TV，配置完通道如图 5-8 所示[156]。通道设置选择必须与所接的级联电压光纤口相对应，在进行通道 1 的延时时间配置时务必要选择输入上一节中母线合并单元的通道 1 额定延时，此处应设置为仿真 1000μs，否则线路合并单元面板级联异常信号灯一直常亮[157]。

5）模拟量电流配置，点击“系数设置”进行数字量电压变比配置与模拟量电流通道配置。模拟量电流配置界面如图 5-9 所示。

【156】此处所配置的电压通道与母线上的隔离开关状态有关，本节选取线路 1 隔离开关挂Ⅱ母线 A 上，对应通道映射在Ⅱ母线 A 上取电压，其余母线电压均不需要配置通道，此处的Ⅱ母线 A 段对应 SCD 里面的母线 1。

【157】线路合并单元所接收到的级联电压数字信号是带通道延时的，必须与原延时一致，否则级联异常，也可以通过将线路合并单元断电重启，这样不需要再设置原延时。

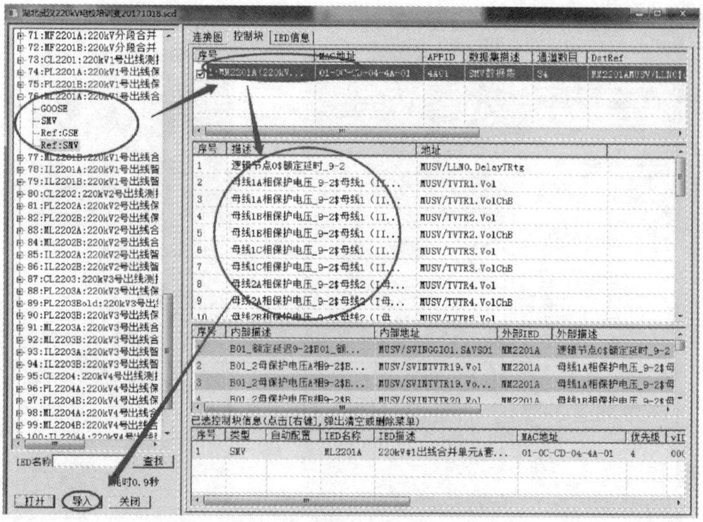

图 5-7　级联电压 SV 配置界面

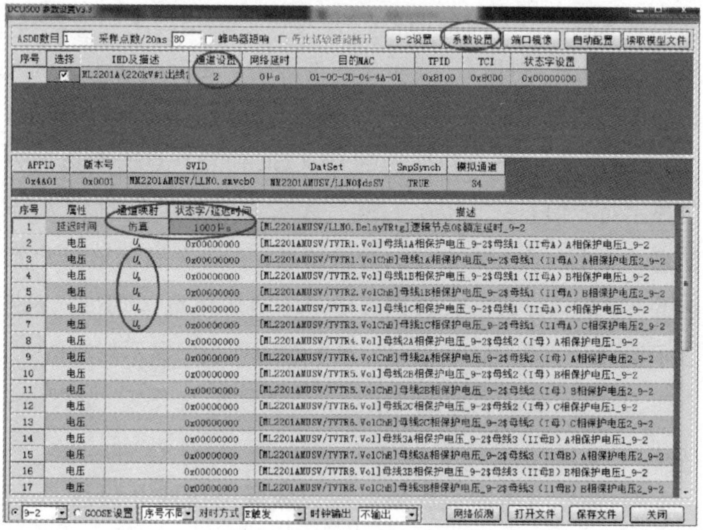

图 5-8　级联电压 SV 配置最终界面

【158】电压数字量、电流模拟量实现测试仪的数模一体输出，注意不能将同一个通道比如 UA 既设置为数字量电压又设置为模拟量电压。

三相电压的“一次额定值”和“二次额定值”根据现场实际的电气参数设置相应数值，功放输出设置中不选择电压，选择电流，表示测试仪输出数字量电压、模拟量电流[158]，设置好确定后即完成测试仪输出的 61850 参数配置。

(3) MU 配置。

1) MU 参数设置界面，点击“状态序列”模块工具栏

“MU”按键，进入配置试验界面，如图 5-10 所示。

2）MU 配置，点击图 5-5 左下角▽选择“9-2”[159]，再点击右上角“读取模型文件”导入 SCD 文件[160]，如图 5-11 所示。

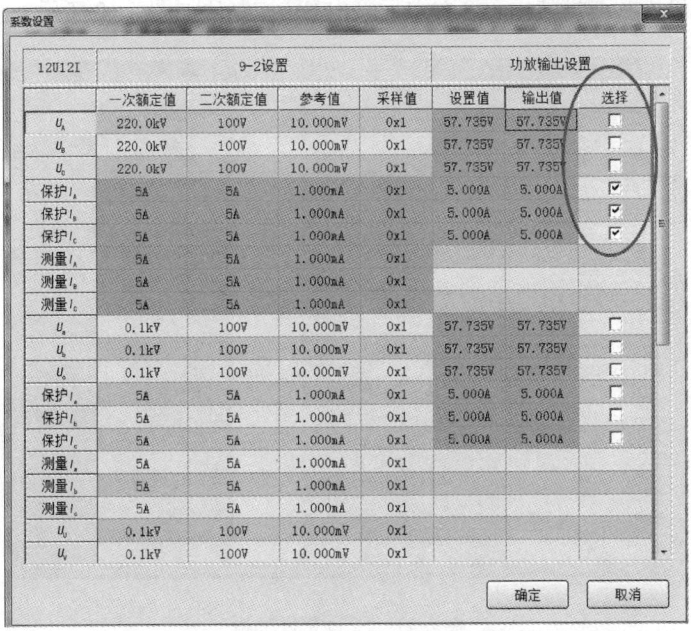


图 5-9 模拟量电流配置界面

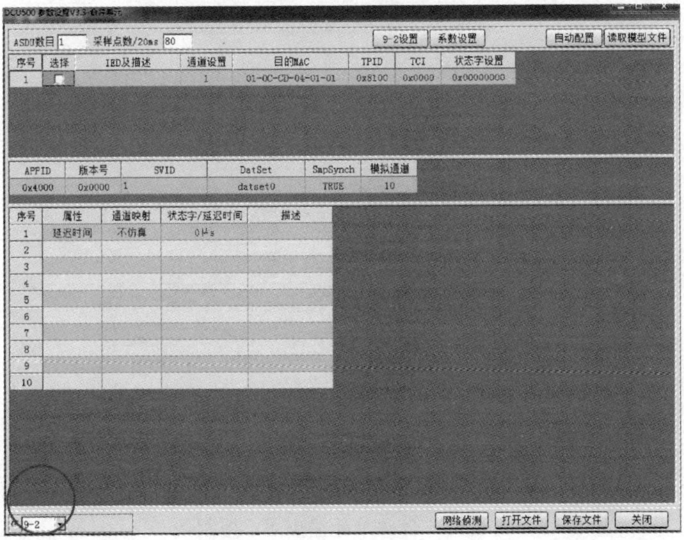


图 5-10 MU 配置界面

【159】母线合并单元输出为 9-2 电压数字信号。

【160】此处不用导入 SCD 文件，直接通过“网络侦测”功能侦测到合并单元输出的 SV 数据导入，但此时需要根据 SCD 文件中的通道属性手动映射通道名称。

3）SV文件配置，此处要进行线路1合并单元A套PCS-221GB试验，找到对应的IED文件[161]，点击IED序号76，出现如图5-11所示，图5-11中右边即为PCS-221GB装置信息图，“SV”表示线路合并单元发送的SV信息，将其导入到测试仪中，合并单元输出SV控制块如图5-12所示。

【161】合并单元采GOOSE主要是判隔离开关位置，在做合并单元试验时需要导入合并单元的输出SV配置。

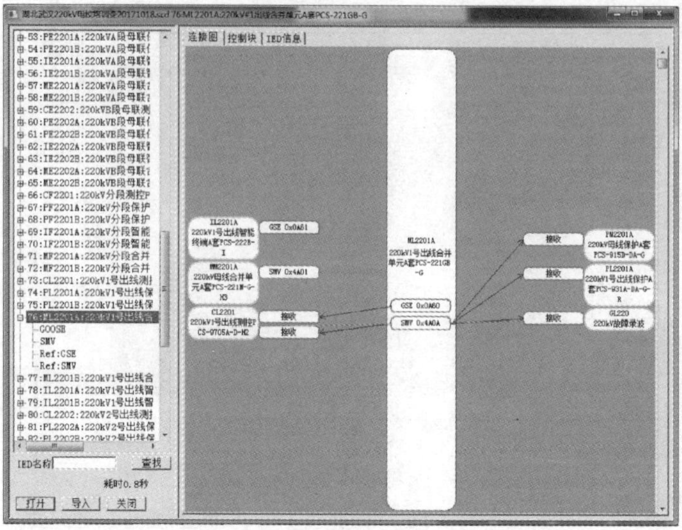


图5-11　SCD文件解析

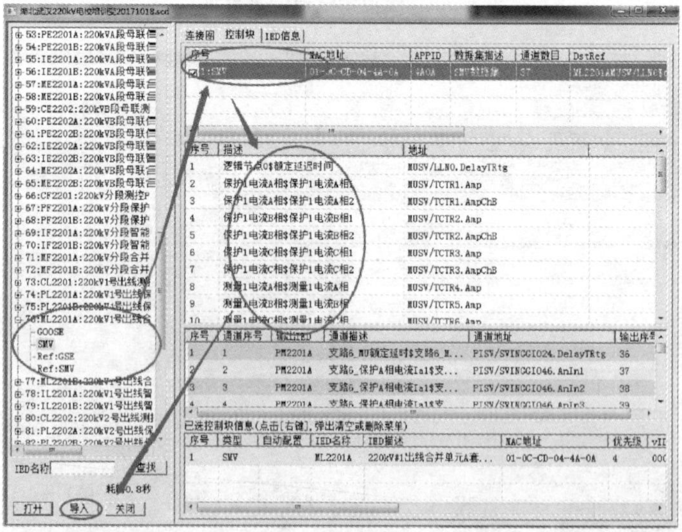


图5-12　合并单元输出SV控制块

4）导入SV信息，根据合并单元输出的电流电压数字信号进行配置，如图5-13所示。

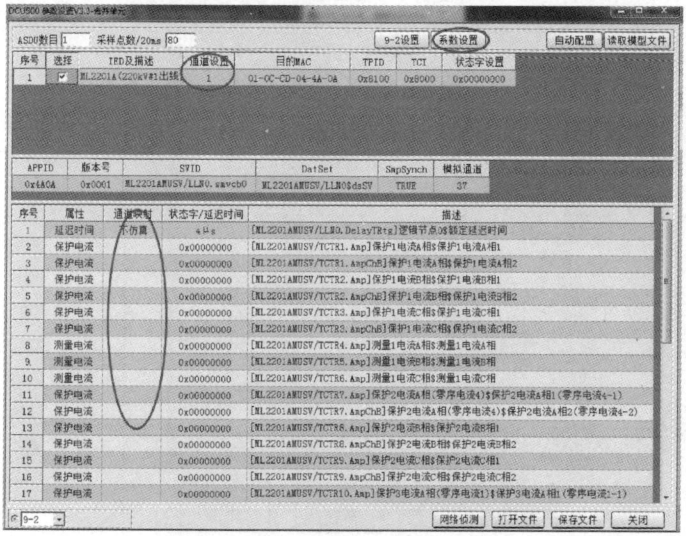


图5-13 线路合并单元输出SV配置

SV通道信息配置有以下4点需要注意：

a. 序号选择，将鼠标放在序号1位置右键，弹出“删除”“添加”“清空”，点击“删除”可将无关的控制块删除，然后在选择处选择。

b. 通道设置，默认为1，点击会弹出其他的通道选择，根据需要光纤所接的哪个通道就选择哪个，然后关闭。

c. 自动配置，进行通道映射将电流电压通道与试验界面下的相别相关联，点击弹出对话框自动配置一组ABC通道，也可直接手动进行配置，将电流电压通道与对应相别关联。

d. 系数设置，设置对应通道的电流电压一次值和二次值，TA、TV变比[162]，系数设置如图5-14所示。最终合并单元输出SV如图5-15所示。

## 5.1.2 间隔合并单元精度测试

### 1. 试验内容

（1）测试内容。间隔合并单元是在间隔TA采电流模

【162】在9-2采样协议中电压的参考值单位即为10mV，电流的参考值单位即为1mA，此处不需要修改，线路合并单元输出电流电压变比按照实际值进行配置。

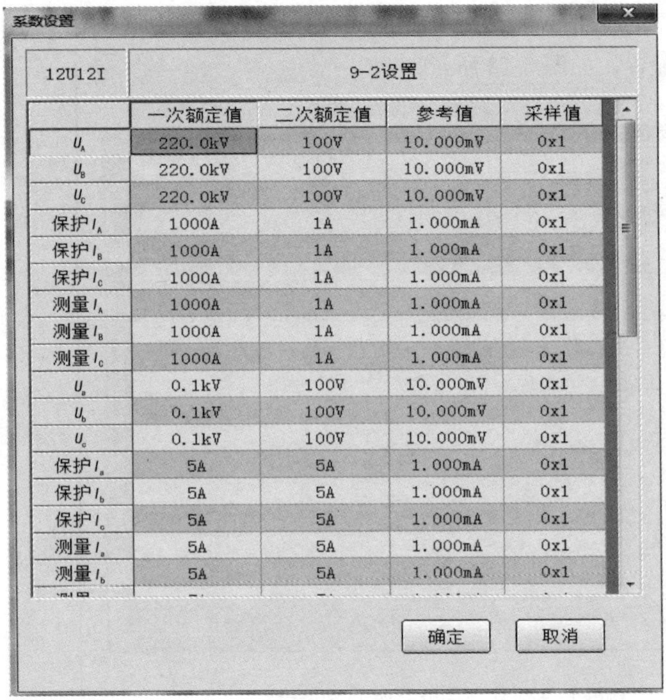

系数设置

| 12U12I | 9-2设置 | | | |
|---|---|---|---|---|
| | 一次额定值 | 二次额定值 | 参考值 | 采样值 |
| $U_A$ | 220.0kV | 100V | 10.000mV | 0x1 |
| $U_B$ | 220.0kV | 100V | 10.000mV | 0x1 |
| $U_C$ | 220.0kV | 100V | 10.000mV | 0x1 |
| 保护$I_A$ | 1000A | 1A | 1.000mA | 0x1 |
| 保护$I_B$ | 1000A | 1A | 1.000mA | 0x1 |
| 保护$I_C$ | 1000A | 1A | 1.000mA | 0x1 |
| 测量$I_A$ | 1000A | 1A | 1.000mA | 0x1 |
| 测量$I_B$ | 1000A | 1A | 1.000mA | 0x1 |
| 测量$I_C$ | 1000A | 1A | 1.000mA | 0x1 |
| $U_a$ | 0.1kV | 100V | 10.000mV | 0x1 |
| $U_b$ | 0.1kV | 100V | 10.000mV | 0x1 |
| $U_c$ | 0.1kV | 100V | 10.000mV | 0x1 |
| 保护$I_a$ | 5A | 5A | 1.000mA | 0x1 |
| 保护$I_b$ | 5A | 5A | 1.000mA | 0x1 |
| 保护$I_c$ | 5A | 5A | 1.000mA | 0x1 |
| 测量$I_a$ | 5A | 5A | 1.000mA | 0x1 |
| 测量$I_b$ | 5A | 5A | 1.000mA | 0x1 |

确定 取消

图 5-14　SV 系数配置

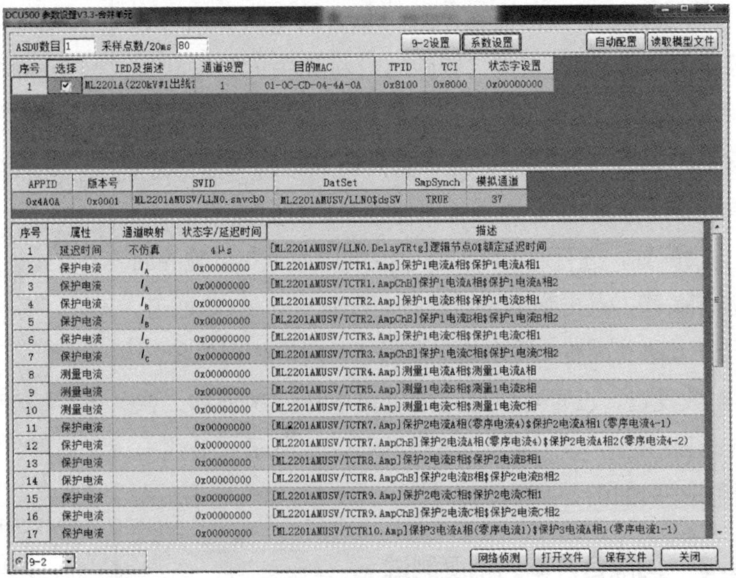

DCU500 参数设置V3.3-合并单元

ASDU数目 1　采样点数/20ms 80　9-2设置　系数设置　自动配置　读取模型文件

| 序号 | 选择 | IED及描述 | 通道设置 | 目的MAC | TPID | TCI | 状态字设置 |
|---|---|---|---|---|---|---|---|
| 1 | ✔ | ML2201A(220kV#1出线 | 1 | 01-0C-CD-04-4A-0A | 0x8100 | 0x8000 | 0x00000000 |

| APPID | 版本号 | SVID | DatSet | SmpSynch | 模拟通道 |
|---|---|---|---|---|---|
| 0x4A0A | 0x0001 | ML2201AMUSV/LLN0.smvcb0 | ML2201AMUSV/LLN0$dsSV | TRUE | 37 |

| 序号 | 属性 | 通道映射 | 状态字/延迟时间 | 描述 |
|---|---|---|---|---|
| 1 | 延迟时间 | 不仿真 | 4μs | [ML2201AMUSV/LLN0.DelayTRtg]逻辑节点0$额定延迟时间 |
| 2 | 保护电流 | $I_A$ | 0x00000000 | [ML2201AMUSV/TCTR1.Amp]保护1电流A相$保护1电流A相1 |
| 3 | 保护电流 | $I_A$ | 0x00000000 | [ML2201AMUSV/TCTR1.AmpChB]保护1电流A相$保护1电流A相2 |
| 4 | 保护电流 | $I_B$ | 0x00000000 | [ML2201AMUSV/TCTR2.Amp]保护1电流B相$保护1电流B相1 |
| 5 | 保护电流 | $I_B$ | 0x00000000 | [ML2201AMUSV/TCTR2.AmpChB]保护1电流B相$保护1电流B相2 |
| 6 | 保护电流 | $I_C$ | 0x00000000 | [ML2201AMUSV/TCTR3.Amp]保护1电流C相$保护1电流C相1 |
| 7 | 保护电流 | $I_C$ | 0x00000000 | [ML2201AMUSV/TCTR3.AmpChB]保护1电流C相$保护1电流C相2 |
| 8 | 测量电流 | | 0x00000000 | [ML2201AMUSV/TCTR4.Amp]测量1电流A相$测量1电流A相 |
| 9 | 测量电流 | | 0x00000000 | [ML2201AMUSV/TCTR5.Amp]测量1电流B相$测量1电流B相 |
| 10 | 测量电流 | | 0x00000000 | [ML2201AMUSV/TCTR6.Amp]测量1电流C相$测量1电流C相 |
| 11 | 保护电流 | | 0x00000000 | [ML2201AMUSV/TCTR7.Amp]保护2电流A相(零序电流4)$保护2电流A相1(零序电流4-1) |
| 12 | 保护电流 | | 0x00000000 | [ML2201AMUSV/TCTR7.AmpChB]保护2电流A相(零序电流4)$保护2电流A相2(零序电流4-2) |
| 13 | 保护电流 | | 0x00000000 | [ML2201AMUSV/TCTR8.Amp]保护2电流B相$保护2电流B相1 |
| 14 | 保护电流 | | 0x00000000 | [ML2201AMUSV/TCTR8.AmpChB]保护2电流B相$保护2电流B相2 |
| 15 | 保护电流 | | 0x00000000 | [ML2201AMUSV/TCTR9.Amp]保护2电流C相$保护2电流C相1 |
| 16 | 保护电流 | | 0x00000000 | [ML2201AMUSV/TCTR9.AmpChB]保护2电流C相$保护2电流C相2 |
| 17 | 保护电流 | | 0x00000000 | [ML2201AMUSV/TCTR10.Amp]保护3电流A相(零序电流1)$保护3电流A相1(零序电流1-1) |

9-2　网络侦测　打开文件　保存文件　关闭

图 5-15　SV 通道信息配置

拟量信号然后转换成数字量电流信号，同时采母线合并单元传输的级联电压数字信号，供各线路、主变压器等间隔合并单元使用，其信息采样转换的准确性以及其输出信息与输入信息的一致性，严重影响变电站继电保护系统的正常工作，因此必须对智能变电站间隔合并单元装置的采样情况进行全面核查，以确保其信息输出的正确性。本节主要介绍采用插值法和同步法进行线路合并单元比差、角差、时差等精度试验[163]。

【163】本节选取间隔为线路1A套合并单元进行测试。

（2）技术要求。正常情况下，线路合并单元装置SV采样信息的比差、角差、时差在精度要求范围内。

合并单元完成采样并输出时，被检波形应和标准波形基本重合，即合并单元装置采样信息输入和信息输出保持一致，防止波形存在一个或几个周波误差时，其比差、角差仍然合格的情况。

2. 试验方法

（1）插值法测试合并单元精度。

1）进入“角差比差”模块主界面，如图5-16所示。

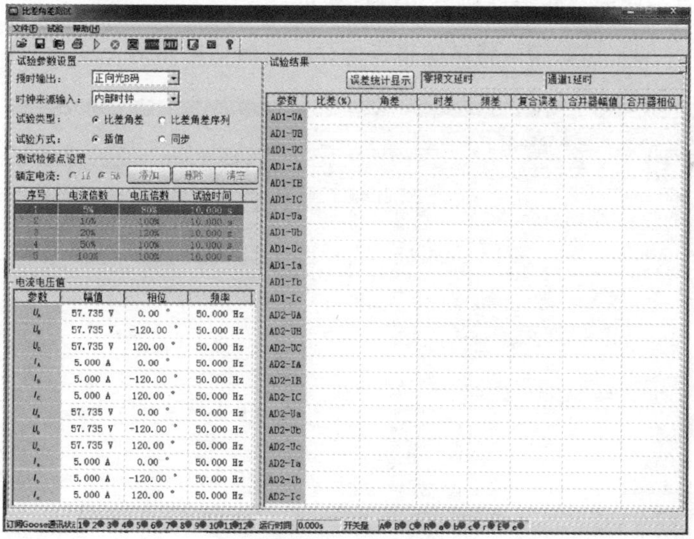

图5-16 精度测试试验界面

试验参数设置：

a. 授时输出：有正向光B码、正向秒脉冲、反向光B码、反向秒脉冲四种选择，根据现场实际情况进行选择，一般选择正向光B码。

b. 时钟来源输入：当选择插值法测试精度时需要选择内部时钟[164]。

【164】测试仪内部自带高精度时钟源。

c. 试验类型：有比差角差与比差角差序列两种选择，比差角差仅包含 100%$U_N$ 电压与 100%$I_N$ 电流时的精度误差；比差角差序列是可以自定义不同百分点比例时的比差角差数据。此处选择比差角差。

d. 试验方式：插值法与同步法，插值法是利用报文进行对时的，而同步法是利用时钟进行对时。此处选择插值法。

e. 测试检修点设置：当选择比差角差试验类型时此处不可用，当选择比差角差序列可在此自定义设置不同百分比的电流、电压值。

f. 电流电压值：设置额定二次电流、电压值。

2）完成以上设置后即可在工具栏中点击“▶”或按键盘中“run”键开始进行试验，观察软件右方出现通道 1 延时、比差、角差、时差等测试数据。

3）试验结束将试验报告保存，试验结果如图 5-17 所示。

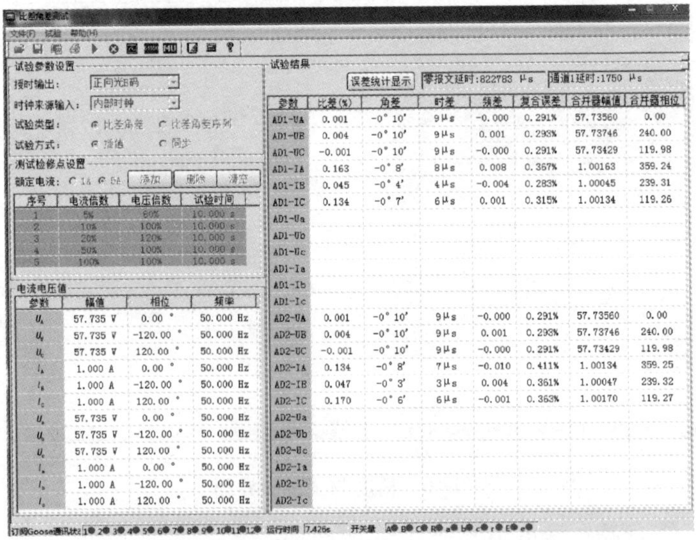


图 5-17 插值法精度测试结果

（2）同步法测试合并单元精度。同步法可以利用测试仪自带的高精度时钟源与合并单元装置进行同步，也可利用外部时钟源将测试和合并单元进行同步。另同步方法将影响到“时钟来源输入”的选择。本文以利用测试仪自带时钟来讲述同步法测试合并单元精度的方法。

1）按照 5.1.1 中的接线方式接好光纤与电缆之后，再将测试仪的 B 码输出口接一根光纤到合并单元的 B 码输入口。

2）进入“角差比差”模块主界面，如图 5-16 所示。

试验参数设置：

a. 授时输出：有正向光 B 码、正向秒脉冲、反向光 B 码、反向秒脉冲四种选择，根据现场实际情况进行选择，一般选择正向光 B 码。

b. 时钟来源输入：当利用自带时钟源同步法时需要选择内部时钟[165]。

c. 试验类型：有“比差角差”与“比差角差序列”两种选择，此处选择“比差角差序列”。

d. 试验方式：插值法与同步法，插值法是利用报文进行对时的，而同步法是利用时钟进行对时。

e. 测试检修点设置：根据实际情况选取额定电流 1A、5A，电流电压的倍数可自定义为电流：1%、5%、20%、80%、100%、120%，电压：1%、5%、20%、80%、100%、120%。每个状态的试验时间可选择 10s。

f. 电流电压值：设置额定二次电流、电压值。

3）完成以上设置后即可在工具栏中点击“▶”或按键盘中“run”键开始进行试验，观察软件右方直到同步标示指示灯亮以及合并单元上的同步指示灯亮，表示测试仪与合并单元已同步，此时出现零报文延时、通道 1 延时、比差、角差、时差等测试数据。

4）试验结束将试验报告保存，试验结果如图 5-18 所示。

【165】如果用外部时钟源可以选择正向光 B 码、正向光 s 脉冲、反向光 B 码或反向光 s 脉冲。

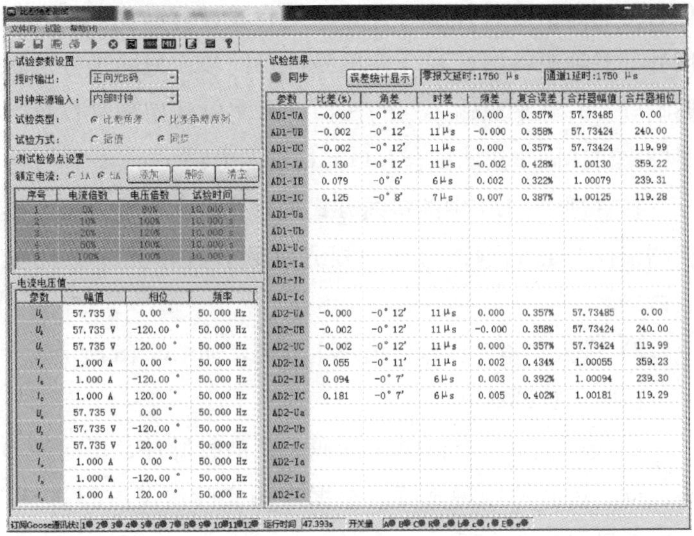


图 5-18　同步精度测试结果

5）根据 GB/T 20840.7—2007《互感器　第 7 部分：电子式电压互感器》、GB/T 20840.8—2007《互感器　第 8 部分：电子式电流互感器》相关规范[166]，电流、电压互感器的误差范围见表 5-1～表 5-4。

【166】合并单元精度暂无相应标准，沿用 GB/T 20840.7—2007《互感器　第 7 部分：电子式电压互感器》、GB/T 20840.8—2007《互感器　第 8 部分：电子式电流互感器》的相关标准。

**表 5-1　测量用电流互感器的误差要求**

| 准确级 | 在下列额定电流（%）下的电流（比值）误差（±%） | | | | 在下列额定电流（%）下的相位误差 | | | | | | | |
|---|---|---|---|---|---|---|---|---|---|---|---|---|
| | | | | | ±（'） | | | | ±crad | | | |
| | 5 | 20 | 100 | 120 | 5 | 20 | 100 | 120 | 5 | 20 | 100 | 120 |
| 0.1 | 0.4 | 0.2 | 0.1 | 0.1 | 15 | 8 | 5 | 5 | 0.45 | 0.24 | 0.15 | 0.15 |
| 0.2 | 0.75 | 0.35 | 0.2 | 0.2 | 30 | 15 | 10 | 10 | 0.9 | 0.45 | 0.3 | 0.3 |
| 0.5 | 1.5 | 0.75 | 0.5 | 0.5 | 90 | 45 | 30 | 30 | 2.7 | 1.35 | 0.9 | 0.9 |
| 1.0 | 3.0 | 1.5 | 1.0 | 1.0 | 180 | 90 | 60 | 60 | 5.4 | 2.7 | 1.8 | 1.8 |

| 准确级 | 在下列额定电流（%）下的电流（比值）误差（±%） | | | | | 在下列额定电流（%）下的相位误差 | | | | | | | | | |
|---|---|---|---|---|---|---|---|---|---|---|---|---|---|---|---|
| | | | | | | ±（'） | | | | | ±crad | | | | |
| | 1 | 5 | 20 | 100 | 120 | 1 | 5 | 20 | 100 | 120 | 1 | 5 | 20 | 100 | 120 |
| 0.2S | 0.75 | 0.35 | 0.2 | 0.2 | 0.2 | 30 | 15 | 10 | 10 | 10 | 0.9 | 0.45 | 0.3 | 0.3 | 0.3 |
| 0.5S | 1.5 | 0.75 | 0.5 | 0.5 | 0.5 | 90 | 45 | 30 | 30 | 30 | 2.7 | 1.35 | 0.9 | 0.9 | 0.9 |

**表 5-2　　保护用电流互感器的误差要求**

| 准确级 | 额定电流下的电流误差（±%） | 相位误差 | | 在额定准确限值一次电流下的复合误差（±%） |
|---|---|---|---|---|
| | | ±（′） | ±crad | |
| 5P/5PTE | 1 | 60 | 1.8 | 5 |
| 10P | 3 | — | — | 10 |

**表 5-3　　测量用电压互感器的误差要求**

| 准确级 | 电压（比值）误差 | 相位误差 | |
|---|---|---|---|
| | | ±（′） | ±crad |
| 0.1 | 0.1 | 5 | 0.15 |
| 0.2 | 0.2 | 10 | 0.3 |
| 0.5 | 0.5 | 20 | 0.6 |

（3）首周波测试[167]。

1）按照上述方法试验完成后，测试仪可将前 8 个周波的模拟量电压输入与数字量电压输出波形进行记录，主要用于测试合并单元完成采样并输出时，其波形的首周波是否存在不一致的问题，防止波形存在一个或几个周波误差时，其比差、角差仍然合格的情况。正常情况下，标准波形和被检波形应基本重合。

【167】首周波测试是指测试仪与合并单元同步输出的第一个周波的模拟量与数字量的波形比较。

**表 5-4　　保护用电压互感器的误差要求**

| 准确级 | 在下列额定电压（%）下 | | | | | | | | |
|---|---|---|---|---|---|---|---|---|---|
| | 2 | | | 5 | | | X | | |
| | 电压误差（±%） | 相位误差±（′） | 相位误差（±crad） | 电压误差（±%） | 相位误差±（′） | 相位误差（±crad） | 电压误差（±%） | 相位误差±（′） | 相位误差（±crad） |
| 3P | 6 | 240 | 7 | 3 | 120 | 3.5 | 3 | 120 | 3.5 |
| 6P | 12 | 480 | 14 | 6 | 240 | 7 | 6 | 240 | 7 |

注：X 标示 100、120、150、190。

2）试验结束将试验报告保存，试验结果如图 5-19 所示。

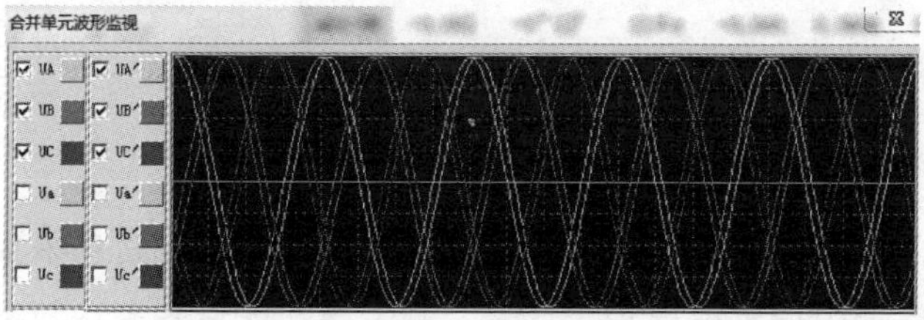


图 5-19　首周波波形图

按照上述试验方法测试B套合并单元精度，将试验结果“插值法”试验数据记录至表5-5中，“同步法”试验数据记录至表5-6中。

表5-5　　插值法试验数据记录表

| 测试相别 | 比差 | 角差 | 时差 | 通道1延时 |
|---|---|---|---|---|
| 保护$I_A$ | | | | |
| 保护$I_B$ | | | | |
| 保护$I_C$ | | | | |
| 保护$U_A$ | | | | |
| 保护$U_B$ | | | | |
| 保护$U_C$ | | | | |
| 测量$I_A$ | | | | |
| 测量$I_B$ | | | | |
| 测量$I_C$ | | | | |
| 测量$U_A$ | | | | |
| 测量$U_B$ | | | | |
| 测量$U_C$ | | | | |

表5-6　　同步法试验数据记录表

| 测试相别 | 比差 | 角差 | 时差 | 通道1延时 | 零报文延时 |
|---|---|---|---|---|---|
| 保护$I_A$ | | | | | |
| 保护$I_B$ | | | | | |
| 保护$I_C$ | | | | | |
| 保护$U_A$ | | | | | |
| 保护$U_B$ | | | | | |
| 保护$U_C$ | | | | | |
| 测量$I_A$ | | | | | |
| 测量$I_B$ | | | | | |
| 测量$I_C$ | | | | | |
| 测量$U_A$ | | | | | |
| 测量$U_B$ | | | | | |
| 测量$U_C$ | | | | | |

### 5.1.3　间隔合并单元报文时间特性测试

1. 试验内容

（1）测试内容。合并单元装置是智能变电站重要的电流电压信息采集转换设备，通过光纤数字通道向继电保护、计量、测量等智能设备发送数字化的电流电压采样值信息，影响其上传信息正确性的因素不仅包括其物理通道的性能，还包括其网络参数、设备配置参数、发送的 SV 报文格式、发送的 SV 报文关键参量等虚拟信息的正确性。合并单元上传的电流电压信息是否正确，不仅决定于电流电压信息本身，还取决于其发送 SV 报文的离散性、完整性等关键参数。因此在智能变电站调试中，必须对合并单元在正常输出时的 SV 报文丢帧率、SV 报文完整性及 SV 报文发送间隔离散度进行检查。

（2）技术要求。

装置正常情况下应满足：

1）正常运行 48h，装置发送的采样值报文不应出现丢帧、样本计数器重复或错序，采样值发布离散值保持正常，样本计数在（0～3999）的范围内正常翻转。

2）根据合并单元采样值报文的帧序号连续性及一定时间内的总帧数判断其发送的采样值报文的丢包情况，记录合并单元的丢包数，试验过程中不应丢包。

3）SV 报文发送间隔离散度检查。合并单元的发布离散值应满足单个通道输出的采样值发布离散值不大于 10μs，点对点 SV 输出接口的报文输出延时相差不大于 10μs。

4）合并单元稳定工作情况下，采样计数器应在有效范围内连续变化。

## 2. 试验方法

（1）报文离散度测试。

1）进入"时间特性"→时间特性测试主界面，如图 5-20 所示。

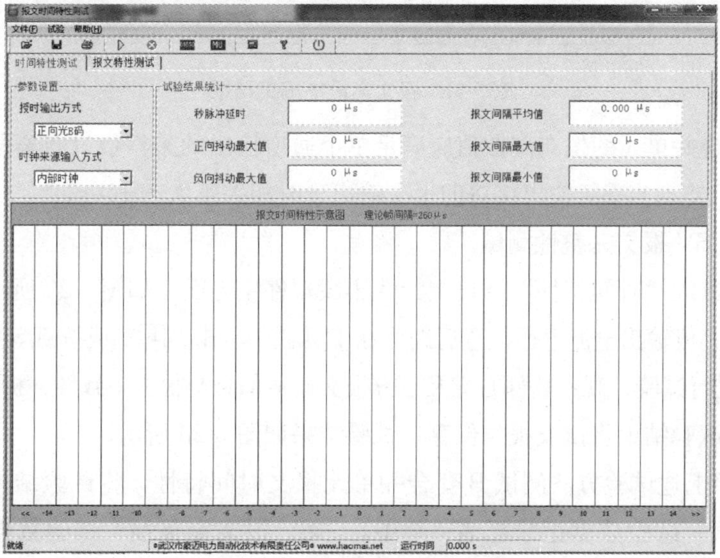


图 5-20　时间特性测试试验界面

试验参数设置：

a. 授时输出：有正向光B码、正向秒脉冲、反向光B码、反向秒脉冲四种选择，根据现场实际情况进行选择，一般选择正向光B码。

b. 时钟来源输入：当利用自带时钟源同步法时需要选择内部时钟。

2）完成以上设置后即可在工具栏中点击“▶”或按键盘中“run”键开始进行试验，观察软件右方试验结果统计与报文离散度统计。

3）试验结束将试验报告保存，试验结果如图5-21所示。

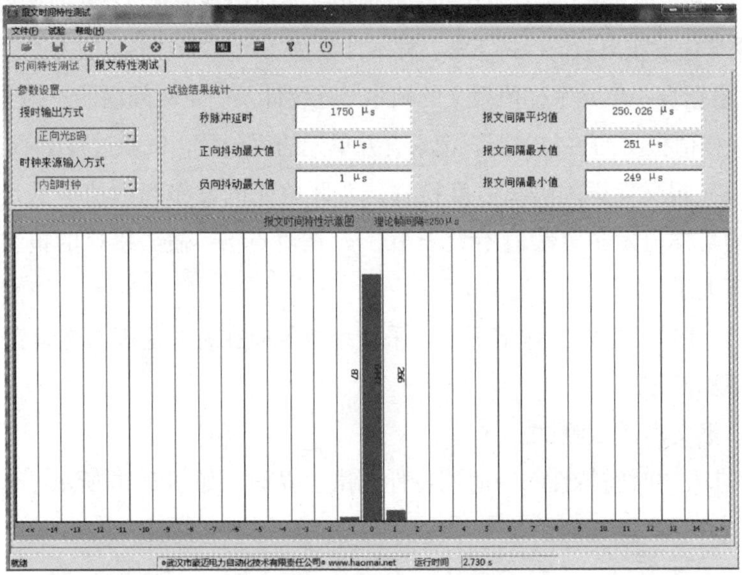


图5-21 报文离散度测试结果

4）合并单元的发布离散值应满足单个通道输出的采样值发布离散值不大于10μs，点对点SV输出接口的报文输出延时相差不大于10μs。

（2）SV报文完整性测试。

1）进入“时间特性”→报文特性测试软件主界面，如图5-22所示。

2）完成输出电流电压设置后即可在工具栏中点击“▶”或按键盘中“run”键开始进行试验，观察软件右方及下方报文通道信息与报文一致性分析。

3）试验结束将试验报告保存，试验结果如图5-23所示。

按照上述试验方法测试B套合并单元报文时间特性，将试验结果“时间特性测试”试验数据记录至表5-7中，“SV报文完整性”试验数据记录至表5-8中。

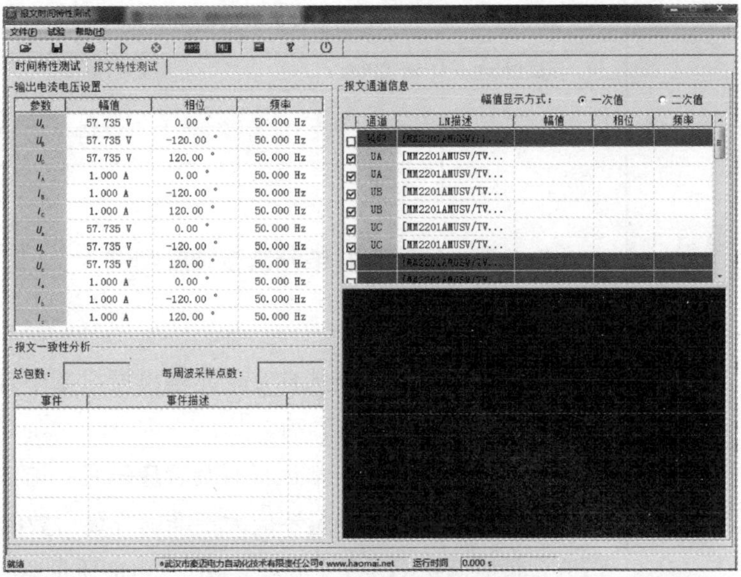


图 5-22 报文特性测试试验界面

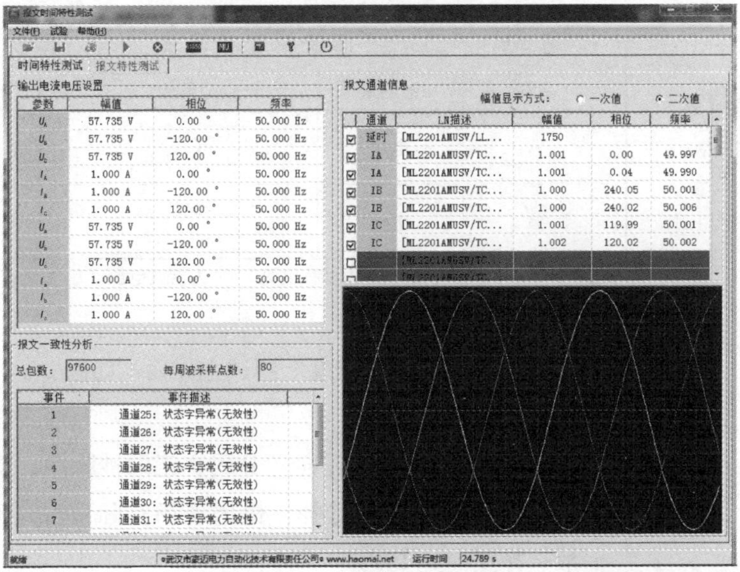


图 5-23 报文特性测试结果

**表 5-7　　　　时间特性试验数据记录表**

| 项目 | 测试时间 | | 测试时间 |
|---|---|---|---|
| 秒脉冲延时 | | 报文间隔平均值 | |
| 正向抖动最大值 | | 报文间隔最大值 | |
| 负向抖动最大值 | | 报文间隔最小值 | |

表 5-8　　　SV 完整性试验数据记录表

| 测试项目 | 测试次数 | 报文统计情况 |
|---|---|---|
| SV 报文 | 1 | |
| | 2 | |
| | 3 | |

### 5.1.4　间隔合并单元谐波精度测试

1. 试验内容

（1）测试内容。测试合并单元输出模拟量中含有谐波成分对合并单元精度的影响。

（2）技术要求。正常运行时装置应满足：谐波下的基波幅值和相位误差改变量不应大于准确等级指数的 200%，谐波含量应满足 GB/T 19862—2016《电能质量监测设备通用要求》的要求[168]，见表 5-9。

【168】合并单元谐波精度暂无相关标准，沿用 GB/T 19862—2016《电能质量监测设备通用要求》。

表 5-9　　　谐波精度准确度

| 等级 | 被测量 | 条件 | 允许误差 |
|---|---|---|---|
| A | 电压 | $U_h \geq 1\% U_N$<br>$U_h < 1\% U_N$ | $5\% U_h$<br>$0.05\% U_N$ |
| B | 电流 | $I_h \geq 3\% I_N$<br>$I_h < 3\% I_N$ | $5\% I_h$<br>$0.15\% I_N$ |

注：$U_N$ 为标称电压，$I_N$ 为标称电流，$U_h$ 为谐波电压，$I_h$ 为谐波电流。

2. 试验方法

（1）进入“谐波精度”测试主界面，如图 5-24 所示。

试验参数设置：

1）授时输出：有正向光 B 码、正向秒脉冲、反向光 B 码、反向秒脉冲四种选择，根据现场实际情况进行选择，一般选择正向光 B 码。

2）时钟来源输入：当利用自带时钟源同步法时需要选择内部时钟。

3）试验方式：此处选择同步法。

4）电流电压叠加谐波：额定频率为 50Hz，设置额定电流电压值后可以选择叠加 2～13 次谐波以及直流分量，各通道的谐波含量可以在叠加谐波含量中自由设置[169]。

【169】注意各通道叠加的谐波值应小于基波值。

（2）完成以上设置后即可在工具栏中点击"▶"或按键盘中"run"键开始进行试验，待软件上的同步指示灯亮，观察软件右方含谐波成分的各通道的比差、角差、时差等精度值。

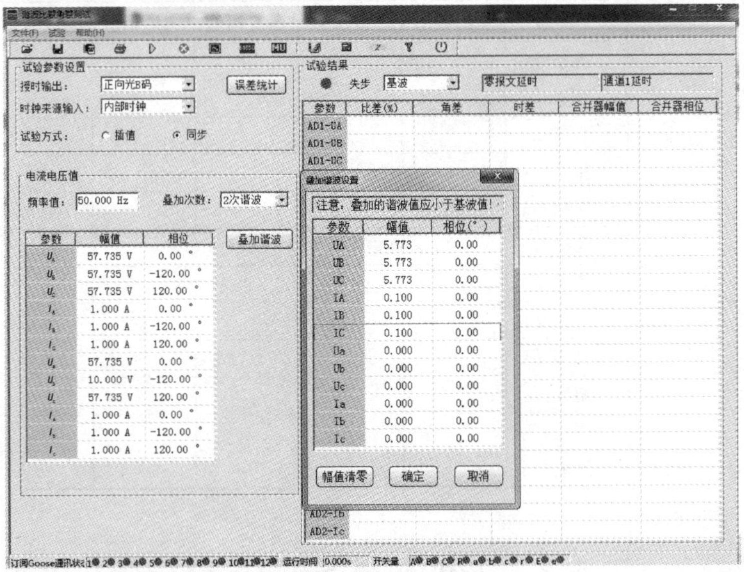

图 5-24　谐波精度测试试验界面

（3）试验结束将试验报告保存，试验结果如图 5-25 所示。

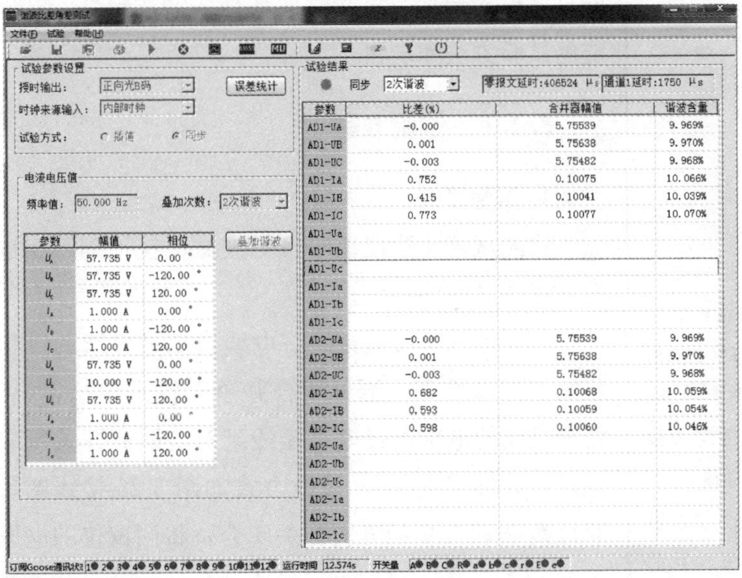

图 5-25　二次谐波含量测试结果

按照上述试验方法测试B套合并单元谐波精度，将试验结果数据记录至表5-10中。

表5-10　　谐波精度试验数据记录表

| 相别 | 基波幅值 | 谐波次数 | 谐波幅值 | 测试幅值 | 谐波含量 | 比差 |
|---|---|---|---|---|---|---|
| 保护 $I_A$ | | | | | | |
| 保护 $I_B$ | | | | | | |
| 保护 $I_C$ | | | | | | |
| 保护 $U_A$ | | | | | | |
| 保护 $U_B$ | | | | | | |
| 保护 $U_C$ | | | | | | |
| 测量 $I_A$ | | | | | | |
| 测量 $I_B$ | | | | | | |
| 测量 $I_C$ | | | | | | |
| 测量 $U_A$ | | | | | | |
| 测量 $U_B$ | | | | | | |
| 测量 $U_C$ | | | | | | |

## 5.2　220kV PCS-221N母线合并单元调试

本节以220kV PCS-221N母线合并单元为例，介绍校验合并单元精度、报文时间特性、谐波精度、电压并列功能的试验方法和步骤。

### 5.2.1　试验准备

#### 1. 试验接线

将测试仪装置接地端口与被试屏接地铜牌相连，其连接示意图如图5-1所示。

（1）电缆模拟量接线。电缆模拟量接线的过程为测试仪需模拟母线TV给母线合并单元输入模拟量电压信号，将测试仪的电压通过电缆接线到对应隔离开关所取母线的电压输入端子上[170]，接线方式如图5-26接线图所示。将Ⅱ母线A段TV的隔离开关闭合，将测试仪的电压输出端子$U_A$、$U_B$、$U_C$、$U_N$端子接入Ⅱ母线A电压输入端子上。

【170】模拟量电压所接的母线需要根据各母线TV的隔离开关位置来判断，本文以Ⅱ母线A段（即为Ⅰ母线）TV隔离开关合位来讲述母线合并单元的测试方法。

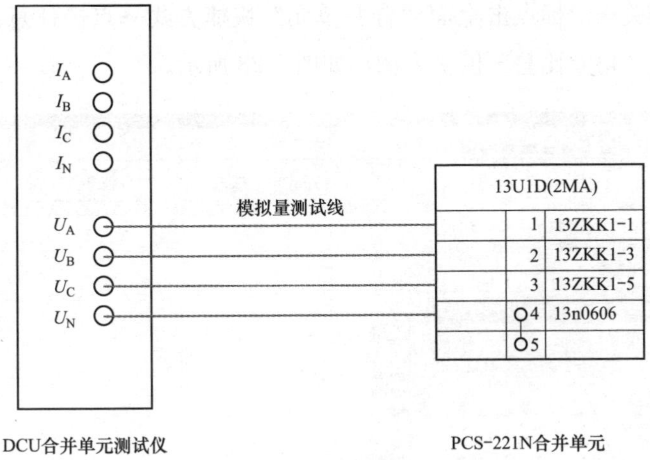


图 5-26　电压输入接线图

（2）光纤 SV 接线。SV 接线方式如图 5-27SV 输出接线图所示，将测试仪的 IEC 61850 接口 1 接入到母线合并单元的 SV 输出口。测试仪的 RX 对应于保护装置的 TX，测试的 TX 对应于保护装置的 RX，接好光线后对应的光口指示灯应该常亮，表示物理链路通，如果对应的光口指示灯没有亮，表示物理链路没有接通，此时可以检查光纤的 TX/RX 是否接反或者光纤是否损坏。

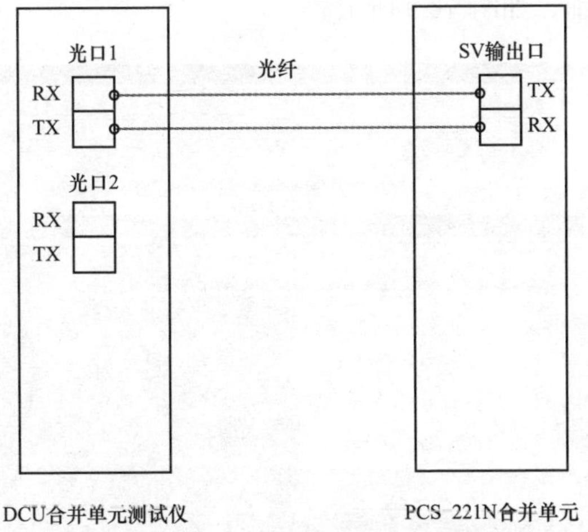


图 5-27　SV 输出接线图

### 2. 测试仪 61850 参数配置

（1）启动测试仪试验模块。启动测试仪试验模块的步骤为按合并单元测试仪电源开关→鼠标点击桌面“合并单元”快捷方式→点击任意试验模块图标，本节以“角差比差”模块为例，如图 5-28 所示。

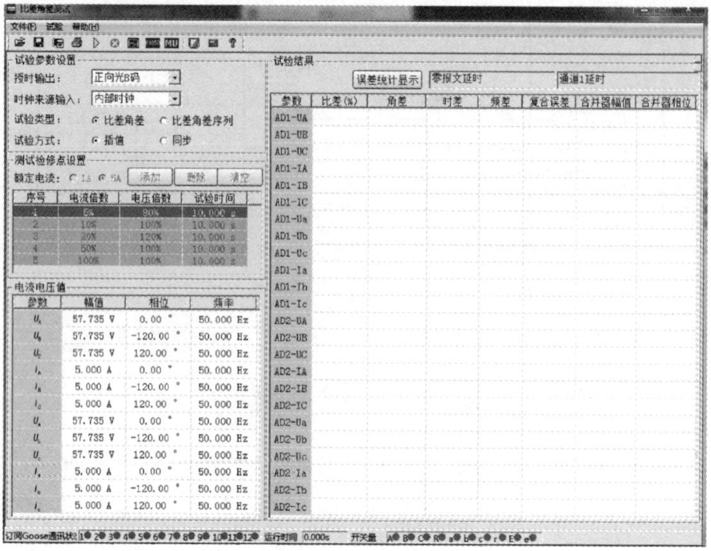


图 5-28　角差比差试验菜单

（2）61850 配置。

1）61850 参数设置界面，点击“状态序列”模块工具栏“61850”按键，进入配置试验界面，如图 5-29 所示。

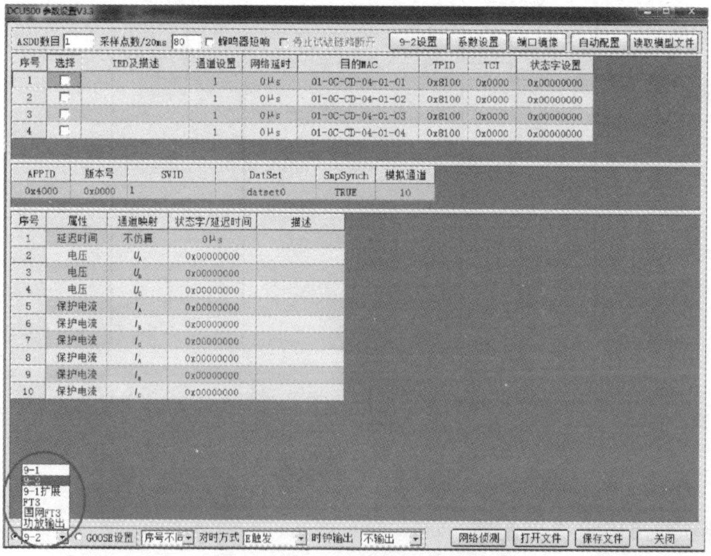


图 5-29　61850 参数设置界面

2）功放配置，点击图 5-29 左下角▽选择“功放输出”[171]如图 5-30 所示。

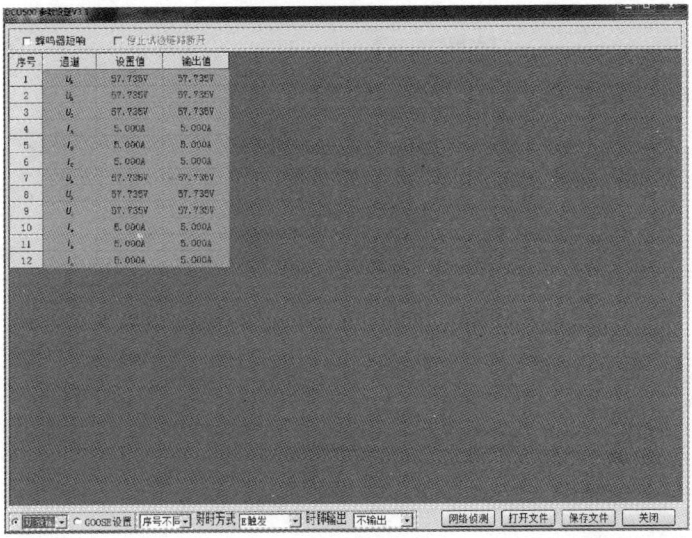


图 5-30　功放输出界面

3）点击上图右下角“关闭”表示配置完模拟量输出。

（3）MU 配置。

1）MU 参数设置界面，点击“状态序列”模块工具栏“MU”按键，进入配置试验界面，如图 5-31 所示。

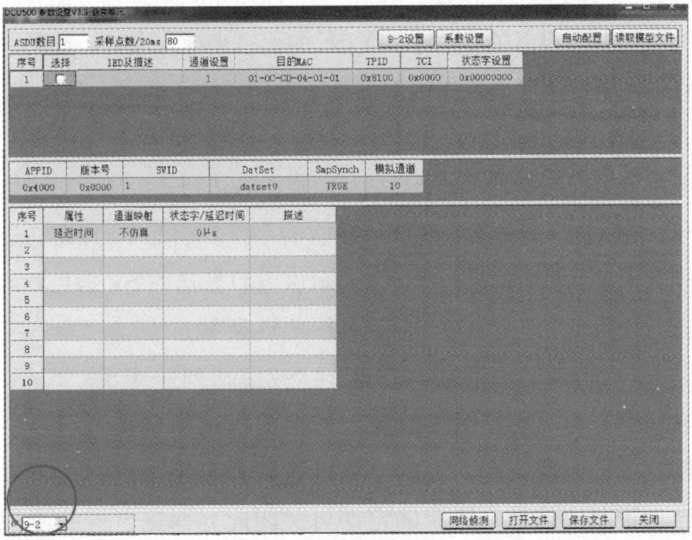


图 5-31　MU 配置界面

【171】表示测试仪模拟母线 TV 输出模拟量电压信号。

【172】母线合并单元输出为9-2电压数字信号。

【173】此处不用导入SCD文件直接通过“网络侦测”功能侦测到合并单元输出的SV数据导入，但此时需要根据SCD文件中的通道属性手动映射通道名称。

2）MU配置，点击图5-31左下角▽选择“9-2”[172]，再点击右上角“读取模型文件”导入SCD文件[173]如图5-32所示。

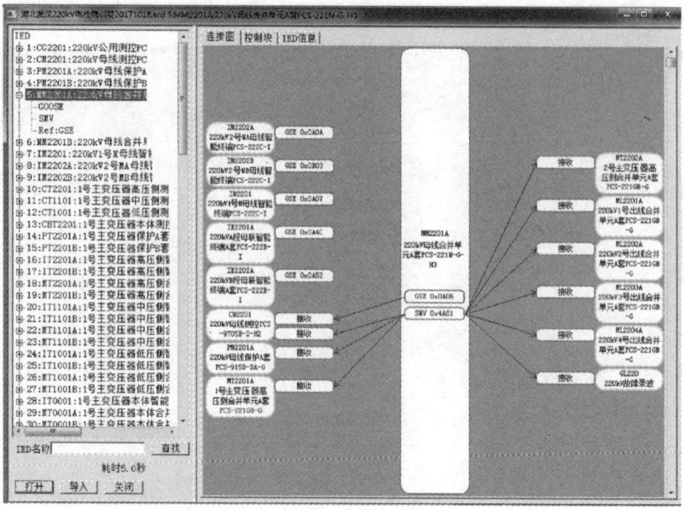

图5-32　SCD文件解析

【174】合并单元采GOOSE主要是判隔离开关位置，在做合并单元试验时需要导入合并单元的输出SV配置。

3）SV文件配置，此处要进行母线合并单元A套PCS-221N试验，找到对应的IED文件[174]，点击IED序号5，出现如图5-32所示界面，图中右边即为PCS-221N装置信息图，箭头指入PCS-221N表示即为接收GOOSE信息，箭头流出PCS-221N表示发送SV和GOOSE信息。从图5-32可以很方便直观地看到IED设备的SV与GOOSE的信息来源与去处，还可以点击图中四边形显示出内部虚端子走向，便于调试人员操作。查看控制块内信息，点击IED对应序号叠加符号，“GOOSE”表示该IED发送的GOOSE信息，点击右边列表中显示对应信息；“Ref：GSE”表示该IED接收的GOOSE信息，点击右边列表中显示对应信息；“SV”表示该IED发送的SV信息，点击右边列表中显示对应信息，如图5-33所示。

4）导入SV信息，点击PCS-221N列表中的“SV”，右边即弹出SV控制块信息，可根据描述信息找到所需要用到的控制块，在前面的空格处选择就会添加到右边下方已选控制块信息，然后确定即可关闭此界面进行进一步配置，如图5-34所示。

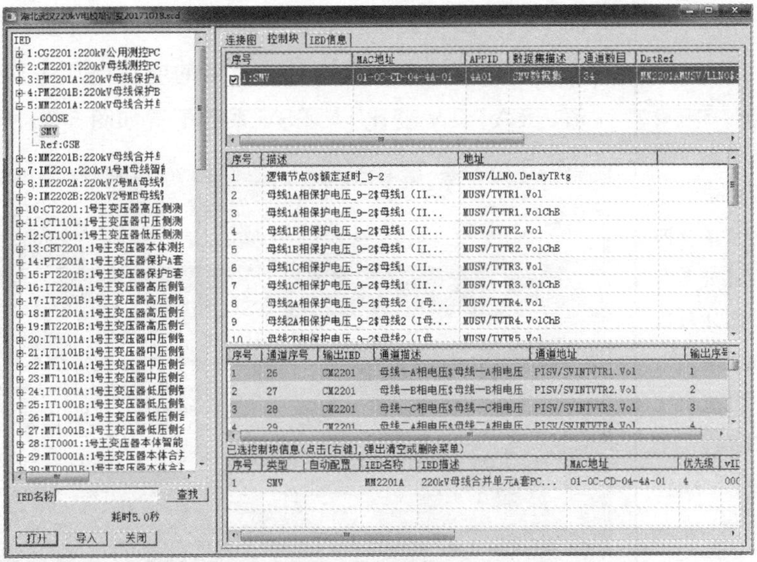


图 5-33　合并单元输出 SV 控制块

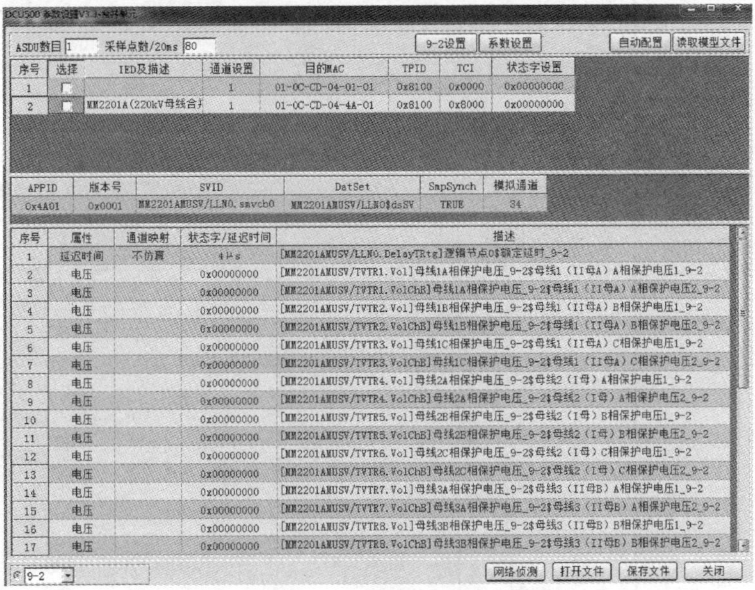


图 5-34　母线合并单元输出 SV 配置

5）SV 通道信息配置，配置流程注意图中画圈的地方如图 5-35 所示。

配置注意的 4 点：①序号选择，将鼠标放在序号 1 位置右键，弹出“删除”“添加”“清空”，点击“删除”可将无关的控制块删除，然后在选择处进行选择；②通道设置，默认为 1，点击会弹出其他的通道选择，根据需要光纤所接的通道进行选择，然后关闭；③自动配置，进行通道映射将电流电压通道与试验界面下的相别相关联，点击弹出对话框自动配置一组 ABC 通道；④系数设置，设置对应通道的电流电压一次值和二次值，TA、TV 变比[175]，SV 系数配置如图 5-36 所示。

【175】在 9-2 采样协议中电压的参考值单位即为 10mV，电流的参考值单位即为 1mA，此处不需要修改，此处母线合并单元仅输出电压信号，电流变比可以不用配置。

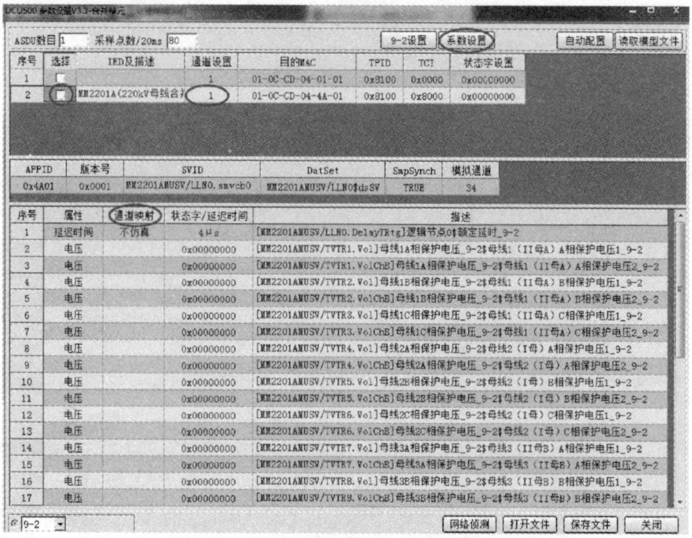


图 5-35　SV 通道信息配置

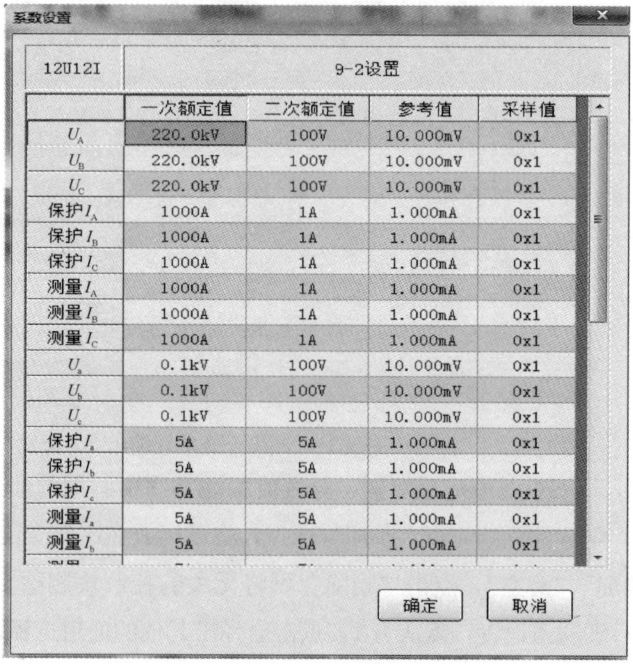


| | 一次额定值 | 二次额定值 | 参考值 | 采样值 |
|---|---|---|---|---|
| $U_A$ | 220.0kV | 100V | 10.000mV | 0x1 |
| $U_B$ | 220.0kV | 100V | 10.000mV | 0x1 |
| $U_C$ | 220.0kV | 100V | 10.000mV | 0x1 |
| 保护$I_A$ | 1000A | 1A | 1.000mA | 0x1 |
| 保护$I_B$ | 1000A | 1A | 1.000mA | 0x1 |
| 保护$I_C$ | 1000A | 1A | 1.000mA | 0x1 |
| 测量$I_A$ | 1000A | 1A | 1.000mA | 0x1 |
| 测量$I_B$ | 1000A | 1A | 1.000mA | 0x1 |
| 测量$I_C$ | 1000A | 1A | 1.000mA | 0x1 |
| $U_a$ | 0.1kV | 100V | 10.000mV | 0x1 |
| $U_b$ | 0.1kV | 100V | 10.000mV | 0x1 |
| $U_c$ | 0.1kV | 100V | 10.000mV | 0x1 |
| 保护$I_a$ | 5A | 5A | 1.000mA | 0x1 |
| 保护$I_b$ | 5A | 5A | 1.000mA | 0x1 |
| 保护$I_c$ | 5A | 5A | 1.000mA | 0x1 |
| 测量$I_a$ | 5A | 5A | 1.000mA | 0x1 |
| 测量$I_b$ | 5A | 5A | 1.000mA | 0x1 |

图 5-36　SV 系数配置

配置好“9-2 设置”后 SV 最终配置界面如图 5-37 所示，可点击关闭。

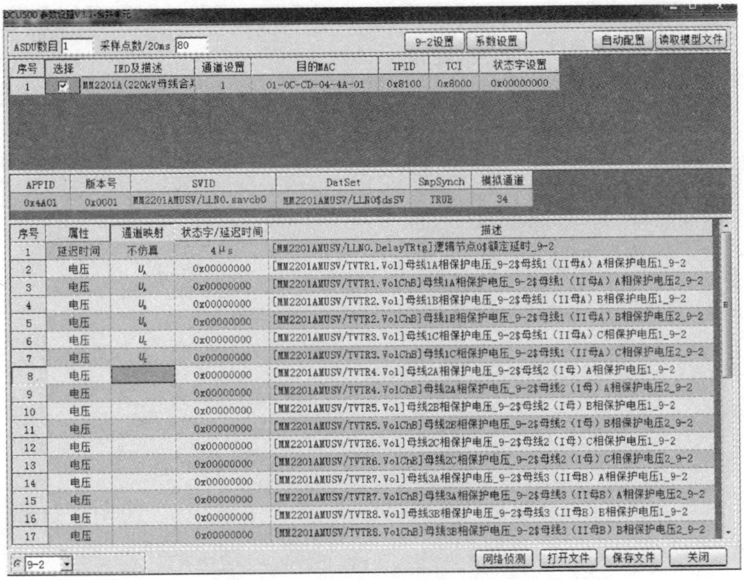

图 5-37　SV 最终配置界面

## 5.2.2　母线合并单元精度测试

1. 试验内容

（1）测试内容：母线合并单元的作用是将母线电压互感器采集的电压模拟量信号转换成电压数字量信号供母线保护和各线路、主变压器等间隔合并单元级联电压使用，其信息采样转换的准确性以及其输出信息与输入信息的一致性，严重影响变电站继电保护系统的正常工作，因此必须对智能变电站母线合并单元装置的采样情况进行全面核查，以确保其信息输出的正确性。本节主要介绍用插值法和同步法测试母线合并单元的比差、角差、时差等精度试验。

（2）技术要求：正常情况下，线路合并单元的比差、角差、时差在误差允许范围内。

合并单元完成采样并输出时，被检波形应和标准波形基本重合，即合并单元装置采样信息输入和信息输出保持一致，防止波形存在一个或几个周波误差时，其比差、角差仍然合格的情况。

2. 试验方法

（1）插值法测试合并单元精度。

1）进入“角差比差”模块主界面，精度测试试验界面如图 5-38 所示。

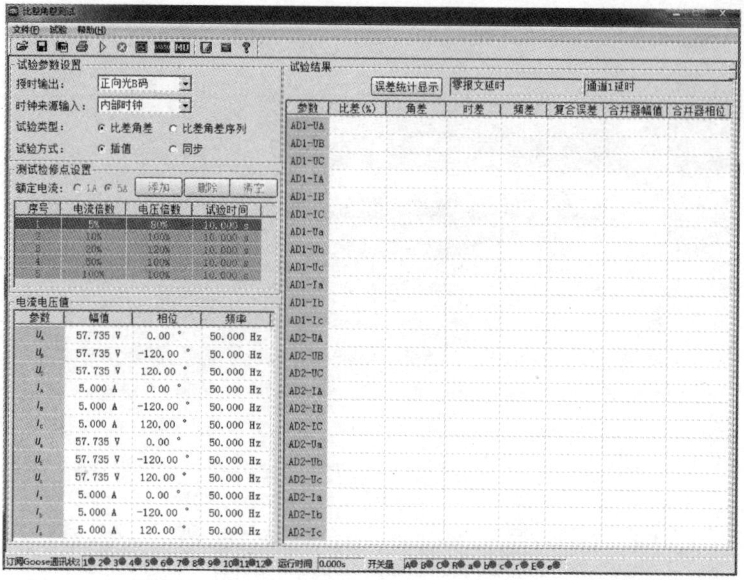

图 5-38　精度测试试验界面

试验参数设置：

a. 授时输出：有正向光 B 码、正向秒脉冲、反向光 B 码、反向秒脉冲四种选择，根据现场实际情况进行选择，一般选择正向光 B 码。

b. 时钟来源输入：当选择插值法测试精度时需要选择内部时钟。

c. 试验类型：有“比差角差”与“比差角差序列”两种选择，“比差角差”仅包含 100%$U_N$ 电压与 100%$I_N$ 电流时的精度误差，“比差角差序列”是可以自定义不同百分点比例时的比差角差数据。此处选择“比差角差”。

d. 试验方式：插值法与同步法，插值法是利用报文进行对时的，而同步法是利用时钟进行对时。此处选择插值法。

e. 测试检修点设置：当选择“比差角差”试验类型时此处不可用，当选择“比差角差序列”可在此自定义设置不同百分比的电流电压值。

f. 电流电压值：设置额定二次电流、电压值。

2）完成以上设置后即可在工具栏中点击“▶”或按键盘中“run”键开始进行试验，观察软件右方出现通道 1 延时、比差、角差、时差等测试数据。

3）试验结束将试验报告保存，试验结果如图 5-39 所示。

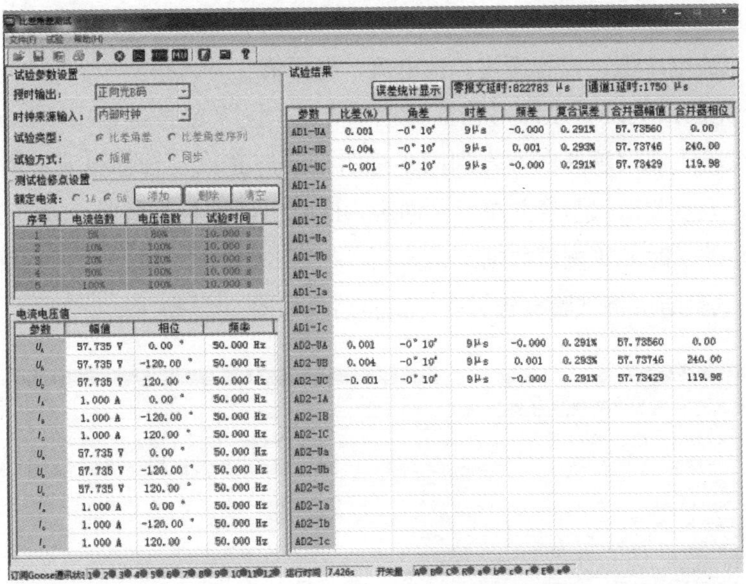

图 5-39 插值法精度测试结果

（2）同步法测试合并单元精度。同步法可以利用测试仪自带的高精度时钟源与合并单元装置进行同步，也可利用外部时钟源将测试和合并单元进行同步。另种同步方法将影响到“时钟来源输入”的选择。本文以利用测试仪自带时钟来讲述同步法测试合并单元精度的方法。

1）按照 5.2.1 中的接线方式接好光纤与电缆之后，再将测试仪的 B 码输出口接一根光纤到合并单元的 B 码输入口。

2）进入“角差比差”模块主界面，如图 5-38 所示。

试验参数设置：

a. 授时输出：有正向光 B 码、正向秒脉冲、反向光 B 码、反向秒脉冲四种选择，根据现场实际情况进行选择，一般选择正向光 B 码。

b. 时钟来源输入：当利用自带时钟源同步法时需要选择内部时钟。

c. 试验类型：有“比差角差”与“比差角差序列”两种选择，此处选择“比差角差序列”。

d. 试验方式：插值法与同步法，插值法是利用报文进行对时的，而同步法是利用时钟进行对时。

e. 测试检修点设置：根据实际情况选取额定电流 1A、5A，电流电压的倍数可自定义为电流：1%、5%、20%、80%、100%、120%；电压：1%、

5%、20%、80%、100%、120%。每个状态的试验时间可选择 10s。

f. 电流电压值：设置额定二次电流、电压值。

3）完成以上设置后即可在工具栏中点击“▶”或按键盘中“run”键开始进行试验，观察软件右方直到同步标示指示灯亮以及合并单元上的同步指示灯亮，表示测试仪与合并单元已同步，此时出现零报文延时、通道 1 延时、比差、角差、时差等测试数据。

4）试验结束将试验报告保存，试验结果如图 5-40 所示。

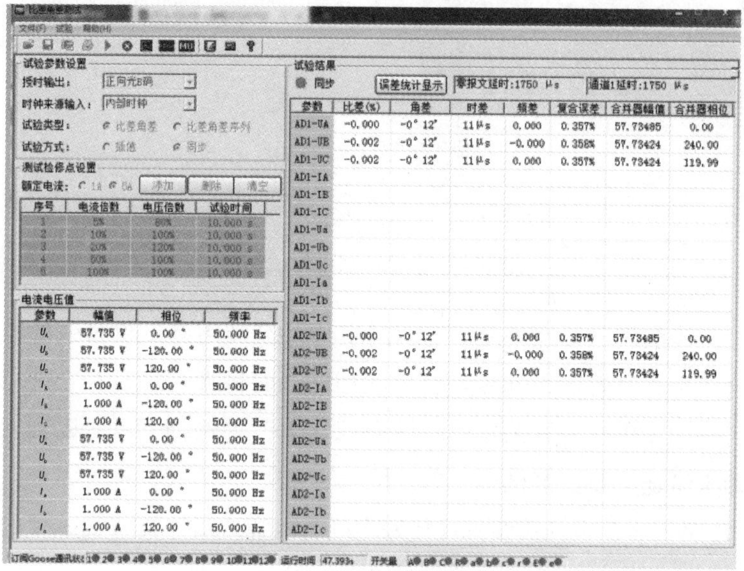

图 5-40　同步法精度测试结果

5）根据 GB/T 20840.7—2007《互感器　第 7 部分：电子式电压互感器》、GB/T 20840.8—2007《互感器　第 8 部分：电子式电流互感器》相关规范，电流、电压互感器的误差范围见表 5-1～表 5-4。

（3）首周波测试。

1）按照上述方法试验完成后，测试仪可将前 8 个周波的模拟量电压输入与数字量电压输出波形进行记录，主要用于测试合并单元完成采样并输出时，其波形的首周波是否存在不一致的问题，防止波形存在一个或几个周波误差时，其比差、角差仍然合格的情况。正常情况下，标准波形和被检波形应基本重合。

2）试验结束将试验报告保存，试验结果如图 5-41 所示。

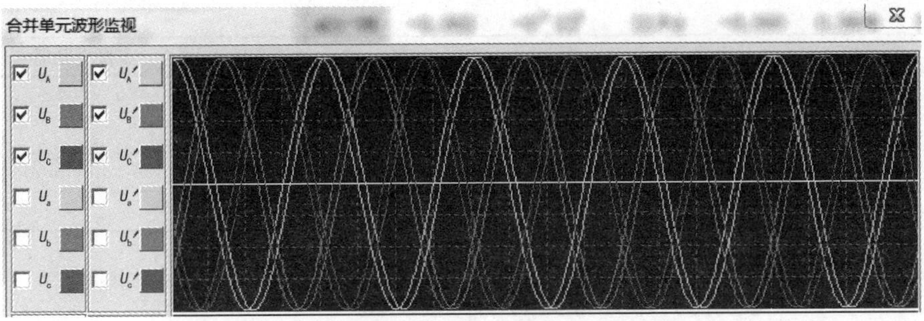


图 5-41　首周波波形图

按照上述试验方法测试 B 套合并单元精度，将试验结果“插值法”试验数据记录至表 5-11 中，“同步法”试验数据记录至表 5-12 中。

**表 5-11　插值法试验数据记录表**

| 测试相别 | 比差 | 角差 | 时差 | 通道 1 延时 |
|---|---|---|---|---|
| 保护 $I_A$ | | | | |
| 保护 $I_B$ | | | | |
| 保护 $I_C$ | | | | |
| 保护 $U_A$ | | | | |
| 保护 $U_B$ | | | | |
| 保护 $U_C$ | | | | |
| 测量 $I_A$ | | | | |
| 测量 $I_B$ | | | | |
| 测量 $I_C$ | | | | |
| 测量 $U_A$ | | | | |
| 测量 $U_B$ | | | | |
| 测量 $U_C$ | | | | |

**表 5-12　同步法试验数据记录表**

| 测试相别 | 比差 | 角差 | 时差 | 通道 1 延时 | 零报文延时 |
|---|---|---|---|---|---|
| 保护 $I_A$ | | | | | |
| 保护 $I_B$ | | | | | |
| 保护 $I_C$ | | | | | |
| 保护 $U_A$ | | | | | |
| 保护 $U_B$ | | | | | |
| 保护 $U_C$ | | | | | |
| 测量 $I_A$ | | | | | |
| 测量 $I_B$ | | | | | |

续表

| 测试相别 | 比差 | 角差 | 时差 | 通道1延时 | 零报文延时 |
|---|---|---|---|---|---|
| 测量 $I_C$ | | | | | |
| 测量 $U_A$ | | | | | |
| 测量 $U_B$ | | | | | |
| 测量 $U_C$ | | | | | |

### 5.2.3 母线合并单元报文时间特性测试

1. 试验内容

（1）测试内容：合并单元装置是智能变电站重要的电流电压信息采集转换设备，通过光纤数字通道向继电保护、计量、测量等智能设备发送数字化的电流电压采样值信息，影响其上传信息正确性的因素不仅包括其物理通道的性能，还包括其网络参数、设备配置参数、发送的 SV 报文格式、发送的 SV 报文关键参量等虚拟信息的正确性。合并单元上传的电流电压信息是否正确，不仅决定于电流电压信息本身，还取决于其发送 SV 报文的离散性、完整性等关键参数。因此在智能变电站调试中，必须对合并单元在正常输出时的 SV 报文丢帧率、SV 报文完整性及 SV 报文发送间隔离散度进行检查。

（2）技术要求：装置正常情况下应满足：

1）正常运行 48h，装置发送的采样值报文不应出现丢帧、样本计数器重复或错序，采样值发布离散值保持正常，样本计数在（0～3999）的范围内正常翻转。

2）根据合并单元采样值报文的帧序号连续性及一定时间内的总帧数判断其发送的采样值报文的丢包情况，记录合并单元的丢包数，试验过程中不应丢包。

3）SV 报文发送间隔离散度检查。合并单元的发布离散值应满足单个通道输出的采样值发布离散值不大于 10$\mu$s，点对点 SV 输出接口的报文输出延时相差不大于 10$\mu$s。

4）合并单元稳定工作情况下，采样计数器应在有效范围内连续变化。

2. 试验方法

（1）报文离散度测试。

1）进入“时间特性”→时间特性测试主界面，如图 5-42 所示。

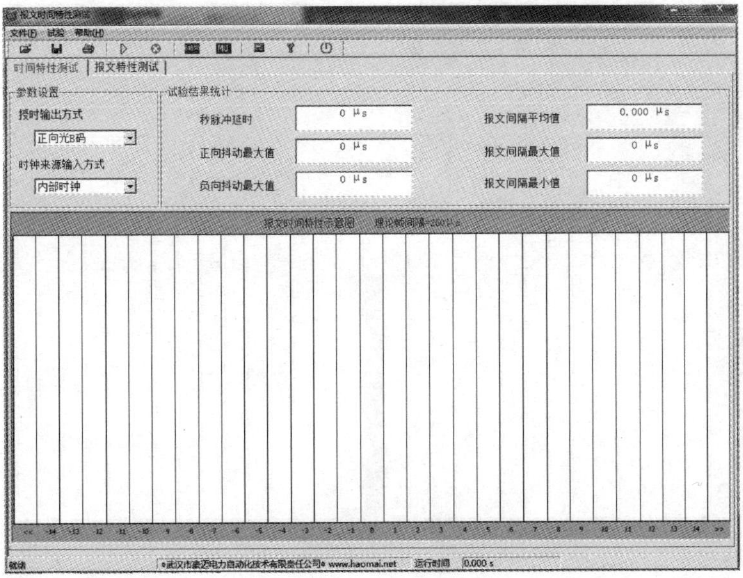


图 5-42 时间特性测试试验界面

试验参数设置：

a. 授时输出：有正向光 B 码、正向秒脉冲、反向光 B 码、反向秒脉冲四种选择，根据现场实际情况进行选择，一般选择正向光 B 码。

b. 时钟来源输入：当利用自带时钟源同步法时需要选择内部时钟。

2）完成以上设置后即可在工具栏中点击“▶”或按键盘中“run”键开始进行试验，观察软件右方试验结果统计与报文离散度统计。

3）试验结束将试验报告保存，试验结果如图 5-43 所示。

4）合并单元的发布离散值应满足单个通道输出的采样值发布离散值不大于 10μs，点对点 SV 输出接口的报文输出延时相差不大于 10μs。

（2）SV 报文完整性测试。

1）进入“时间特性”→报文特性测试软件主界面，如图 5-44 所示。

2）完成输出电流电压设置后即可在工具栏中点击“▶”或按键盘中“run”键开始进行试验，观察软件右方及下方报文通道信息与报文一致性分析。

3）试验结束将试验报告保存，试验结果如图 5-45 所示。

按照上述试验方法测试 B 套合并单元报文时间特性，将试验结果“时间特性测试”试验数据记录至表 5-13 中，“SV 报文”试验数据记录至表 5-14 中。

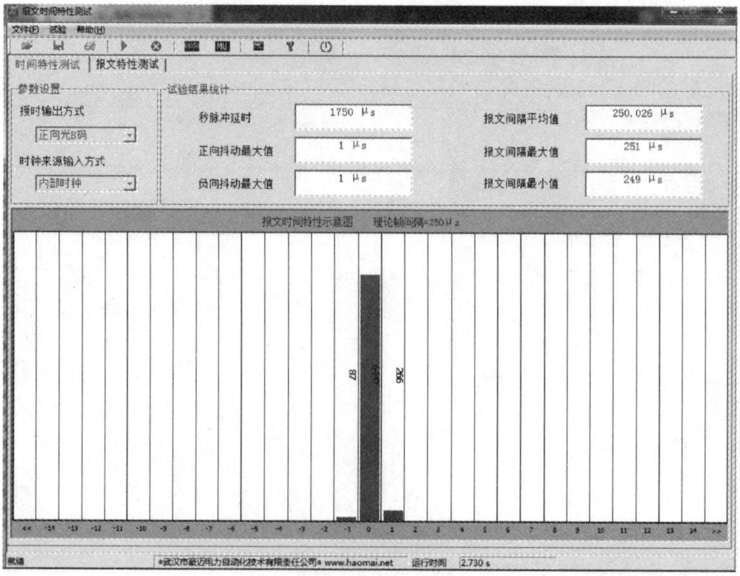

图 5-43　报文离散度测试结果

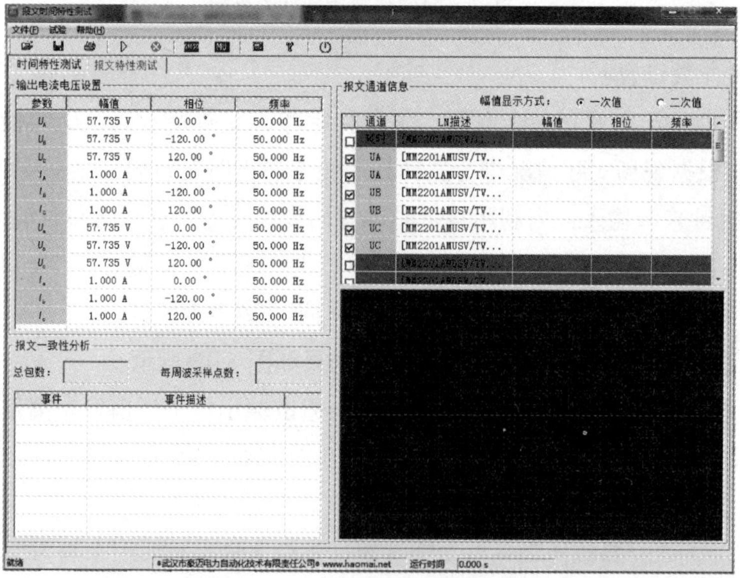

图 5-44　报文特性测试试验界面

## 5.2.4　母线合并单元谐波精度测试

### 1. 试验内容

（1）测试内容：测试合并单元输出模拟量中含有谐波成分对合并单元精度的影响。

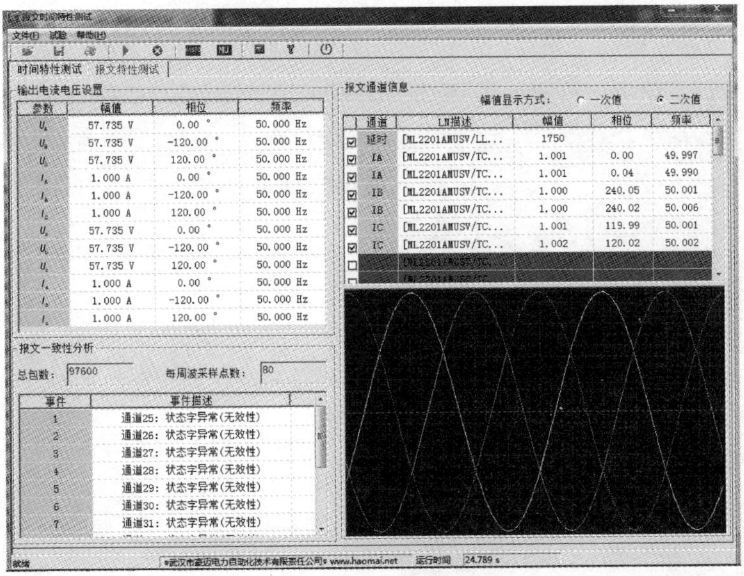


图 5-45　报文特性测试结果

**表 5-13**　　时间特性试验数据记录表

| 项目 | 测试时间 | 项目 | 测试时间 |
|---|---|---|---|
| 秒脉冲延时 | | 报文间隔平均值 | |
| 正向抖动最大值 | | 报文间隔最大值 | |
| 负向抖动最大值 | | 报文间隔最小值 | |

**表 5-14**　　SV 完整性试验数据记录表

| 测试项目 | 测试次数 | 报文统计情况 |
|---|---|---|
| SV 报文 | 1 | |
| | 2 | |
| | 3 | |

（2）技术要求：正常运行时装置应满足：谐波下的基波幅值和相位误差改变量不应大于准确等级指数的 200%，谐波含量应满足 GB/T 19862—2016《电能质量监测设备通用要求》的要求，见表 5-9。

**2. 试验方法**

（1）进入“谐波精度”测试主界面，如图 5-46 所示。

试验参数设置：

1）授时输出：有正向光 B 码、正向秒脉冲、反向光 B 码、反向秒脉冲四种选择，根据现场实际情况进行选择，一般选择正向光B码。

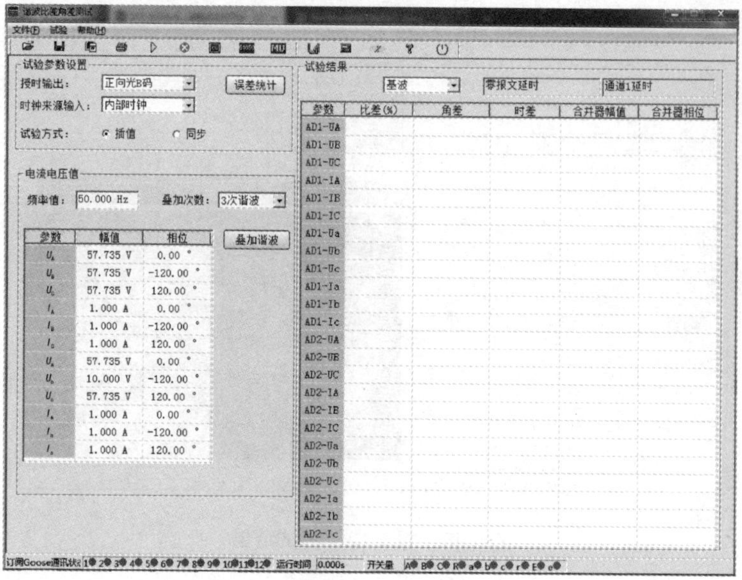

图 5-46　谐波精度测试试验界面

2）时钟来源输入：当利用自带时钟源同步法时需要选择内部时钟。

3）试验方式：此处选择同步法。

4）电流电压叠加谐波：额定频率为 50Hz，设置额定电流电压值后可以选择叠加 2～13 次谐波以及直流分量，各通道的谐波含量可以在叠加谐波含量中自由设置。

（2）完成以上设置后即可在工具栏中点击“▶”或按键盘中“run”键开始进行试验，待软件上的同步指示灯亮，观察软件右方含谐波成分的各通道的比差、角差、时差等精度值。

（3）试验结束将试验报告保存，试验结果如图 5-47 所示。

按照上述试验方法测试 B 套合并单元谐波精度，将试验结果数据记录至表 5-15 中。

### 5.2.5　母线合并单元电压并列功能测试

#### 1. 试验内容

（1）测试内容：合并单元能够通过开入/开出板或者 GOOSE 网接收母线的位置，然后根据位置进行电压并列后输出。为确保在各种一次系统运行方式变化、二次系统异常等情况下，其他智能设备不因无法采样电压信息而工作异常，应对合并单元装置的电压并列功能进行调试检查；监视母线合并单元输出的采样值报文，检查电压并列过程中，合并单元输出的采样值报文是否存在异常现象，检验合并单元的电压并列功能是否正常。

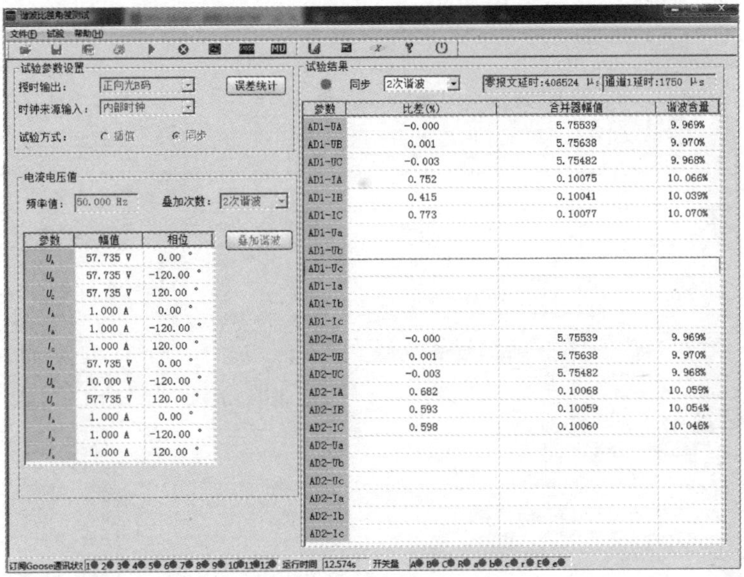


图 5-47 二次谐波含量测试结果

**表 5-15** **谐波精度试验数据记录表**

| 相别 | 基波幅值 | 谐波次数 | 谐波幅值 | 测试幅值 | 谐波含量 | 比差 |
|---|---|---|---|---|---|---|
| 保护 $I_A$ | | | | | | |
| 保护 $I_B$ | | | | | | |
| 保护 $I_C$ | | | | | | |
| 保护 $U_A$ | | | | | | |
| 保护 $U_B$ | | | | | | |
| 保护 $U_C$ | | | | | | |
| 测量 $I_A$ | | | | | | |
| 测量 $I_B$ | | | | | | |
| 测量 $I_C$ | | | | | | |
| 测量 $U_A$ | | | | | | |
| 测量 $U_B$ | | | | | | |
| 测量 $U_C$ | | | | | | |

（2）技术要求：在电压并列过程中，不同把手状态与母联位置情况下，合并单元输出的采样值报文应与双母线电压并列逻辑表的电压输出一致。

2. 试验方法

（1）进入交流实验界面，进入“61850”选择“功放输出”，关闭回到“交流试验”模块，如图 5-48 所示。

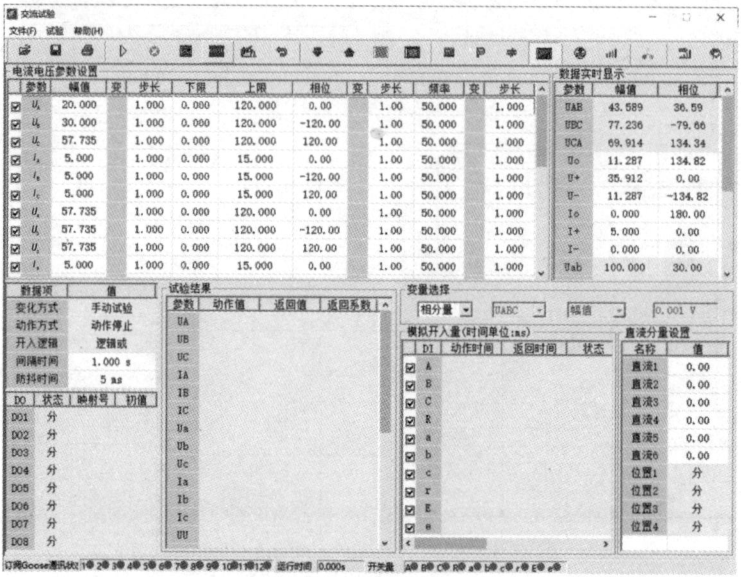

图 5-48　交流实验界面

（2）根据实际工程配置要求，向母线合并单元分别施加不同幅值的各段母线电压，合并单元采样值输出接入合并单元测试设备；配置Ⅰ母线对应 $U_A$，Ⅱ母线对应 $U_B$，分别将 $U_A$、$U_B$ 设置 20V 与 30V；按照双母线电压并列逻辑，见表 5-16，模拟母联断路器及并列把手的各种变位情况，为母线合并单元提供母联断路器以及把手位置信号；同时观察母联为中间位置、无效位置或有 2 个及以上把手位置为合位时，母线合并单元的报警情况；运行输出在保护上看采样；通过打把手看采样变化，对照双母线电压并列逻辑进行检验。

按照上述试验方法操作合并单元的并列把手，测试母线合并单元电压并列功能，观察合并单元测试仪发出和接收的电压量是否与表 5-16 中要求相符，以及幅值、相位和频率是否均一致，并将试验结果数据记录至表 5-17 中。

表 5-16　双母线电压并列逻辑表

| 状态序号 | 把手状态 | | 母联位置 | 各段母线输出电压 | |
|---|---|---|---|---|---|
| | Ⅱ母线强制用Ⅰ母线 | Ⅰ母线强制用Ⅱ母线 | Ⅰ母线/Ⅱ母线的母联 | Ⅰ母线的电压输出 | Ⅱ母线的电压输出 |
| 1 | 0 | 0 | X | Ⅰ母线 | Ⅱ母线 |
| 2 | 1 | 0 | 10 | Ⅰ母线 | Ⅰ母线 |
| 3 | 1 | 0 | 01 | Ⅰ母线 | Ⅱ母线 |
| 4 | 0 | 1 | 10 | Ⅱ母线 | Ⅱ母线 |
| 5 | 0 | 1 | 01 | Ⅰ母线 | Ⅱ母线 |

注：1. 把手位置为“1”表示该把手位于合位，为“0”表示该把手位于分位。
2. 母联位置是指母联断路器位置，母联断路器位置为双位置，“10”为合位，“01”为分位，“00”和“11”表示中间位置和无效位置，“X”表示处于任何位置。

表 5-17　电压并列功能试验数据记录表

| 状态序号 | 把手状态 | | 母联位置 | 各段母线输出电压 | |
|---|---|---|---|---|---|
| | Ⅱ母线强制用Ⅰ母线 | Ⅰ母线强制用Ⅱ母线 | Ⅰ母线/Ⅱ母线的母联 | Ⅰ母线的电压输出 | Ⅱ母线的电压输出 |
| 1 | 0 | 0 | X | | |
| 2 | 1 | 0 | 10 | | |
| 3 | 1 | 0 | 01 | | |
| 4 | 0 | 1 | 10 | | |
| 5 | 0 | 1 | 01 | | |

注：1. 把手位置为“1”表示该把手位于合位，为“0”表示该把手位于分位。
2. 母联位置是指母联断路器位置，母联断路器位置为双位置，“10”为合位，“01”为分位，“00”和“11”表示中间位置和无效位置，“X”表示处于任何位置。

## 本章小结

本节以 220kV PCS-221N 间隔合并单元和母线合并单元为例，介绍了智能站合并单元装置典型调试项目的调试内容与方法，主要包括合并单元精度测试、报文时间特性测试、谐波精度测试以及电压并列功能测试。根据各项调试项目的试验记录表，完成各项功能校验，如果各项指标均满足规程要求，说明已校验的合并单元装置各项功能合格。

# 第6章

# 智能终端调试

本章介绍智能站智能终端装置典型调试项目的调试内容与方法。智能终端装置是智能变电站继电保护系统的核心设备之一，不仅具有断路器跳闸、合闸及闭锁出口，还有隔离开关、接地开关的遥控分、合及闭锁出口接点。智能终端装置能接收保护和测控装置通过 GOOSE 网下发的断路器或隔离开关分、合及闭锁命令，包括断路器分闸、合闸、隔离开关和接地开关的分合闸及闭锁控制命令，然后驱动相应的出口继电器动作，把 GOOSE 命令转换成硬接点输出。除此之外，智能终端装置还能够就地采集断路器、隔离开关及变压器本体等一次设备的开关量状态，并通过 GOOSE 网上送给保护和测控装置，肩负着继电保护装置开入量信息的采集和转换、保护装置跳闸命令的转换以及断路器操作继电器箱等重要的功能，因此智能终端装置的工作的可靠性直接影响保护装置的正常工作及跳闸。

本章介绍的智能终端调试内容主要包括跳合闸回路动作时间测试、开入回路动作时间测试。本章以南瑞继保 PCS-221B-I 智能终端装置为例，介绍各项调试项目的具体操作方法。继电保护测试仪采用继保之星-7000。

## 6.1 试验准备

### 6.1.1 试验接线

#### 1. 测试仪接地

将测试仪装置接地端口与被试屏接地铜牌相连。继电保护测试仪接地示意图如图 6-1 所示。

#### 2. 测试仪开入/出 GOOSE 接线

GOOSE 接线方式如图 6-2 接线图所示，将测试仪的 IEC 61850 接口 1 接入到智能终端的GOOSE直跳口[176]，测试仪的RX对应于装置的TX，测试的TX对应于装置的RX；接好光线后对应的光口指示灯应该常亮，表示物理链路通，如果对应的光口指示灯没有亮，表示物理链路没有接通，此时可以检查光纤的TX/RX是否接反或者光纤是否损坏。

【176】智能终端1板2口为智能终端与保护装置点圣战GOOSE口。

图6-1　继电保护测试仪接地示意图

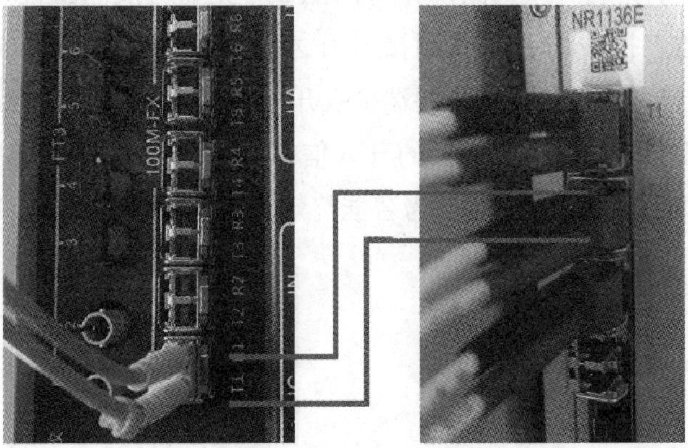


图6-2　GOOSE光纤接线图

3. 测试仪开入硬接点接线

若进行跳合闸回路动作时间测试，则需完成测试仪开入硬接点接线。跳闸接点测时间接线如图6-3所示，测试仪公共端接入跳闸及合闸出口公共端，测试仪开入则接入智能终端出口压板的下端[177]。线路1A套智能终端具体接线端子为智能终端跳合闸公共端4Q1D：1接至测试仪开入量公共端；A相跳闸1-4CLP1：2接至测试仪开入量A；B相跳闸1-

【177】具体接线方法参考现场二次接线图，本文仅作参考。

4CLP2：2 接至测试仪开入量 B；C 相跳闸 1-4CLP3：2 接至测试仪开入量 C；合闸 1-4CLP4：2 接至测试仪开入量 R。

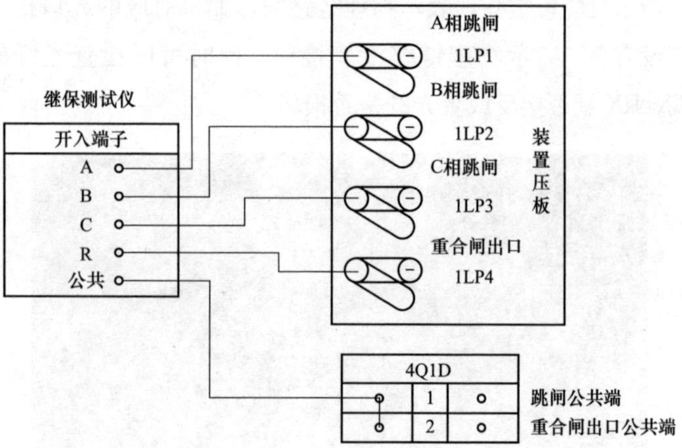


图 6-3　开入接点接线图

### 4. 测试仪开出硬接点接线

若进行开入回路动作时间测试，则需完成测试仪开出硬接点接线。智能终端接收开入硬接点接线如图 6-4 所示[178]，测试仪开出公共端接入开入回路的公共端，测试仪开出另一端接入所选择的开入信号另一端[179]。线路 1A 套智能终端具体接线端子为智能终端开入公共端 1-4GD：1 接

【178】本节以 A 相断路器位置开入为例来讲述开入回路动作时间测试方法。

【179】智能终端 A 相断路器位置为双点开入信号，所以试验时需把 A 相位置的分位和合位都给开出信号，如果所选开入信号为单点开入，就只需接一个开出。

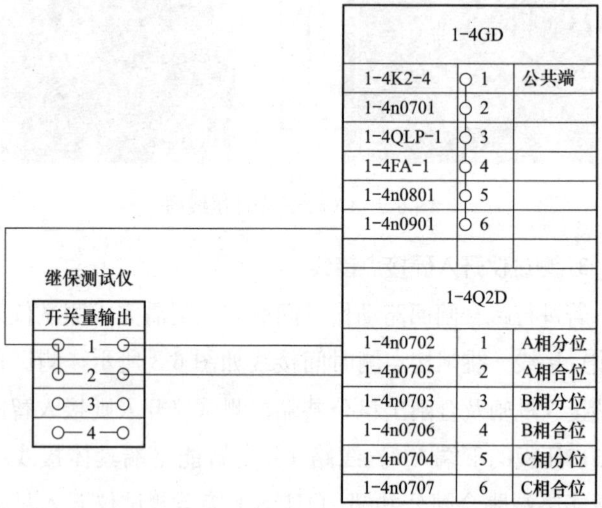


图 6-4　开出接点接线图

至测试仪开出 1:1，将测试仪开出 1:1 与开出 2:1 短接；A 相分位 1-4Q2D：1 接至测试仪开出 1:2，A 相合位 1-4Q2D：2 接至测试仪开出 2:2。

### 6.1.2 测试仪 61850 参数配置

继电保护测试仪的 61850 参数配置为通用配置，进入任何一个试验模块的菜单都可以进行配置，配置完成后切换至其他菜单不需要再另外配置。本节以“状态序列”模块为例介绍继电保护测试仪的 61850 参数配置的步骤和方法。

本节根据选取的试验间隔为例，介绍继电保护测试仪 61850 参数配置。本章其他小节的试验中，如果选取的试验间隔变化，需要相应修改试验接线和参数设置等内容，具体修改将在后续内容中详细说明。

（1）启动继保之星试验模块。启动继保之星试验模块的步骤是按“继保之星”测试仪电源开关→鼠标点击桌面“继保之星”快捷方式→点击任意试验模块图标，本节以“状态序列”模块为例，如图 6-5 所示。

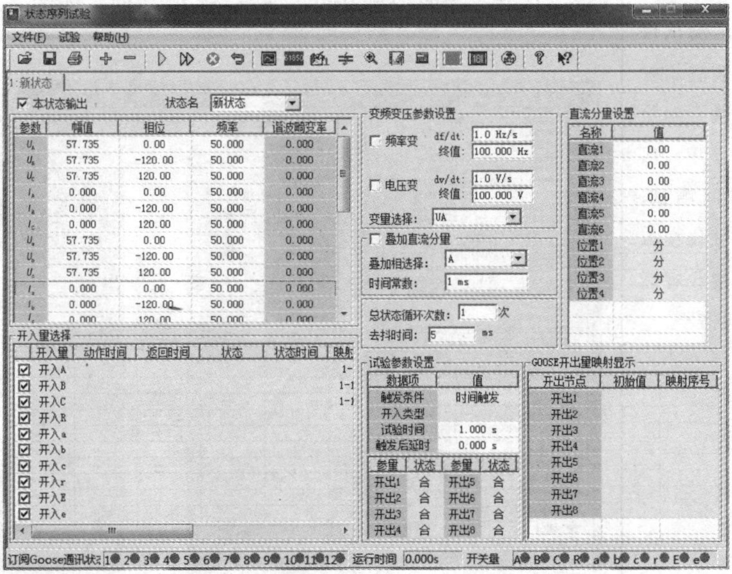

图 6-5　“状态序列”模块试验菜单

（2）61850 配置。

1）61850 参数设置界面，点击“状态序列”模块工具栏“61850”按键，进入配置试验界面，如图 6-6 所示。

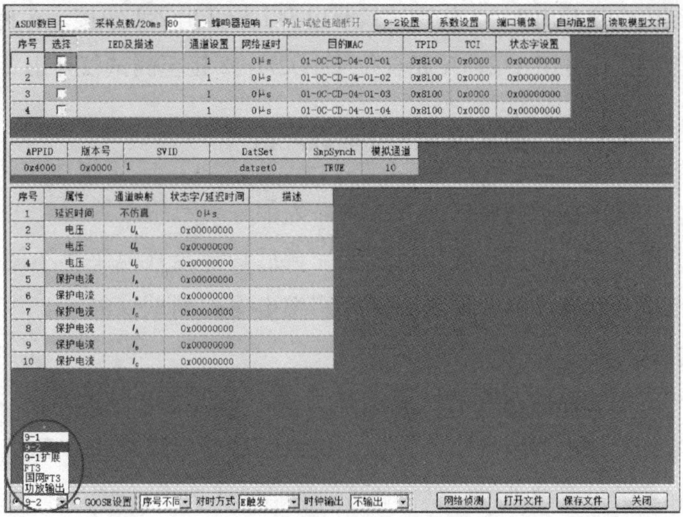

图 6-6　61850 参数设置界面

【180】若进行跳合闸回路动作时间测试，则表示测试仪模拟保护装置给智能终端发跳合闸信号；若进行开入回路动作时间测试，则表示测试仪模拟保护装置接收智能终端的开出信号。

2）输出配置，点击图 6-6 左下角▽选择“9-2”[180]，点击右上角“读取模型文件”导入 SCD 文件，如图 6-7 所示。

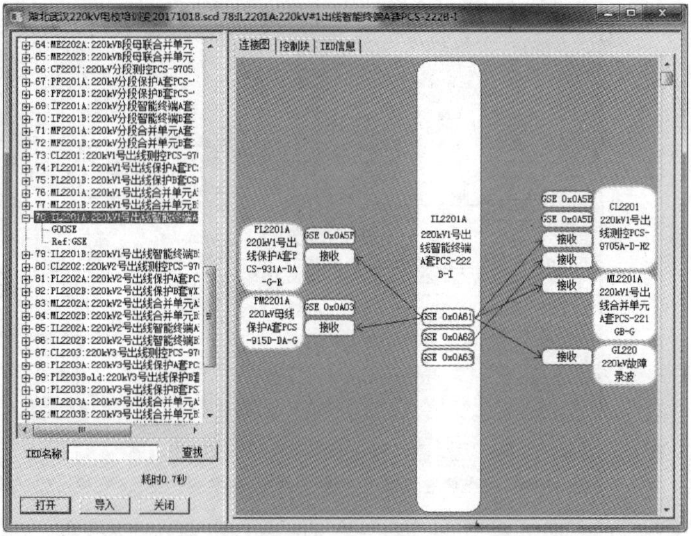

图 6-7　导入 SCD 文件界面

图 6-7 右边即为 PCS-222B-I 装置信息图，点击 IED 对应序号叠加符号，“GOOSE”表示该 IED 发送的 GOOSE

信息，点击右边列表中显示对应信息；“Ref：GSE”表示该IED接收的GOOSE信息，点击右边列表中显示对应信息。

若进行跳合闸回路动作时间测试，此处需配置“Ref：GSE”；若进行开入回路动作时间测试，此处需配置“GOOSE”。

3）若进行跳合闸回路动作时间测试，则导入保护跳智能终端控制块[181]，如图6-8所示。

【181】可以导入智能终端接收GOOSE控制块也可以导入对应的保护装置发送的GOOSE控制块。

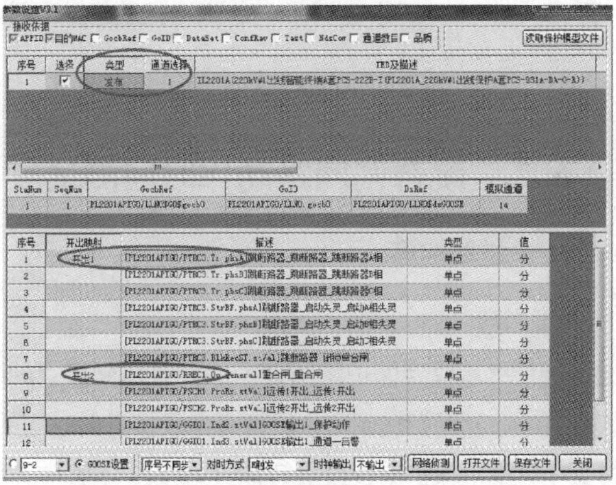


图6-8 GOOSE配置界面

配置时需注意以下三点：

①测试仪模拟保护发GOOSE给智能终端，此类型应为发布；②通道选择为光纤1口；③跳闸信号为通道1映射为开出1，合闸信号为通道8映射为开出2。

4）若进行开入回路动作时间测试，则导入智能终端发保护控制块[182]，如图6-9所示。

【182】此时可导入智能终端发送GOOSE控制块，也可导入对应保护装置接收的GOOSE控制块。

配置时需注意以下三点：①测试仪模拟保护收智能终端发的GOOSE，此类型应为订阅；②通道选择为光纤1口；③通道5的A相断路器位置映射为“开入A”。

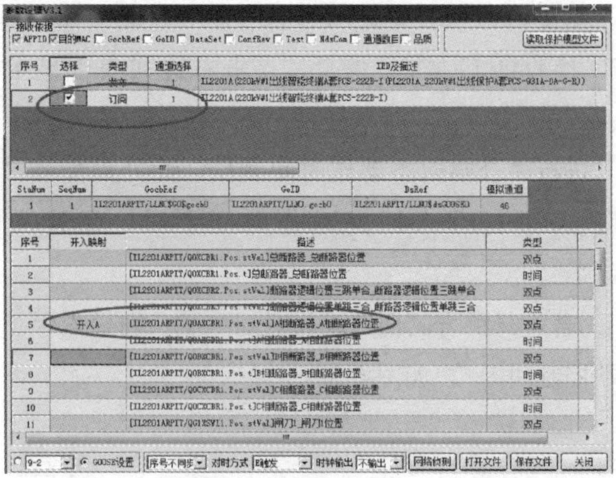

图 6-9　GOOSE 配置界面

## 6.2　跳合闸回路动作时间测试

### 6.2.1　试验内容

1. 测试内容

检查智能终端收到保护跳闸命令后到开出硬接点的时间。检查智能终端收到保护跳闸命令后到开出硬接点的时间的步骤为通过数字化继电保护测试仪对智能终端发跳合闸 GOOSE 报文，作为动作延时测试的起点，智能终端收到报文后发跳合闸命令送至测试仪，作为动作延时测试的终点，从测试仪发出跳合闸 GOOSE 报文，到测试仪接收到智能终端发出的跳合闸命令的时间差，即为智能终端响应 GOOSE 命令的动作时间。

2. 技术要求

测试仪发送一组 GOOSE 跳闸、合闸命令后，智能终端应满足收到保护跳合闸命令后到开出硬接点的时间应小于或等于 7ms[183]。

【183】本节选取间隔为线路 1A 套智能终端进行测试。

### 6.2.2　试验方法

按如图 6-3 所示进行接线，将智能终端的跳闸开出硬接点接至继电保护测试仪的开入量，通过继电保护测试仪发送一组 GOOSE 跳闸、合闸命令至智能终端，并接收跳闸、合闸的接点信息，记录其发出 GOOSE 报文与硬接点开入的时间差，即为智能终端的动作时间。

（1）进入“状态序列”模块主界面，设置三个状态，状态 1 设置：开出 1“分”、开出 2“分”，按键触发，如图 6-10 所示；状态 2 设置：开出 1“合”、开出 2“分”，开关量触发，如图 6-11 所示；状态三设置：开出 1“分”、开出 2“分”，时间触发，试验时间 1s，如图 6-12 所示[184]。

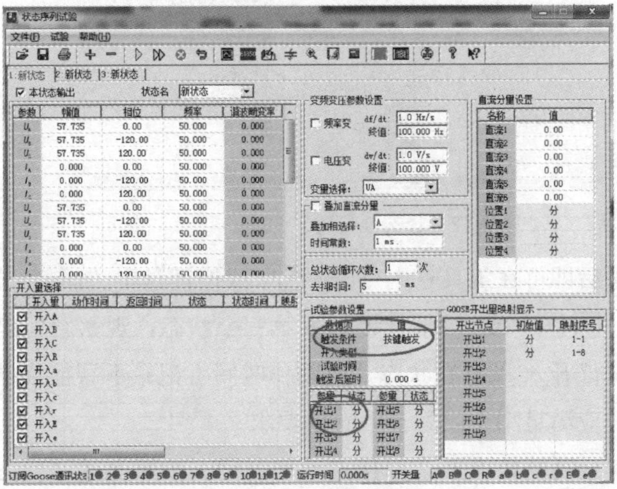


图 6-10 状态 1 设置

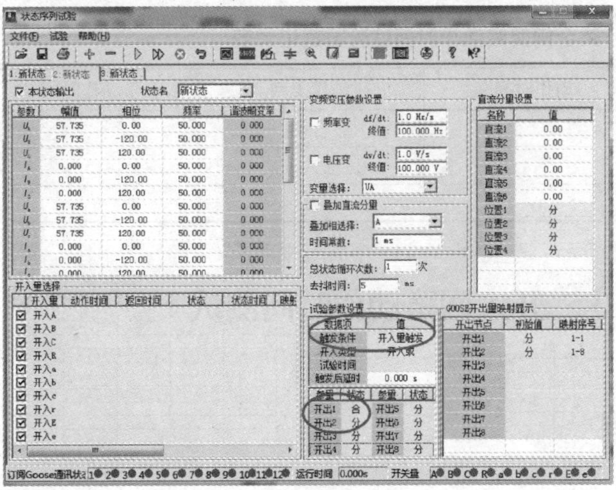


图 6-11 状态 2 设置

【184】测试仪仅发 GOOSE，不需要配置电流电压量。由于 GOOSE 会保持上一个状态量持续输出，所以应设置三个状态，保证停止试验后跳闸信号回到初始状态。

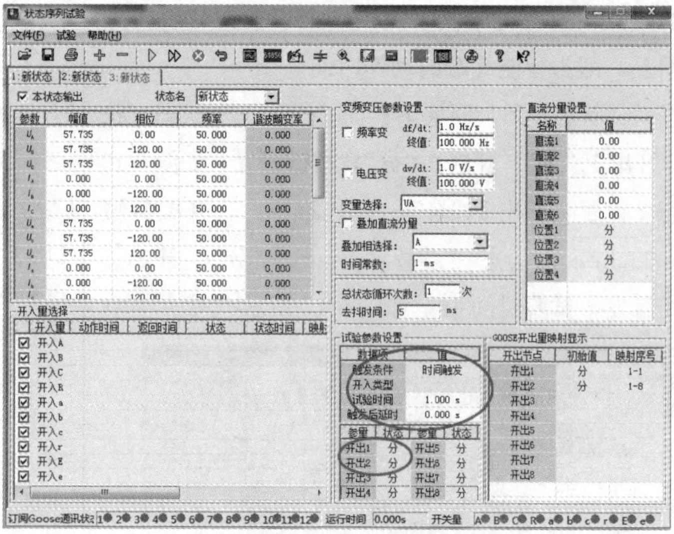

图 6-12　状态 3 设置

（2）完成以上设置后即可在工具栏中点击“▶”或按键盘中“run”键开始进行试验，然后按“▶▶”或“Tab”键触发第一个状态，观察智能终端装置跳闸灯点亮，测试仪开入 A 会在状态 2 的动作时间上记录下智能终端的跳闸时间，且动作时间应满足小于或等于 7ms 的要求。

（3）同理可测试其余跳闸接点及合闸接点动作时间。按照上述试验方法将智能终端的跳合闸回路动作时间试验数据记录至表 6-1 中。

**表 6-1　　跳合闸回路动作时间试验数据记录表**

| 动作类型 | 动作时间 | 动作类型 | 动作时间 |
|---|---|---|---|
| 跳 A | | 合闸 | |
| 跳 B | | | |
| 跳 C | | | |

## 6.3　开入回路动作时间测试

### 6.3.1　试验内容

#### 1. 测试内容

测试内容是检查智能终端在收到硬接点开入量转换成 GOOSE 报文的时间。测试的步骤是通过数字继电保护测试仪分别输出相应的分、合信号给智能终端，作为动作延时测试的起点，再接收智能终端发出的 GOOSE 报文，作为动作延时测试的终点，从测试仪发出跳合闸命令，到测试仪接收到智能终端发出 GOOSE 报文的时间差，即为智能终端开入回路动作时间。

2. 技术要求

智能终端应能通过 GOOSE 报文准确传送开关位置信息。开入时间应满足技术条件要求，即开入回路动作时间应小于或等于 10ms，其中消抖时间宜小于或等于 5ms。

### 6.3.2 试验方法

试验方法的步骤是按如图 6-4 所示进行接线，将智能终端的开入硬接点接至继电保护测试仪的开出量，通过测试仪给智能终端开出变位，智能终端将硬接点的开入转换为 GOOSE 变位报文，输出到测试仪，记录测试仪开出硬接点至收到 GOOSE 报文的时间差，即为智能终端开入回路动作时间[185]。

（1）进入“状态序列”模块主界面，设置两个状态，状态 1 设置：开出 1 “合”、开出 2 “分”，按键触发，如图 6-13 所示；状态 2 设置：开出 1 “分”、开出 2 “合”，开入量触发，如图 6-14 所示[186]。

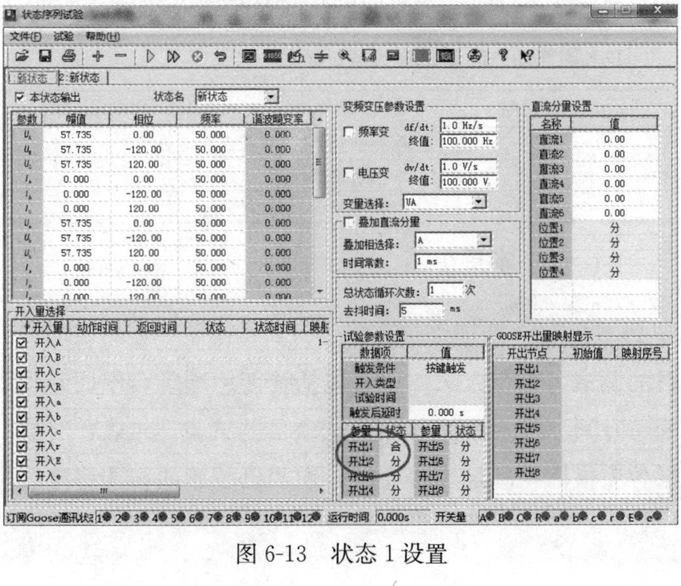


图 6-13 状态 1 设置

【185】由于测试仪要开出硬接点要求测试仪必须为光耦快速开出，时间精度要小于 1$\mu$s，如果采用普通继电器开出本身时间精度不高可能会影响试验结果。

【186】此处由于是硬接点开出试验停止后硬接点自动恢复，所以只需要输出两个状态。此设置模拟断路器由分位变合位的开入回路动作。对于双点断路器位置信号，当分位“0”、合位“1”表示为合位；当分位“1”、合位“0”表示分位；当分位“0”、合位“0”表示中间状态；当分位“1”、合位“1”表示坏状态。

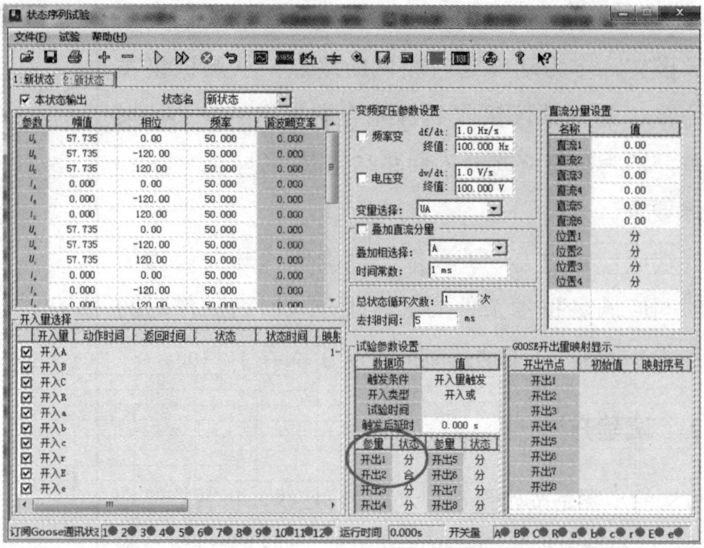


图 6-14 状态 2 设置

（2）完成以上设置后即可在工具栏中点击“▶”或按键盘中“run”键开始进行试验，然后按“▶▶”或“Tab”键触发第一个状态，测试仪开入 A 会在状态 2 的动作时间上记录下智能终端的开入回路动作时间，且动作时间应满足小于或等于 10ms 的要求。

（3）同理可测试其余开入接点动作时间。如果选用单点开入，就只需要接一个开出由分到合或者由合到分就可以测试开入回路动作时间。

按照上述试验方法将智能终端的开入回路动作时间试验数据记录至表 6-2 中。

**表 6-2　　　　开入回路动作时间试验数据记录表**

| 动作类型 | 动作时间 | 动作类型 | 动作时间 |
|---|---|---|---|
| 闭锁重合闸-单点 | | A 相断路器位置-双点 | |
| 开关压力低禁止重合闸-单点 | | B 相断路器位置-双点 | |
| KKJ 合后位置-单点 | | C 相断路器位置-双点 | |

## 本章小结

本章以南瑞继保 PCS-221B-I 智能终端装置为例，介绍了智能站智能终端装置典型调试项目的调试内容与方法。主要包括智能终端跳合闸回路动作时间测试与开入回路时间测试，根据各项调试项目的试验记录表，完成各项功能校验，如果各项指标均满足规程要求，说明已校验的智能终端装置各项功能合格。

# 附录 A　继保之星-7000A 数字测试仪使用说明

## 1　装置硬件结构简介

### 1.1　装置面板与底板说明

#### 1.1.1　装置前面板说明

继保之星-7000A 数字测试仪前面板如图 A-1 所示。

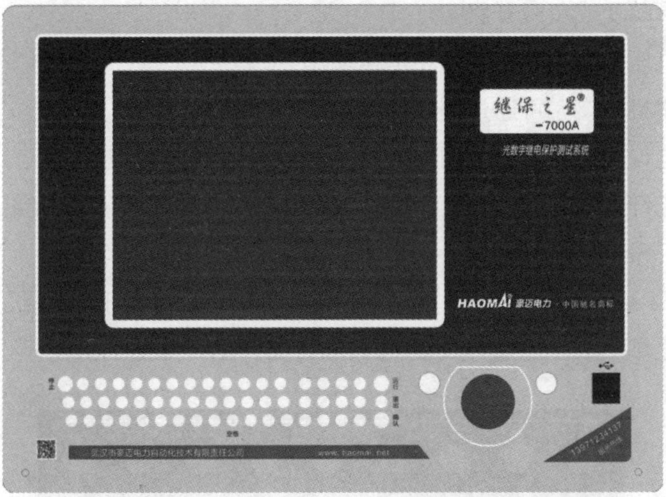

图 A-1　继保之星-7000A 数字测试仪前面板结构图

具体结构说明如下：

(1) TFT 9.7 寸真彩液晶显示屏，默认分辨率为 800×600。

(2) 轨迹球鼠标，试验时的过程控制均可由其完成。

(3) 面板优化键盘。

(4) USB 接口，可与外部设备（U 盘、打印机等）连接通信。

#### 1.1.2　装置输出端子板说明

继保之星-7000A 数字测试仪输出端子板如图 A-2 所示。

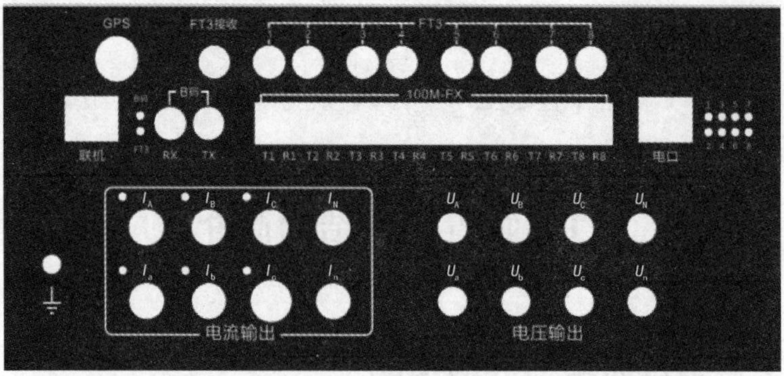


图 A-2　继保之星-7000A 数字测试仪输出端子板结构图

具体结构说明如下：

（1）接地端子。

（2）电流输出端子，共六路端子，右侧的小信号灯指示该路电流输出是否存在波形畸变或负载开路。

（3）电压输出端子，共六路电压输出。

（4）联机网口，可通过网线外接电脑操作软件。

（5）电口网口，可通过网线外接电脑监视数字报文输出。

（6）光纤通信接口，8 组 100Base-FX（100Mbit、全双工光纤），可进行 SV 和 GOOSE 报文通信。

（7）FT3 接口，8 个发送接口，1 个接收接口，可用于 FT3 报文通信。

继保之星-7000A 装置有 8 路开入和 4 路开出，如图 A-3 所示。

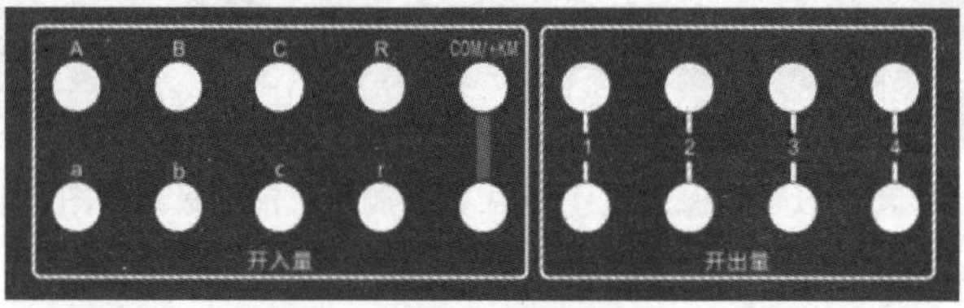


图 A-3　继保之星-7000A 数字测试仪开入/出端子板结构图

（1）开关量输入端子，共 8 路，带电位或空接点自适应，电位输入时正端接公共端。

开关量输入电路可兼容空接点和 0～250V 电位接点，电位方式时，0～6V 为合，11～250V 为分。开关量可以方便地对各相开关触头的动作时间和动作时间差进行测量。

开入部分与主机工作电源、功放电源等均隔离。开入地为悬浮地，所以开入部分公共端与电流、电压部分公共端 $U_N$、$I_N$ 等均不相通。

开关量电位输入有方向性，应将公共端接电位正端，开入端接电位负端，保证公共端子电位高于开入端子。现场接线时，应将开入公共端接＋KM，接点负端接开入端子。如果接反，则将无法正确检测。

（2）开关量空接点输出，共 4 路。空接点容量：DC：220V/0.5A；AC：250V/0.5A。

开出部分为继电器空接点输出。7000A 输出容量为 AC：250V/0.5A，DC：250V/0.5A。开关量输出与电压、电流、开入等各部分均完全隔离。各个开出量的动作过程在各个测试模块中各有不同，详细请参看各模块软件操作说明。

以下是两种常见的开出量接线示意图。

电位接点时开出量接线示意图如图 A-4 所示。

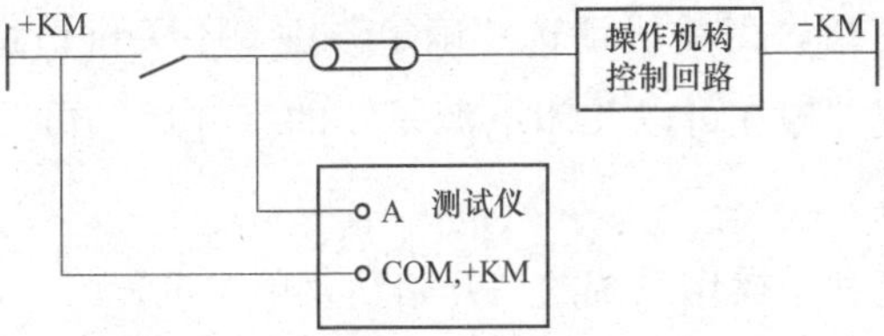


图 A-4　电位接点时开出量接线示意图

空接点时开出量接线示意图如图 A-5 所示。

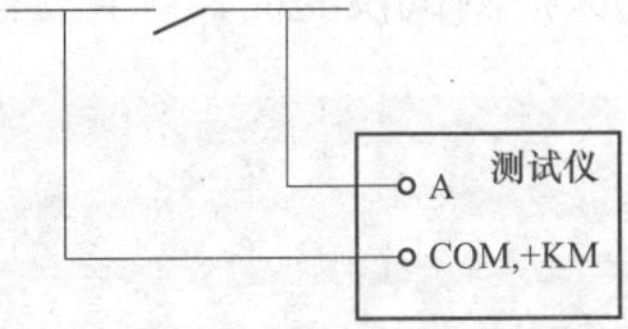


图 A-5　空接点时开出量接线示意图

## 1.2　开/关机步骤

### 1.2.1　开机步骤

将测试仪电源线插入 AC220V 电源插座上，如使用外接计算机则将串行通信线与计算机串口和测试仪的底部通信口连接好。

检查接线，确认无误后分别打开测试仪电源（若要外接键盘或鼠标请在开电源前插上，当使用外接鼠标时面板的轨迹球将无效），以及外接计算机电源，稍等片刻后将进入“继保之星”软件主界面。在主界面上，使用轨迹球鼠标或外接鼠标的左键单击主界面上的各种功能试验模块图标，可进行各种试验工作。

### 1.2.2 关机步骤

关机时请勿直接关闭面板电源开关，应先关闭计算机的 Windows 操作系统，等待屏幕上提示可以安全关机时，再关电源开关。

方法一：用鼠标移动主界面上的光标，或按装置面板上的“quit 退出”键来退出各个功能试验单元，回到主界面后，再按“quit 退出”键，屏幕上会弹出确认对话窗口，需关机请选“确定”键，不关机请选“取消”键；确认后，当屏幕出现“现在可以关闭电源了”的字样后，再关闭面板上电源开关，实现安全关机。

方法二：直接利用操作系统的“开始”菜单关机。

## 1.3 键盘操作使用方法

继保之星-7000A 继电保护测试仪的面板优化键盘如图 A-6 所示。

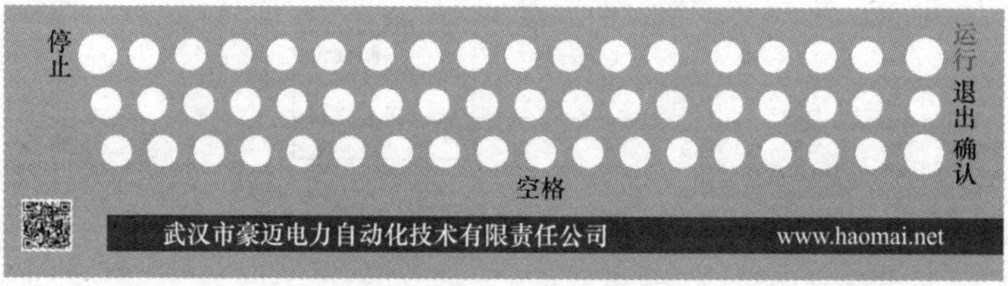


图 A-6 继保之星-7000A 继电保护测试仪的面板优化键盘

操作使用方法如下：

ESC 取消：ESC 键，用于中途停止试验或取消选择等。

quit 退出：退出/关机。用于关闭窗口、退出试验、关闭 Windows 操作系统。

NUM：备用功能键，暂时未定义功能。

Tab：Tab键，在“状态系列”模块中用于“按键触发”切换状态。

运行：用于开始试验。

1 2 3 4 5 6 7 8 9 0 . －：用于数字输入。

←|：退格键，用于数字或文字输入时，退格删除前一个数字或字符。

空格：空格键。

▲▼◀▶：用于上、下、左、右移动光标或增、减参数数据。

确认：回车、确认键。

## 1.4 试验注意事项

（1）测试仪装置内置了工控机和Windows操作系统，请勿过于频繁地开关主机电源。

（2）装置面板或背板装有USB插口，允许热拔插USB口设备（如U盘等），但注意拔插时一定要在数据传输结束后进行。

（3）为了保证工控机内置的Windows操作系统能稳定可靠运行，请不要随意删除或修改硬盘上的文件和桌面上的图标，请不要随意操作、更改、增加、删除、使用内置Windows系统，以免导致操作系统损坏。使用USB盘拷贝数据时请一定保证U盘干净无病毒，也请不要利用U盘在本系统中安装其他软件程序。

（4）外接键盘或鼠标时，请勿插错端口，否则Windows操作系统不能正常启动。

（5）请勿在输出状态直接关闭电源，以免因关闭时输出错误导致保护误动作。

（6）开入量兼容空接点和电位（DC 0～250V），使用带电接点时，接点电位高端（正极）应接入公共端子＋KM。

（7）使用本仪器时，请勿堵住或封闭机身的通风口，一般将仪器站立放置或打开支撑脚稍微倾斜放置。

（8）禁止将外部的交直流电源引入到测试仪的电压、电流输出插孔。

（9）如果现场干扰较强或安全要求较高，试验之前，请将电源线（3芯）

的接地端可靠接地或装置接地孔接地。

（10）如果在使用过程中出现界面数据出错或无法正确输入等问题，可以这样解决：将 Windows 系统中“D：\继保之星-数字保护\”下面的“para”文件夹删除，再启动运行程序，则界面所有数据均恢复至默认值。

# 2 软件操作方法简介

## 2.1 软件主界面介绍

本书所使用的继电保护测试系统为继保之星-7000A，在开始调试之前，需选择型号：“继保之星-7000A”，如图 A-7 所示。如果是其他机型，对应选择就行了。

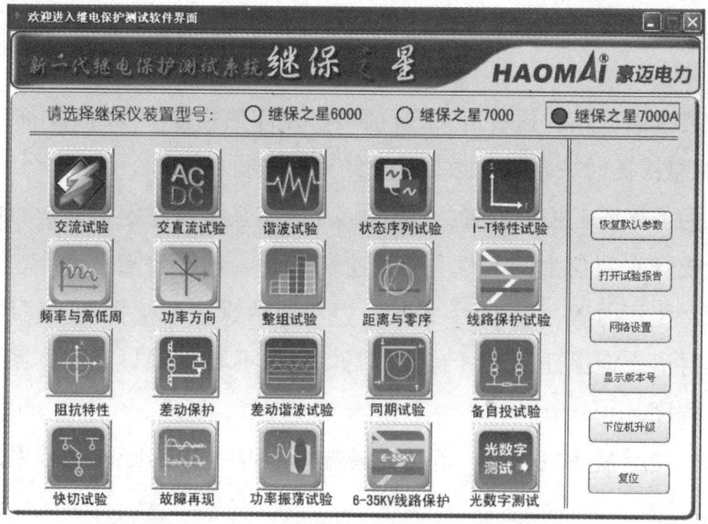


图 A-7 装置型号选择界面

### 2.1.1 界面按钮

（1）恢复默认参数：每个测试模块在试验时可以根据需要修改，当点击此按钮时，所有的模块都恢复到最开始时默认的一组参数。

（2）打开试验报告：软件里面有专门的一个文件夹存放各个试验的报告，点击此按钮就会对应打 doc 格式开报告。

（3）网络设置：每次开机时，都要点击此按钮进行网络设置，将测试仪连接到本地网卡及设置 IP 地址，这样测试仪运行时才能进行通信。

（4）显示版本号：显示当前上位机和下位机的版本号。其中上位机的版本号在主界面的最下面也有，就是主程序版本。此功能是查看用的。

（5）下位机升级：点击此按钮就会进入下位机升级界面，根据提示一步步来，先升级 CPU2 再升级 CPU1。

（6）复位：将下位机保存的参数清空，接受最新下发的参数信息，特别是没有 9-2 报文时就会需要点击此按钮复位。

### 2.1.2 试验模块

界面左中部的一大块区域是的 20 个常用测试模块，其中“光数字测试”模块里又包含了 9 个小模块，如图 A-8 所示。网络连接没有问题后，点击相应的模块进入单个模块界面。

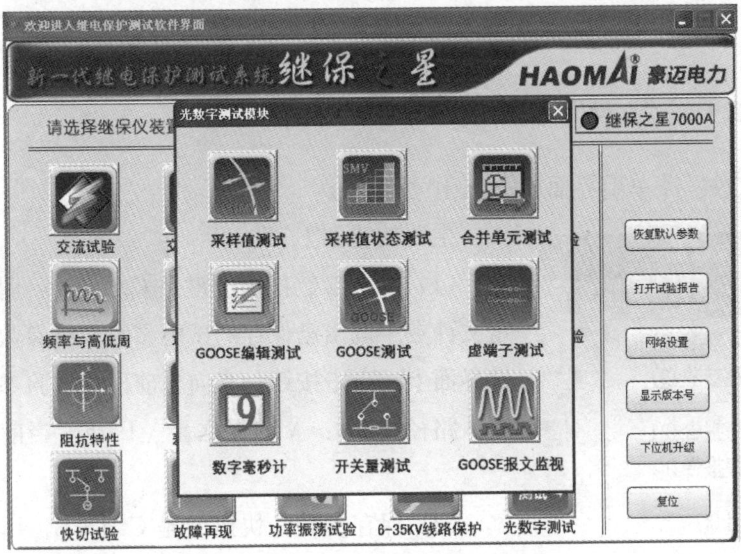


图 A-8 “光数字测试”模块选择界面

## 2.2 菜单栏中常用功能介绍

菜单栏中常用的菜单项，在各个测试模块中其名称或符号相同，定义的意义和功能也基本相同。这里以“交流试验”模块为例进行介绍，可以适用于后面介绍的各个功能模块。“交流试验”模块界面如图 A-9 所示。

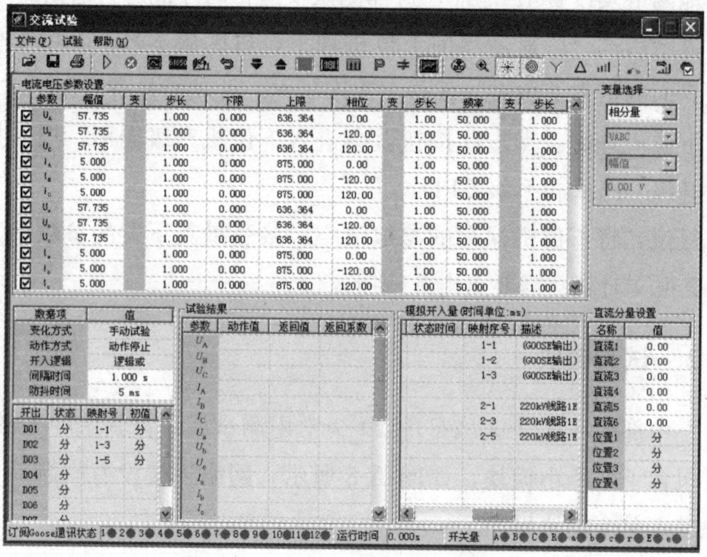

图 A-9 “交流试验”模块界面

### 2.2.1 “文件” 菜单项

“文件”菜单项界面如图 A-10 所示。

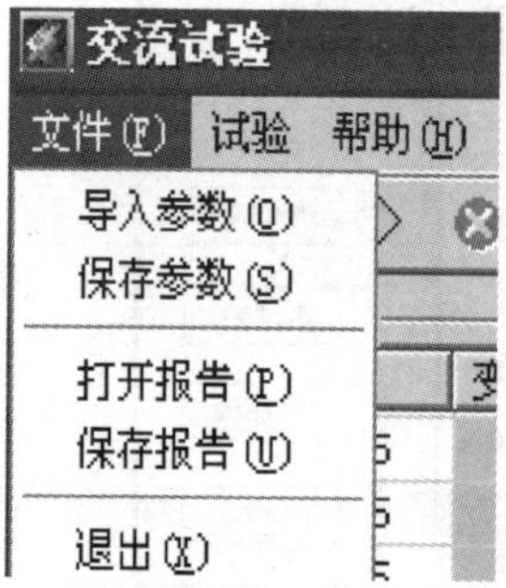


图 A-10 “文件”菜单项界面

主要功能如下：

（1）导入参数：快捷键是 Ctrl＋O。用于从指定文件夹中调出已保存的试验参数，将参数放到软件界面上。点击按钮，指向当前模块试验参数保存默认路径：“D：\ 继保之星 \ Para \ 当前模块名 \”。

（2）保存参数：快捷键是 Ctrl＋S，用于将软件界面上用户所设定的试验参数保存进某一文件中，以便将来可以用“打开参数”再次调出使用。数据将保存在当前模块默认的文件夹下。

（3）打开报告：快捷键是 Ctrl＋P，用于从指定文件夹中调出已保存的试验报告。在打开的试验报告窗口中，将显示试验报告内容，并且可以在该窗口中修改和打印试验报告。每次试验结束，系统将弹出一保存试验报告对话框以便用户保存试验报告。报告保存的默认路径："D：\继保之星\试验报告\当前模块名\"。

(4) 保存报告：快捷键是 Ctrl+U，点击此项可以将界面信息和试验结果保存为文档存起来，报告保存的默认路径："D：\继保之星\试验报告\当前模块名\"。

### 2.2.2 "试验"菜单项

"试验"菜单项界面如图 A-11 所示。

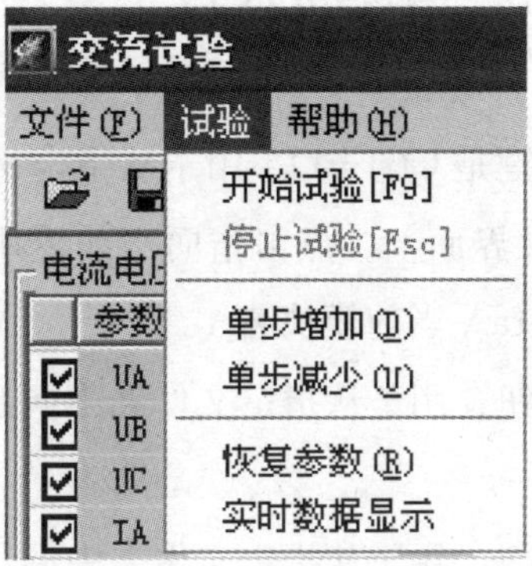


图 A-11 "试验"菜单项界面

主要功能如下。

(1) 开始试验：同键盘上的运行键，F9 为其快捷键，用于开始试验。

(2) 停止试验：同键盘上的 Esc 取消键，Esc 为其快捷键，用于正常结束试验或中途强行停止。

(3) 单步增加：同键盘上的向上的方向键，用于按设定步长来增加需要变的项。

(4) 单步减少：同键盘上的向下的方向键，用于按设定步长来减少需要变的项。

(5) 恢复参数：点击此按钮可以将界面参数恢复至默认值。

(6) 实时数据显示：点击此按钮会弹出一个列表，是线电压和序分量的幅值及相位。

### 2.2.3 "帮助"菜单项

"帮助"菜单项界面如图 A-12 所示。

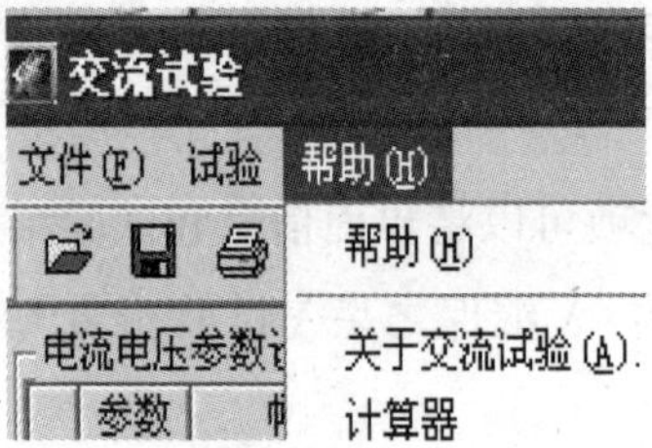


图 A-12 “帮助”菜单项界面

主要功能如下。

(1) 帮助：点击后打开“帮助文档”，里面有关系试验的相关介绍。

(2) 关于“交流试验”模块：点击后弹出软件版本号。

(3) 计算器：点击后调出系统计算器，方便验证计算。

## 2.3 工具条中常用按钮介绍

打开参数：快捷键是 Ctrl+O。用于从指定文件夹中调出已保存的试验参数，将参数放到软件界面上。点击指向当前模块的试验参数保存默认路径：E：\继保之星\Para\当前模块名\。

保存试验参数按钮：用于从指定文件夹中调出已保存的试验参数，将参数放到软件界面上。

打开试验报告按钮：用于从指定文件夹中调出已保存的试验参数，将参数放到软件界面上。

试验开始按钮：用于从指定文件夹中调出已保存的试验参数，将参数放到软件界面上。

试验停止按钮：快捷键是 Ctrl+X，用于退出当前试验模块。

波形监视：单击此按钮可以打开实时波形监视界面，监控仪器当前输出波形，再次单击即可关闭。

61850 61850 规约文件读入及设置：点击此按钮进入设置界面，用于数字继保的各 IED 设置。

按下显示一次侧：点击此按钮则电压电流值均为一次值。

数据复归按钮：用于将参数恢复到试验前的初始值，能极大地方便于多次重复性试验。

变量步增按钮：“手动”试验方式时，按此键手动增加变量的值一个步长量。其功能与测试仪键盘上的“↑”按钮相同。该按钮在自动试验时无效，会自动呈灰色。

变量步减按钮：“手动”试验方式时，按此键手动减小变量的值一个步长量。其功能与测试仪键盘上的“↓”按钮相同。该按钮在自动试验时无效，会自动呈灰色。

12U12I：点击此按钮进入 24 相（12 相电流 12 相电压）测试界面。

6U18I：点击此按钮进入 24 相（18 相电流 6 相电压）测试界面。

实时数据显示：点击此按钮进入实时数据显示界面。

启动功率显示界面按钮：在“交流试验”模块中，可在试验期间打开功率显示界面，对比测试仪实际输出的功率与现场表计测量的功率。

短路计算按钮：点击后将打开一个“短路计算”对话框，该对话框用于故障时的短路计算，并将计算结果自动填入到界面上。需要特别注意的是：当故障类型为接地故障时，零序补偿系数要设置正确。

按下表示变频时相位连续：默认此按钮是按下的，表示频率变化时相位是一直连续的。

矢量图：有些测试模块因排版原因，放不下电压电流矢量图的显示，则可通过此按钮打开。

同步指示器：在“同期试验”模块中，可在试验期间打开同步指示器直观地观察试验的进行。

放大镜：用于和缩小各模块界面上的电流电压矢量图。

背景 X：在“矢量图”被按下后弹出电压电流的矢量图，此按钮按下时表示矢量图背景有发射线，此按钮弹出时矢量图背景没有发射线，默认是按下的。

背景圆：在“矢量图”被按下后弹出电压电流的矢量图，此按钮按下时表示矢量图背景有背景圆圈，此按钮弹出时矢量图背景没有背景圆圈，默认是按下的。

相分量：在“矢量图”被按下后弹出电压电流的矢量图，此按钮按下时表示各相电压电流的矢量图。

线电压：在“矢量图”被按下后弹出电压电流的矢量图，此按钮按下时表示各线电压及相电流的矢量图。

序分量：在“矢量图”被按下后弹出电压电流的矢量图，此按钮按下时表示各电压电流的序分量的矢量图。

对称输出按钮：此按钮的作用是使电流电压量按对称输出，也就是说只需要改变任一相的值，其他的几相会自动的根据对称的 3 相交流量输出幅值和相位，如果一相选择可变的话，那么其他相也会相对应的为可变量。

切换到序分量输出：点击此按钮将切换到专门的序分量测试功能界面。此时系统会提示“是否真的进入另一个测试程序”，选择“确定”进入序分量测试界面。

计算器：在有些模块被隐藏，也可以在“帮助”菜单里找到。

帮助按钮：用于查看当前测试模块的版本信息及其他，在有些模块被隐藏，可以在“帮助”菜单里找到。

注意：　如果在使用过程中出现界面数据出错或无法正确输入等问题，可以这样解决：将 Windows 系统中“D：\继保之星\”下的“Para”文件夹\相应模块\default 文件删除，再启动运行程序，则界面所有数据均恢复至默认值。

## 2.4　61850 设置

数字继保中 IEC 61850 模块的主要功能如下：

(1) 能快速打开 SCD/ICD/CID 等变电站配置语言文件，兼容国内多个数字保护厂家生成的文件。

(2) 显示多个 MU 控制块的参数信息，包括 IEC 61850-9-1、IEC 61850-9-2、FT3、GOOSE 等，可根据现场作业需求支持相关参数的自动配置和人工配置。

(3) 支持网络侦测功能，设备接线和联机通信正常的情况下，可以抓取网络上的 IEC 61850-9-2 和 GOOSE 报文，并能自动导入到各个 MU 控制块中。

IEC 61850 模块设置说明：该模块是专门用来对 9-1、9-2、9-1 扩展、FT3、国网 FT3、功放输出、订阅 GOOSE、发布 GOOSE 中电流电压通道选择、ASDU 数目、采样点数等信息进行设置的。本书调试项目主要采用 9-2、功放输出、订阅和发布 GOOSE 配置，下面对这几项内容分别进行介绍。

### 2.4.1　“9-2” 配置

“9-2”配置界面如图 A-13 所示。

其界面说明如下。

(1) ASDU 数目：每帧报文中包含的采样点数目，最大为 10。

（2）采样点数/20ms：20ms 时间中采样点数目。

（3）目的 MAC 地址：表示目的 MAC 地址。

（4）TPID：标识号（默认为 8100，不能修改）。

（5）TCI：标识（通过设置优先级，CFI 和 VLanID 进行修改）。

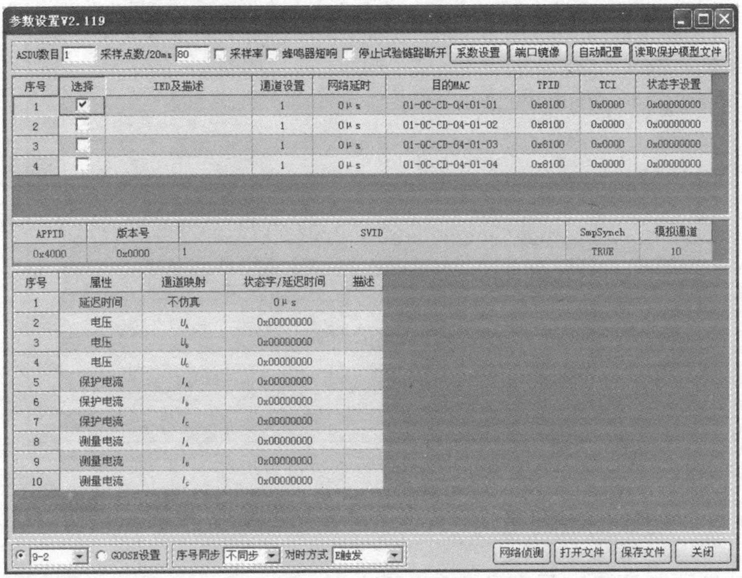


图 A-13 “9-2”配置界面

（6）APPID：装置标识 ID。

（7）版本号：配置版本号。

（8）SVID：虚拟 ID 号，最大为 50 字符。

（9）SmpSynch：TRUE 或 FALSE。

（10）模拟通道：设置输出模拟通道个数，最大为 50。

（11）属性设置：设置输出通道的名称。

（12）通道映射设置：用来设置映射通道。

（13）状态字/延迟时间：范围为 0～99999$\mu$s。

其中，系数设置如图 A-14 所示。可设置系统的一次额定值，二次额定值，参考值和采样值，还设置功放输出信息，输出通道有 $U_A$、$U_B$、$U_C$、保护 $I_A$、保护 $I_B$、保护 $I_C$、测量 $I_A$、测量 $I_B$、测量 $I_C$、$U_a$，$U_b$、$U_c$、保护 $I_a$、保护 $I_b$、保护 $I_c$、测量 $I_a$、测量 $I$、测量 $I_c$ 和 $U_U$、$U_V$、$U_W$、保护 $I_U$、保护 $I_v$，保护 $I_W$、测量 $I_U$、测量 $I_v$、测量 $I_W$、$U_u$，$U_V$、$U_W$、保护 $I_u$、保护 $I_v$、保护 $I_w$、测量 $I_u$、测量 $I_v$ 和测量 $I_w$ 共 36 路。

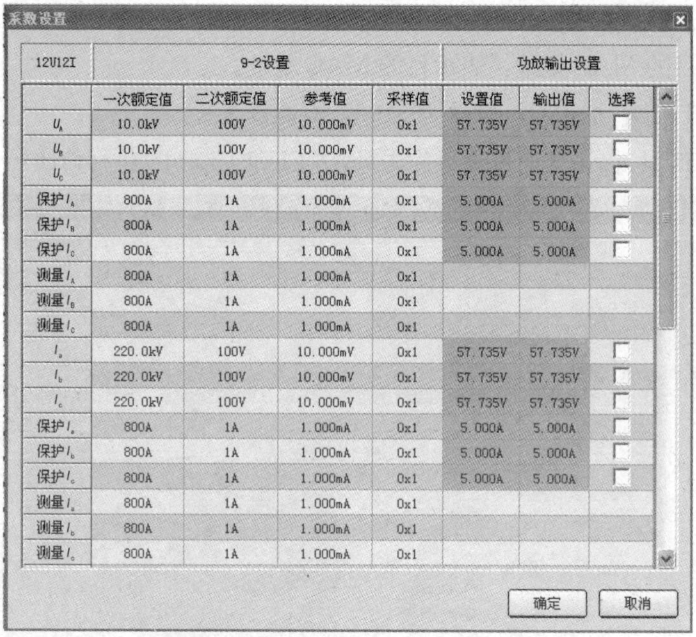

系数设置

| 12U12I | 9-2设置 | | | | 功放输出设置 | | |
|---|---|---|---|---|---|---|---|
| | 一次额定值 | 二次额定值 | 参考值 | 采样值 | 设置值 | 输出值 | 选择 |
| $U_A$ | 10.0kV | 100V | 10.000mV | 0x1 | 57.735V | 57.735V | □ |
| $U_B$ | 10.0kV | 100V | 10.000mV | 0x1 | 57.735V | 57.735V | □ |
| $U_C$ | 10.0kV | 100V | 10.000mV | 0x1 | 57.735V | 57.735V | □ |
| 保护$I_A$ | 800A | 1A | 1.000mA | 0x1 | 5.000A | 5.000A | □ |
| 保护$I_B$ | 800A | 1A | 1.000mA | 0x1 | 5.000A | 5.000A | □ |
| 保护$I_C$ | 800A | 1A | 1.000mA | 0x1 | 5.000A | 5.000A | □ |
| 测量$I_A$ | 800A | 1A | 1.000mA | 0x1 | | | |
| 测量$I_B$ | 800A | 1A | 1.000mA | 0x1 | | | |
| 测量$I_C$ | 800A | 1A | 1.000mA | 0x1 | | | |
| $I_a$ | 220.0kV | 100V | 10.000mV | 0x1 | 57.735V | 57.735V | □ |
| $I_b$ | 220.0kV | 100V | 10.000mV | 0x1 | 57.735V | 57.735V | □ |
| $I_c$ | 220.0kV | 100V | 10.000mV | 0x1 | 57.735V | 57.735V | □ |
| 保护$I_a$ | 800A | 1A | 1.000mA | 0x1 | 5.000A | 5.000A | □ |
| 保护$I_b$ | 800A | 1A | 1.000mA | 0x1 | 5.000A | 5.000A | □ |
| 保护$I_c$ | 800A | 1A | 1.000mA | 0x1 | 5.000A | 5.000A | □ |
| 测量$I_a$ | 800A | 1A | 1.000mA | 0x1 | | | |
| 测量$I_b$ | 800A | 1A | 1.000mA | 0x1 | | | |
| 测量$I_c$ | 800A | 1A | 1.000mA | 0x1 | | | |



图 A-14 “9-2”系统设置界面

## 2.4.2 功放输出配置

功放输出配置界面如图 A-15 所示。

相关参数设置说明如下。

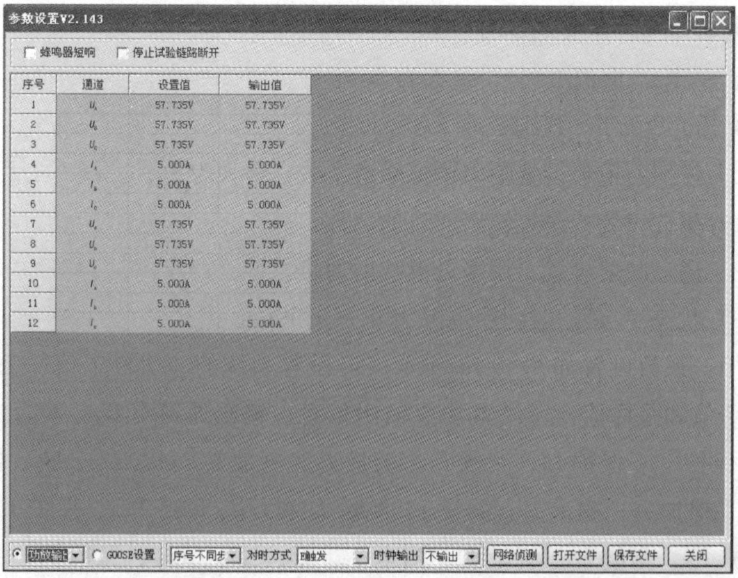

参数设置V2.143



| 序号 | 通道 | 设置值 | 输出值 |
|---|---|---|---|
| 1 | $U_a$ | 57.735V | 57.735V |
| 2 | $U_b$ | 57.735V | 57.735V |
| 3 | $U_c$ | 57.735V | 57.735V |
| 4 | $I_A$ | 5.000A | 5.000A |
| 5 | $I_B$ | 5.000A | 5.000A |
| 6 | $I_C$ | 5.000A | 5.000A |
| 7 | $U_a$ | 57.735V | 57.735V |
| 8 | $U_b$ | 57.735V | 57.735V |
| 9 | $U_c$ | 57.735V | 57.735V |
| 10 | $I_a$ | 5.000A | 5.000A |
| 11 | $I_b$ | 5.000A | 5.000A |
| 12 | $I_c$ | 5.000A | 5.000A |



图 A-15 功放输出配置界面

（1）通道：显示通道名称。

（2）设置值：设置电压/电流大小。

（3）输出值：设置小信号输出。

### 2.4.3 订阅和发布GOOSE配置

订阅和发布GOOSE配置如图A-16所示。

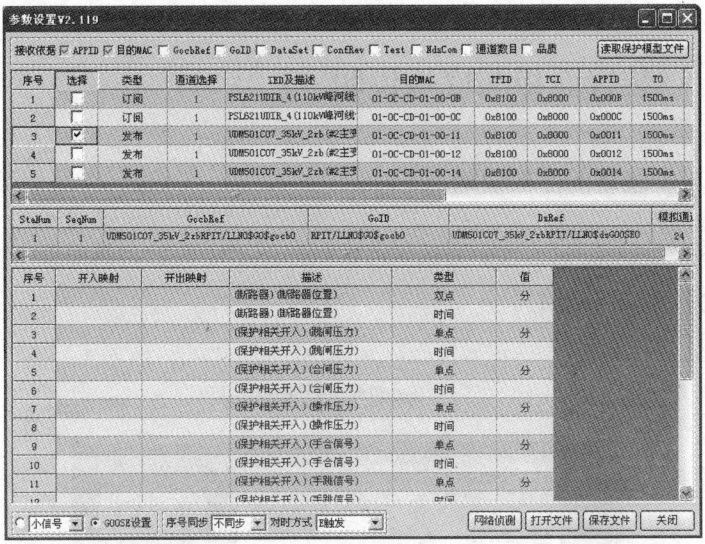

图A-16 订阅和发布GOOSE配置界面

其界面说明如下。

（1）目的MAC地址：表示目的MAC地址（列表一）。

（2）TPID：标识号（默认为8100，不能修改）。

（3）TCI：标识（通过设置优先级，CFI和VLanID进行修改）。

（4）APPID：装置标识ID。

（5）通道数目：设置通道输出数目，手动输入最多为250。

（6）可以设置StaNum、SeqNum、GocbRef、GoID、DsRef等信息（列表二）。

（7）可以设置通道映射关系，描述，类型和值（列表三）。

（8）读取保护模型文件：用于打开分析保护厂家提供的SCD文件。将目的MAC地址、TPID、TCI、APPID、GocbRef、GoID、版本号、DsRef等信息解析出来，同时也提取出相应的开入量信息，包括描述、类型和值，也可以设置映射节点。

以上61850设置的具体相关操作见本书各调试项目中“试验准备”环节介绍。

# 附录B　合并单元 DCU-500 数字测试仪使用说明

## 1　装置硬件结构简介

### 1.1　装置面板与底板说明

#### 1.1.1　装置前面板说明

合并单元 DCU-500 数字测试仪前面板如图 B-1 所示，其面板与继保之星-7000A 数字测试仪相同。

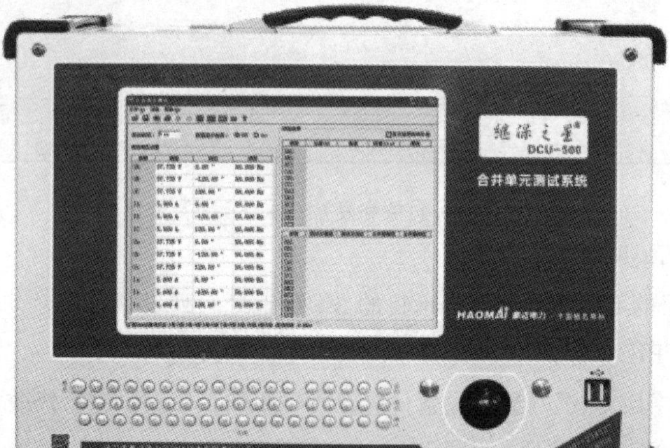


图 B-1　合并单元 DCU-500 数字测试仪前面板结构图

#### 1.1.2　装置输出端子板说明

合并单元 DCU-500 数字测试仪输出端子板与继保之星-7000A 数字测试仪相同。

## 1.2 开/关机步骤

合并单元 DCU-500 数字测试仪开/关机步骤与继保之星-7000A 数字测试仪相同。

## 1.3 键盘操作使用方法

合并单元 DCU-500 数字测试仪键盘操作使用方法与继保之星-7000A 数字测试仪相同。

## 1.4 试验注意事项

(1) 测试仪装置内置了工控机和 Windows 操作系统，请勿过于频繁地开关主机电源。

(2) 装置面板或背板装有 USB 插口，允许热拔插 USB 口设备（如 U 盘等），但注意拔插时一定要在数据传输结束后进行。

(3) 为了保证工控机内置的 Windows 操作系统能稳定可靠运行，请不要随意删除或修改硬盘上的文件和桌面上的图标，请不要随意操作、更改、增加、删除、使用内置 Windows 系统，以免导致操作系统损坏。使用 USB 盘拷贝数据时请一定保证 U 盘干净无病毒，也请不要利用 U 盘在本系统中安装其他软件程序。

(4) 外接键盘或鼠标时，请勿插错端口，否则 Windows 操作系统不能正常启动。

(5) 请勿在输出状态直接关闭电源，以免因关闭时输出错误导致保护误动作。

(6) 开入量兼容空接点和电位（DC 0～250V），使用带电接点时，接点电位高端（正极）应接入公共端子＋KM。

(7) 使用本仪器时，请勿堵住或封闭机身的通风口，一般将仪器站立放置或打开支撑脚稍微倾斜放置。

(8) 禁止将外部的交直流电源引入到测试仪的电压、电流输出插孔。

(9) 如果现场干扰较强或安全要求较高，试验之前，请将电源线（3芯）的接地端可靠接地或装置接地孔接地。

# 2 软件操作方法简介

## 2.1 软件主界面介绍

DCU-500合并单元测试系统主界面如图B-2所示。

图B-2 DCU-500合并单元测试系统主界面

### 2.1.1 界面按钮

(1) 恢复默认参数：每个测试模块在试验时可以根据需要修改，当点击此按钮时，所有的模块都恢复到最开始时默认的一组参数。

(2) 打开试验报告：软件里面有专门的一个文件夹存放各个试验的报告，点击此按钮就会对应打开doc格式报告。

(3) 网络设置：每次开机时，都要点击此按钮进行网络设置，将测试仪连接到本地网卡及设置IP地址，这样测试仪运行时才能进行通信。

（4）显示版本号：显示当前上位机和下位机的版本号。其中上位机的版本号在主界面的最下面也有，就是主程序版本。此功能是查看用的。

（5）下位机升级：点击此按钮就会进入下位机升级界面，根据提示一步步来，先升级 CPU2 再升级 CPU1。

（6）复位：将下位机保存的参数清空，接受最新下发的参数信息，特别是没有 9-2 报文时就会需要点击此按钮复位下。

### 2.1.2 试验模块

界面左中部区域是合并单元测试过程中常用的 12 个测试模块，如图 B-3 所示，网络连接没有问题后，点击相应的模块进入单个模块界面。

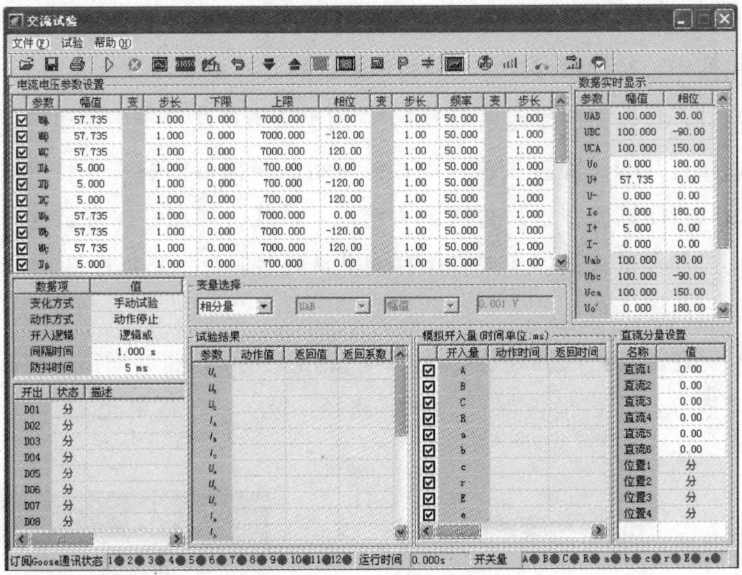

图 B-3 “交流试验”模块界面

## 2.2 菜单栏中常用功能介绍

菜单栏中常用的菜单项，在各个测试模块中其名称或符号相同，定义的意义和功能也基本相同。这里以“交流试验”模块为例进行介绍，可以适用于后面介绍的各个功能模块。

### 2.2.1 “文件” 菜单项

“文件”菜单项界面如图 B-4 所示。

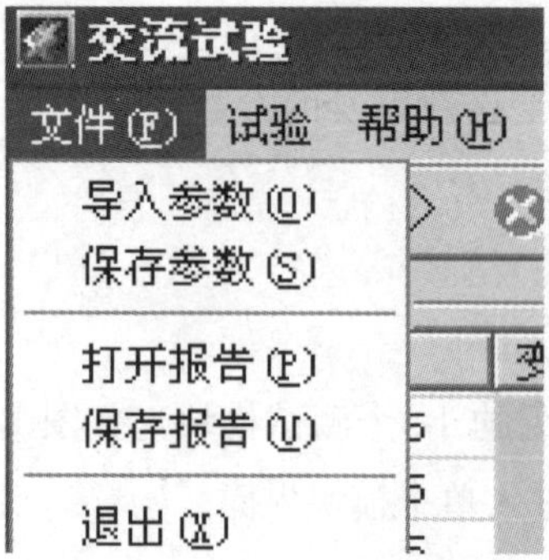


图 B-4 “文件”菜单项界面

其主要功能如下。

(1) 导入参数：快捷键是 Ctrl+O。用于从指定文件夹中调出已保存的试验参数，将参数放到软件界面上。点击按钮，指向当前模块试验参数保存默认路径：D：\合并单元 DCU\Para\当前模块名\。

(2) 保存参数：快捷键是 Ctrl+S，用于将软件界面上用户所设定的试验参数保存进某一文件中，以便将来可以用“打开参数”再次调出使用。数据将保存在当前模块默认的文件夹下。

(3) 打开报告：快捷键是 Ctrl+P，用于从指定文件夹中调出已保存的试验报告。在打开的试验报告窗口中，将显示试验报告内容，并且可以在该窗口中修改和打印试验报告。每次试验结束，系统将弹出一保存试验报告对话框以便用户保存试验报告。报告保存的默认路径：D：\合并单元 DCU\试验报告\当前模块名\。

(4) 保存报告：快捷键是 Ctrl+U，点击此项可以将界面信息和试验结果保存为文档存起来，报告保存的默认路径：D：\合并单元 DCU\试验报告\当前模块名\。

### 2.2.2 “试验” 菜单项

“试验”菜单项界面如图 B-5 所示。

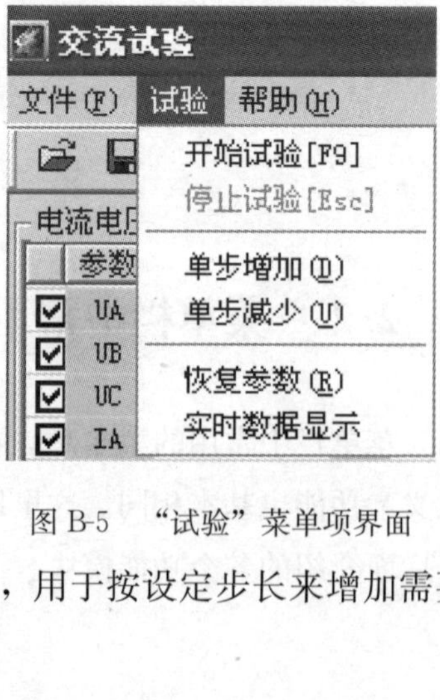


图 B-5 “试验”菜单项界面

其主要功能如下。

(1) 开始试验：同键盘上的运行键，F9 为其快捷键，用于开始试验。

(2) 停止试验：同键盘上的 Esc 取消键，Esc 为其快捷键，用于正常结束试验或中途强行停止。

(3) 单步增加：同键盘上的向上的方向键，用于按设定步长来增加需要变的项。

(4) 单步减少：同键盘上的向下的方向键，用于按设定步长来减少需要变的项。

(5) 恢复参数：点击此按钮可以将界面参数恢复至默认值。

(6) 实时数据显示：点击此按钮会弹出一个列表，是线电压和序分量的幅值及相位。

### 2.2.3 “帮助”菜单项

“帮助”菜单项界面如图 B-6 所示。

其主要功能如下。

(1) 帮助：点击后打开“帮助文档”，里面有关系试验的相关介绍。

(2) 关于“交流试验”模块：点击后弹出软件版本号。

(3) 计算器：点击后调出系统计算器，方便验证计算。

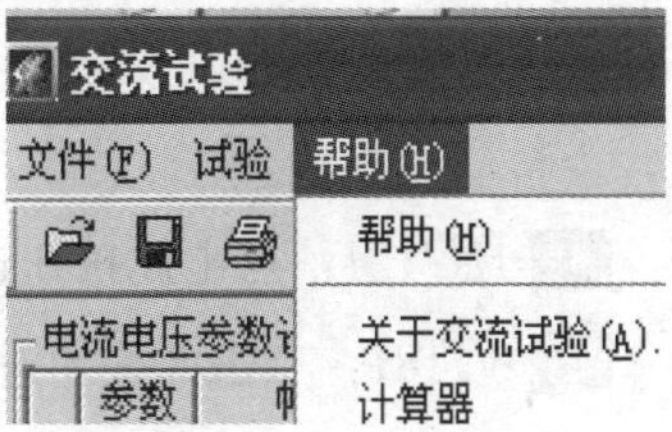


图 B-6 “帮助”菜单项界面

## 2.3 工具条中常用按钮介绍

打开参数：快捷键是 Ctrl+O。用于从指定文件夹中调出已保存的试验参数，将参数放到软件界面上。点击指向当前模块的试验参数保存的默认路径：E：\继保之星\Para\当前模块名\。

保存试验参数按钮：用于从指定文件夹中调出已保存的试验参数，将参数放到软件界面上。

打开试验报告按钮：用于从指定文件夹中调出已保存的试验参数，将参数放到软件界面上。

试验开始按钮：用于从指定文件夹中调出已保存的试验参数，将参数放到软件界面上。

试验停止按钮：快捷键是 Ctrl+X，用于退出当前试验模块。

波形监视：单击此按钮可以打开实时波形监视界面，监控仪器当前输出波形。

61850规约文件读入及设置：点击此按钮进入设置界面，用于数字继保的各IED设置，详细见本附录2.4节。

按下显示一次侧：点击此按钮则电压电流值均为一次值。

数据复归按钮：用于将参数恢复到试验前的初始值，能极大地方便于多次重复性试验。

变量步增按钮："手动"试验方式时，按此键手动增加变量的值一个步长量。其功能与测试仪键盘上的"↑"按钮相同。该按钮在自动试验时无效，会自动成灰色。

变量步减按钮："手动"试验方式时，按此键手动减小变量的值一个步长量。其功能与测试仪键盘上的"↓"按钮相同。该按钮在自动试验时无效，会自动成灰色。

12$U$12$I$：点击此按钮进入24相（12相电流12相电压）测试界面。

6$U$18$I$：点击此按钮进入24相（18相电流6相电压）测试界面。

启动功率显示界面按钮：在"交流试验"模块中，可在试验期间打开功率显示界面，对比测试仪实际输出的功率与现场表计测量的功率。

短路计算按钮：点击后将打开一个"短路计算"对话框，该对话框用于故障时的短路计算，并将计算结果自动填入到界面上。需要特别注意的是：当故障类型为接地故障时，零序补偿系数要设置正确。

按下表示变频时相位连续：默认此按钮是按下的，表示频率变化时相位是一直连续的。

同步指示器：在"同期试验"模块中，可在试验期间打开同步指示器直观地观察试验的进行。

放大镜：用于和缩小各模块界面上的电流电压矢量图。

对称输出按钮：此按钮的作用是使电流电压量按对称输出，也就是说只需要改变任一相的值，其他的几相会自动的根据对称的3相交流量输出幅值和相位，如果一相选择可变的话，那么其他相也会相对应的为可变量。

切换到序分量输出：点击此按钮将切换到专门的序分量测试功能界面。此时系统会提示"是否真的进入另一个测试程序"，选择"确定"进入序分量测试界面。

计算器：在有些模块被隐藏，也可以在“帮助”菜单里找到。

帮助按钮：用于查看当前测试模块的版本信息及其他，在有些模块被隐藏，可以在“帮助”菜单里找到。

注意：如果在使用过程中出现界面数据出错或无法正确输入等问题，可以这样解决：将 Windows 系统中“D：\继保之星\”下的“Para”文件夹\相应模块\default 文件删除，再启动运行程序，则界面所有数据均恢复至默认值。

## 2.4　61850 设置

数字继保中 IEC 61850 模块的主要功能如下：

（1）能快速打开 SCD/ICD/CID 等变电站配置语言文件，兼容国内多个数字保护厂家生成的文件；

（2）显示多个 MU 控制块的参数信息，包括 IEC 61850-9-1、IEC 61850-9-2、FT3、GOOSE 等，可根据现场作业需求支持相关参数的自动配置和人工配置；

（3）支持网络侦测功能，设备接线和联机通信正常的情况下，可以抓取网络上的 IEC 61850-9-2 和 GOOSE 报文，并能自动导入到各个 MU 控制块中；

IEC 61850 模块设置说明：该模块是专门用来对 9-1、9-2、9-1 扩展、FT3、国网 FT3、功放输出、订阅 GOOSE、发布 GOOSE 中电流电压通道选择、ASDU 数目、采样点数等信息进行设置的。本书调试项目主要采用 9-2、功放输出、订阅和发布 GOOSE 配置，下面对这几项内容分别进行介绍。

### 2.4.1　“9-2” 配置

合并单元 DCU-500 数字测试系统中“9-2”配置界面与继保之星-7000A 数字测试仪相同，其“9-2”配置及系统设置说明见附录 A 的 2.4.1 节。

### 2.4.2　功放输出配置

合并单元 DCU-500 数字测试系统中功放输出配置界面与继保之星-7000A

数字测试仪相同，相关参数设置说明见附录 A 的 2.4.2 节。

### 2.4.3 订阅和发布 GOOSE 配置

合并单元 DCU-500 数字测试系统中订阅和发布 GOOSE 配置界面与继保之星-7000A 数字测试仪相同，其界面说明见附录 A 的 2.4.3 节。

以上 61850 设置的具体相关操作见本书“合并单元”调试项目中“试验准备”环节介绍。